普通高等教育"十三五"规划教材
土木工程类专业课程群系列

混凝土结构及砌体结构设计

主　编　蒋　华　肖长永
副主编　王文利　刘娅婷　黄　芳

中国水利水电出版社
www.waterpub.com.cn
·北京·

内 容 提 要

本书是依据高等学校土木工程专业"混凝土结构设计与砌体结构设计"课程的教学大纲，按照新修订的《混凝土结构设计规范》（GB50010-2010）（2015 年版）、《砌体结构设计规范》（GB50003-2011）、《装配式混凝土结构技术规程》（JGJ1-2014）、《装配式混凝土建筑技术标准》（GB/T 51231-2016）和其他相关行业规范、规程、图集，并结合新工科背景下《工程教育认证标准》和工程应用技术型人才培养要求编写而成。

全书共 5 章，内容包括：建筑结构设计的一般原则和方法，混凝土梁板结构，混凝土单层工业厂房，多层、高层建筑结构，砌体结构等。本书由基础原理到结构计算简图的获取、由内力分析到构件设计、由构造要求到结构施工图的绘制，系统地展现结构设计的全过程。本书新增了"装配式楼盖、框架、剪力墙"知识和"框架结构楼梯斜撑效应"的概念及应对措施的介绍，并凸显受压构件的"二阶效应"。

本书既可以作为高等院校土木工程专业及相关专业的教材，也可供广大从事土木工程施工的工程技术人员参考。

本书所配授课电子教案可以从中国水利水电出版社网站下载，网站为：http://www.waterpub.com.cn/softdown/。

图书在版编目（CIP）数据

混凝土结构及砌体结构设计/蒋华，肖长永主编.
—北京：中国水利水电出版社，2019.7
普通高等教育"十三五"规划教材

ISBN 978-7-5170-7870-8

Ⅰ.①混… Ⅱ.①蒋… ②肖… Ⅲ.①混凝土结构-高等学校-教材②砌体结构-高等学校-教材 Ⅳ.①TU37②TU36

中国版本图书馆 CIP 数据核字（2019）第 160513 号

	普通高等教育"十三五"规划教材 土木工程类专业课程群系列
书　　名	混凝土结构及砌体结构设计 HUNNINGTU JIEGOU JI QITI JIEGOU SHEJI
作　　者	主编 蒋 华 肖长永 副主编 王文利 刘娅婷 黄 芳
出版发行	中国水利水电出版社 （北京市海淀区玉渊潭南路 1 号 D 座　100038） 网址：www.waterpub.com.cn E-mail：sales@waterpub.com.cn 电话：（010）68367658（营销中心）
经　　售	北京科水图书销售中心（零售） 电话：（010）88383994、63202643、68545874 全国各地新华书店和相关出版物销售网点
排　　版	京华图文制作中心
印　　刷	三河市龙大印装有限公司
规　　格	185mm×260mm　16 开本　18 印张　449 千字
版　　次	2019 年 7 月第 1 版　2019 年 7 月第 1 次印刷
印　　数	0001—3000 册
定　　价	52.00 元

前　　言

本书是依据高等学校土木工程专业"混凝土结构设计与砌体结构设计"课程的教学大纲，按照新修订的《混凝土结构设计规范》（GB50010-2010）（2015 年版）、《砌体结构设计规范》（GB50003-2011）、《装配式混凝土结构技术规程》（JGJ1-2014）、《装配式混凝土建筑技术标准》（GB/T 51231-2016）和其他相关行业规范、规程、图集，并结合新工科背景下《工程教育认证标准》和工程应用技术型人才培养要求编写，目的是使应用技术型高校土木工程专业学生能在学时缩减的前提下快速、系统地掌握有关混凝土结构、砌体结构设计的原理、方法，了解基本的构造要求，具备分析、设计简单工程结构的能力。

全书共 5 章，主要内容包括：建筑结构设计的一般原则和方法，混凝土梁板结构，混凝土单层工业厂房，多层、高层建筑结构，砌体结构等。本书由基础原理到结构计算简图的获取、由内力分析到构件设计、由构造要求到结构施工图的绘制，系统地展现结构设计的全过程。本书新增了"装配式楼盖、框架、剪力墙"知识和"框架结构楼梯斜撑效应"的概念及应对措施的介绍，并凸显受压构件的"二阶效应"。

书后有 5 个附录，内容包括：民用建筑楼面均布活荷载、风荷载标准值、等截面等跨连续梁在常用荷载作用下的内力系数表、双向板在均布荷载作用下的内力及变形系数表、混凝土结构设计项目等。

本书力求内容深入简出、通俗易懂，具备如下特点：

（1）保持知识的系统性和连贯性。本书按照工程设计一般程序，系统地阐述了混凝土结构、砌体结构的方案设计、结构分析、构件设计等知识，满足学生学习、理解的连贯性。

（2）注重基本概念的理解。结构问题归根结底是概念问题，本书在阐述设计原理、设计方法等内容时，重视基本概念、基本原理的讲解，同时弱化计算公式的推导及其参数的讲解，注重其实际应用。

（3）注重理论与实践的结合。针对每个知识点或结构类型给出相应的计算例题，附录还设有"楼盖、板式楼梯、框架"等设计题目，以增强学生对知识点的理解与应用，熟悉结构设计过程和实现方法。

（4）重视知识的拓展。为开阔学生的视野，本书增加了"装配式混凝土结构、框架结构楼梯斜撑效应的理解与应用、同时深化柱 $P-\Delta$ 效应"等知识点，以顺应土木工程行业理论发展新动态。

（5）提供大量多媒体素材资源。本书对一些难理解的概念或构造图辅以视频、图片、文字说明等资源，读者通过手机扫码直接观看，方便读者深化对知识点的理解。

本书既可以作为高等院校土木工程专业及相关专业的教材，也可供广大从事土木工程施工的工程技术人员参考。

本书所配授课电子教案可以从中国水利水电出版社网站下载，网址为：http：//www.waterpub. com. cn/softdown/。选用本书的老师也可以直接与作者联系（作者邮箱：jh_joyce @126. com），获取更多课程相关教学资源。

本书由蒋华、肖长永任主编，王文利、刘娅婷、黄芳任副主编。主要编写分工如下：第1章至第4章及附录由蒋华编写；第5章由肖长永编写；第2章、第3章部分例题和二维码资源由王文利编写（制作）；第4章部分例题和二维码资源由黄芳编写（制作）；第5章部分例题和二维码资源由刘娅婷编写（制作）。全书由蒋华负责大纲的制定和统稿工作。感谢袁海庆、童金章、胡高茜、孙登坤对本书的编写提出了宝贵的意见。

限于编者水平有限，错漏之处在所难免，敬请广大读者批评和指正。

编者

2019 年 5 月

目　　录

第 **1** 章

建筑结构设计的一般原则和方法

教学目标：

1. 了解建筑结构的组成和类型，了解建筑结构设计的步骤、内容和一般原则；
2. 理解建筑结构的功能要求和极限状态；
3. 理解建筑结构按近似概率极限状态设计法的思路和实用设计表达式；
4. 了解混凝土结构分析的基本原则。

1.1 建筑结构的组成和类型

扫一扫

建筑结构是建筑物的受力骨架，以室外地坪为界分为上部结构和下部结构。上部结构由水平结构和竖向结构体系组成。水平结构体系指建筑楼、屋盖，承受并传递竖向荷载；竖向结构体系指支撑水平结构体系，并能将水平、竖向荷载传至基础的受力体系。为简化结构分析，通常将建筑物的空间整体划分为二维的水平、竖向结构体系，但在具体设计中要考虑两者之间的相互关联及结构的整体性。下部结构即建筑物的地下室、基础等，承受上部结构传来的所有荷载并将其传至地基。

建筑结构类型是以上部结构中竖向结构体系的结构类型来定义的。按结构材料不同，建筑结构可分为砌体结构、木结构、混凝土结构、钢结构、组合结构、混合结构等。其中，组合结构指结构构件由两种及以上共同工作的结构材料构成，混合结构指竖向结构体系由两种及以上材料构成。按结构受力不同，竖向结构体系可分为排架、刚架、框架、剪力墙、筒体等。

结构设计在结构选型时，要满足使用和建筑美观要求，保证受力性能好，满足施工简单、经济合理等要求。

1.2 结构设计的程序和内容

扫一扫

建筑工程按建设先后顺序主要包括勘察、设计和施工三个环节。结构设计是工程设计的重要环节，分为初步设计、技术设计和施工图设计三个阶段，有时也可将初步设计与技术设计合并形成二阶段设计。

初步设计也称方案设计，其主要内容是提出并确定结构设计方案。技术设计阶段主要是进行结构布置，对结构整体及特殊部位进行结构分析，确定结构、构件的构造措施，并对特殊部位确定技术措施。施工图阶段即归纳、表现前两阶段的设计成果，主要内容是确定准确、完整的各楼层结构平面布置图，对结构构件及连接进行设计计算，并给出配筋、构造图，提供结构施工说明，并将整个设计过程中的各项技术工作整理成设计计算书。

1.3　结构的功能要求和极限状态

1.3.1　结构功能要求

建筑结构设计的主要目的是保证结构安全适用，并满足经济、合理等要求。具体来说，建筑结构应具备如下功能。

1. 安全性

结构安全性，即建筑结构在正常施工、使用的条件下，应能承受可能出现的各种荷载、外加变形（如支座沉降）、约束变形（如温差引起的被约束构件的变形）等作用而不破坏；在遇到地震、爆炸等偶然事件时，容许局部损伤，但仍能保持必要的整体性和稳定性而不发生倒塌。

2. 适用性

结构适用性，即建筑结构在正常使用的条件下，应具有良好的工作性能，不发生影响正常使用的过大变形和振幅，或不出现引起使用者不安的过大裂缝宽度。

3. 耐久性

结构耐久性，即建筑结构在使用环境下抵抗各种物理、化学作用的能力。在正常维护的条件下，建筑结构应能在预计的使用年限内满足各项功能要求，即具备足够的耐久性。

安全性、适用性和耐久性合称结构可靠性，即建筑结构在规定的设计基准期内（建筑设计可保证的使用期限），在规定的条件下（正常的设计、施工、使用和维护）完成预定功能的能力。结构可靠性越高，建设投资越大。行业规范规定的设计方法，为均衡可靠性与经济性的最低限度，设计人员应根据具体工程的重要程度、使用环境和情况及业主的要求，从而提高设计水准，增加建筑结构的可靠性。

建筑结构设计使用年限（指按规定指标设计的建筑结构或构件，在规定条件下不需要进行大修即可达到其预定的使用年限）与结构的使用年限有一定的联系，但又不完全相同，见表 1.3.1。当结构的使用年限超过设计使用年限时，其失效概率会逐年增大，其继续使用年限须经鉴定来确定。

表 1.3.1　设计使用年限分类

类别	设计使用年限	示　　例
1	5 年	临时性结构
2	25 年	易于替换的结构构件
3	50 年	普通房屋和构筑物
4	100 年及以上	纪念性建筑和特别重要的建筑结构

1.3.2　结构极限状态

建筑结构能满足功能要求并能良好工作的状态称为结构"可靠"或"有效"；反之称为结构"不可靠"或"失效"。结构可靠与失效的临界状态称为极限状态。根据功能要求，建筑结构极限状态可分为以下两类。

1. 承载能力极限状态

承载能力极限状态指结构或构件达到最大承载力、疲劳破坏或不适于继续承载的变形时的状态。具体来说，结构或构件如出现下列情况之一，即认为超过了承载能力极限状态。

（1）结构整体或其中一部分作为刚体失去平衡（如滑移、倾覆）。

（2）构件的截面因材料的强度不足而破坏（包括疲劳）。

（3）结构整体或部分丧失稳定。

（4）结构形成机动体系而丧失承载力。

（5）结构构件产生过大的变形而不适于继续承载。

2. 正常使用极限状态

正常使用极限状态指结构或构件达到正常使用或耐久性的某项规定限值时的状态。具体来说，结构或构件如出现下列情况之一，即认为超过了正常使用极限状态。

（1）影响正常使用的外观变形。

（2）影响正常使用或耐久性的局部损坏。

（3）影响正常使用的振动。

（4）影响正常使用的其他特定状态。

进行结构设计时，一般将承载力极限状态放在首位。在使结构、构件满足承载力要求后，再进行正常使用极限状态验算，必要时进行抗滑移、抗倾覆、抗浮及抗震验算。正常使用极限状态通常是按要求进行验算的，对于在使用或外观上需控制变形值的结构构件，应进行变形的验算；对于在使用上要求不出现裂缝的构件，应进行混凝土拉应力的验算；对于允许出现裂缝的构件，应进行裂缝宽度的验算。

1.3.3　极限状态设计法

结构设计的目的是保证设计结构或构件满足一定的功能要求，即保证荷载效应 S 不超过结构抗力 R。用来描述结构构件完成预定功能状态的函数 Z 称为功能函数，即

$$Z=R-S \tag{1.3.1}$$

按 Z 值的大小，可将结构分为三种工作状态，即当 $Z>0$ 时，结构处于可靠状态；当 $Z<0$ 时，结构处于失效状态；当 $Z=0$ 时，结构处于极限状态。

1. 承载能力极限状态设计表达式

对承载能力极限状态，应考虑荷载效应的基本组合和偶然组合，表达式为

$$\gamma_0 S \leqslant R \tag{1.3.2}$$

式中　γ_0——结构的重要性系数：对安全等级（详见表 1.3.2）为一级或设计使用年限为 100 年以上的结构构件，不应小于 1.1；对安全等级为二级或设计使用年限为 50 年的结构构件，不应小于 1.0；对安全等级为三级或设计使用年限为 5 年的结构构件，不应小于 0.9；

S——荷载效应组合的设计值；

R——结构构件抗力的设计值。

表 1.3.2　结构的安全等级

结构安全等级	破坏后果	建筑物类型	设计使用年限
一级	很严重	重要建筑	100 年及以上
二级	严重	一般建筑	50 年
三级	不严重	次要建筑	5 年及以下

对荷载基本组合，荷载效应组合设计值 S 应从下列组合值中取最不利值。

（1）由永久荷载效应控制的组合

$$S_d = \sum_{j=1}^{m} \gamma_{G_j} S_{G_jk} + \sum_{i=2}^{n} \gamma_{Q_i} \gamma_{L_i} \psi_{c_i} S_{Q_ik} \qquad (1.3.3)$$

（2）由可变荷载效应控制的组合

$$S_d = \sum_{j=1}^{m} \gamma_{G_j} S_{G_jk} + \gamma_{Q_1} \gamma_{L_1} S_{Q_1k} + \sum_{j=2}^{n} \gamma_{Q_i} \gamma_{L_i} \psi_{c_i} S_{Q_ik} \qquad (1.3.4)$$

式中　γ_{G_j}——永久荷载的分项系数；

γ_{Q_1}，γ_{Q_i}——可变荷载 Q_{1k} 和其他第 i 个可变荷载的分项系数；

γ_{L_i}——第 i 个可变荷载考虑设计使用年限的调整系数，其中 γ_{L_1} 为主导可变荷载考虑设计使用年限的调整系数：结构设计使用年限为 5 年、50 年、100 年时，γ_{L_i} 分别取值为 0.9、1.0、1.1；

S_{G_jk}——第 j 个永久荷载标准值 G_j 计算的荷载效应值；

S_{Q_ik}——第 i 个可变荷载标准值 G_i 计算的荷载效应值，其中，S_{Q_1k} 为可变荷载效应中起控制作用的；

ψ_{c_i}——第 i 个可变荷载 Q_i 的组合值系数；

m——参与组合的永久荷载数；

n——参与组合的可变荷载数。

2. 正常使用极限状态设计表达式

结构超过正常使用极限状态的危害程度比承载能力失效轻，故该状态的可靠度比承载能力的可靠度低。计算中，不再考虑荷载和材料的分项系数，也不考虑结构的重要性系数。对不同的设计要求，采用荷载的标准组合、频遇组合或准永久组合，其设计表达式为

$$S \leq C \qquad (1.3.5)$$

式中　S——荷载效应组合值；

C——结构或构件达到正常使用要求的规定限值，如变形限值、裂缝宽度限值等。

荷载的标准组合：

$$S_d = \sum_{j=1}^{m} S_{G_jk} + S_{Q_1k} + \sum_{i=2}^{n} \psi_{c_i} S_{Q_ik} \qquad (1.3.6)$$

荷载的频遇组合：

$$S_d = \sum_{j=1}^{m} S_{G_jk} + \psi_{f_1} S_{Q1k} + \sum_{i=2}^{n} \psi_{q_i} S_{Q_ik} \qquad (1.3.7)$$

荷载的准永久组合：

$$S_{d} = \sum_{j=1}^{m} S_{G_j k} + \sum_{i=1}^{h} \psi_{q_i} S_{Q_i k} \tag{1.3.8}$$

式中　　ψ_{f_1}——可变荷载 Q_1 的频遇值系数；

　　　　ψ_{q_1}——可变荷载 Q_1 的准永久值系数。

1.4　混凝土结构分析的基本原则

1.4.1　基本原则

混凝土结构作为目前建筑工程中应用最为广泛的结构类型，在结构分析过程中应遵循如下基本原则。

（1）混凝土结构应进行整体作用效应分析，必要时对受力状况特殊部位进行更详细的分析。

（2）结构在施工和使用期的不同阶段有多种受力状况时，应分别进行结构分析，并确定最不利的作用组合。

（3）结构的分析模型应符合一定要求。

（4）应满足一定的要求，包括力学平衡条件、变形协调条件、材料的本构关系。

（5）应根据结构类型、构件布置、材料性能和受力特点选择合适的分析方法。

（6）计算结果应经判断和校核，在确认其合理有效后，方可用于工程设计。

1.4.2　分析模型

为简化分析和计算，结构设计中通常将三维空间实体转化为分析模型。模型的确定需满足如下要求。

（1）混凝土结构宜按空间体系进行结构整体分析，并宜考虑构件的弯曲、轴向拉压、剪切和扭转等变形对内力的影响。

（2）混凝土结构的计算简图宜按下列方法确定。

1）一维构件的轴线宜取为截面几何中心的连线，二维构件的中轴面宜取为截面中心线组成的平面或曲面。

2）现浇结构和装配整体式结构的梁柱节点、柱与基础连接处等可作为刚接；非整体浇筑的次梁两端及板跨两端可近似作为铰接。

3）计算跨度或计算高度可按构件两端支撑长度的中心距或净距确定。

4）当连接部分的刚度远大于杆件截面的刚度时，可作为刚域处理。

（3）进行结构整体分析时，对于现浇结构，可假定楼盖在其自身平面内为无限刚性；当楼盖开有较大孔或局部会产生明显的平面内变形时，应考虑其影响。

（4）对现浇楼盖和装配式楼盖，宜考虑楼板作为翼缘对梁刚度和承载力的影响。梁受压区有效翼缘计算宽度为 b_f'，故基础底面有一部分会出现拉应力。可按表 1.4.1 所示情况的最小值取用。

表 1.4.1　受弯构件受压区有效翼缘计算宽度 b'_{f}

情　况	T 形、I 形截面		倒 L 形截面
	肋形梁（板）	独立梁	肋形梁（板）
按计算跨度 l_0 考虑	$l_0/3$	$l_0/3$	$l_0/6$
按梁（肋）净距 s_{n} 考虑	$b+s_{\mathrm{n}}$	—	$b+s_{\mathrm{n}}/2$
按翼缘高度 h'_{f} 考虑	$b+12h'_{\mathrm{f}}$	b	$b+5h'_{\mathrm{f}}$

（5）当地基与结构的相互作用对结构的内力和变形有影响时，结构分析中宜考虑这种影响。

1.4.3　分析方法

结构分析时，宜根据结构类型、构件布置、材料性能和受力特点等因素选择合适的分析方法，如线弹性分析方法、考虑塑性内力重分布的分析方法、塑性极限分析方法、非线性分析方法和试验分析方法等。现对工程中常规混凝土结构多采用的前两种分析方法进行简单介绍。

1. 线弹性分析方法

线弹性分析方法是分析弹性体在荷载等外在因素作用下的应力、应变、位移和稳定性的方法。混凝土结构在开裂前基本保持弹性状态，开裂后进入塑性受力状态，与弹性状态有差异，由于该方法成熟且简单，因此常被用于混凝土结构分析中。在应用该方法进行结构分析时，需注意如下几点。

（1）该方法适用于极限状态作用效应的分析。

（2）混凝土结构构件的刚度可按下列原则确定。

1）混凝土的弹性模量按规范采用。

2）截面惯性矩可按匀质的混凝土全截面计算。

3）不同受力状态下构件的截面刚度宜考虑混凝土开裂、徐变等因素的影响予以折减。

4）端部加腋的构件，应考虑其截面变化对结构分析的影响。

（3）宜采用结构力学或弹性力学等分析方法。

（4）当二阶效应可能使作用效应显著增大时，应予以考虑。

（5）当边界支承位移对结构内力及变形有较大影响时，应予以考虑。

2. 考虑塑性内力重分布的分析方法

混凝土并非弹性体，而是弹塑性材料。混凝土结构在开裂后，内力会随截面刚度变化发生改变，即内力发生重分布。该方法的分析结果更接近混凝土结构的实际情况。

（1）适用于混凝土连续梁、板结构的内力分析；框架、框架-剪力墙结构及双向板等，也可采用考虑塑性内力重分布的分析方法进行内力计算。

（2）按考虑塑性内力重分布的分析方法设计的结构和构件，应满足正常使用极限状态或采取有效的构造措施：钢筋混凝土梁支座或节点边缘截面的负弯矩调幅幅度不宜大于 25%，板不宜大于 20%；弯矩调整后的梁端截面相对受压区高度不应超过 0.35，且不宜小于 0.10。

（3）对于直接承受动力荷载的构件，以及要求不出现裂缝或处于侵蚀环境等情况下的结构，不应采用该方法。

本 章 小 结

（1）建筑结构的主要任务是服务于人类对空间的应用和美观要求，抵抗自然界或人为施加于建筑物的各种荷载或作用，并使建筑材料的作用充分发挥，从而达到安全、适用、耐久的功能要求，并体现经济性。

（2）建筑结构可分为上部结构和下部结构，其中上部结构按结构材料又可分为混凝土结构、砌体结构、钢结构、木结构等；按结构受力和构造特点可分为框架结构、排架结构、刚架结构、剪力墙结构、筒体结构、砖混结构等。

（3）建筑工程按建设先后顺序主要包括勘察、设计和施工三个环节。

（4）建筑结构能满足功能要求并能良好工作的状态称为结构"可靠"或"有效"；反之称为结构"不可靠"或"失效"。结构可靠与失效的临界状态称为极限状态。

（5）根据功能要求，建筑结构极限状态可分承载能力极限状态和正常使用极限状态两类，相应的设计分析采用极限状态设计法。

（6）承载能力极限状态的荷载效应分基本组合和偶然组合两种；正常使用极限状态分标准、频遇、准永久三种组合形式。

（7）混凝土结构因其材料利用合理、耐久性好、耐火性好、可模性好、整体性好、易于就地取材等优点，在工程中被广泛采用。也因其材料特点，在结构分析中要结合结构实际情况选择合适的分析方法、确定结构分析模型。

思 考 题

1. 建筑结构的类型有哪些？
2. 结构设计包括几个阶段？各阶段的主要内容有哪些？
3. 建筑结构的功能要求有哪些？
4. 什么是结构的极限状态？极限状态又分为哪两类？
5. 什么是结构的作用效应和抗力？
6. 结构的安全等级如何确定？
7. 极限状态设计法的表达式是什么样的？
8. 混凝土结构分析模型需满足哪些基本要求？
9. 线弹性分析方法和考虑塑性内力重分布的分析方法各自的适用范围是什么？

第2章

混凝土梁板结构

教学目标:

1. 掌握单向板和双向板的区别，理解弹性理论和塑性理论的设计方法;
2. 掌握单向板和双向板肋梁楼盖设计计算方法，熟悉其配筋要求;
3. 熟悉楼梯和雨篷的设计;
4. 了解装配式楼盖、无梁楼盖。

2.1 概 述

2.1.1 梁板结构的定义

梁板结构是指由梁和板组合而成的水平承重结构体系，其支承体系可为墙或柱。梁板结构是土木工程中常用的结构，广泛应用于工业与民用建筑的楼盖、屋盖，故有的教材直接定义为楼盖。此外，梁板结构在筏板基础、阳台、雨篷、楼梯、蓄液池的底板、顶板、挡土墙、桥梁的桥面结构等工程部位也被采用。

2.1.2 梁板结构的分类

梁板结构有多种类型，按施工方法可分为整体式、装配式和装配整体式3种，3种类型的优缺点见表2.1.1。其中整体式梁板结构，按结构型式又可分为单向板梁板结构、双向板梁板结构、井式梁板结构、密肋梁板结构、无梁板柱结构等，如图2.1.1所示。

表2.1.1 不同施工方法的梁板结构特点对比

施工方法	优 点	缺 点
整体式	整体性好，抗震性强，防水性强	施工复杂，模板需求量大，场地不够整洁
装配式	便于工业化生产，在多层民用建筑、多层工业厂房中广泛应用	整体性、抗震性、防水性较差，不便于开设孔洞，故对高层建筑、有抗震设防要求的建筑及使用要求防水或开设孔洞的楼面不宜采用
装配整体式	其整体性较装配式的要好，较现浇式节省模板和支撑	用钢量及焊接量大并二次浇筑混凝土，对施工进度、工程造价带来不利影响

2.1.3 单、双向板肋梁楼盖判别

设 l_1、l_2 分别为板短边、长边尺寸。由力学分析可得，当 $l_2/l_1 \geq 3$ 时，q 主要由短向板

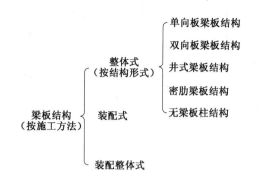

图 2.1.1　梁板结构分类

扫一扫

承受，长向板分配的荷载可忽略不计，此时板为单向板；当 $l_2/l_1<3$ 时，q 主要由短向板承受，但长向板分配的荷载不可忽略，此时板为双向板。

为了结构设计方便，《混凝土结构设计规范》规定混凝土板应按下列原则进行计算。

（1）两对边支承的板应按单向板计算。

（2）四边支承的板：当 $l_2/l_1\geq3$ 时，可按沿 l_1 短边方向受力的单向板计算；当 $l_2/l_1\leq2$ 时，应按双向板计算；当 $2<l_2/l_1<3$ 时，宜按双向板设计，若按单向板设计时，沿长边方向应配置不小于短板 25% 的受力钢筋。

2.1.4　梁板结构布置原则及构件截面尺寸

梁板结构的合理布置是楼盖设计中首先要解决的问题。柱网布置、梁格划分和梁板尺寸的确定对梁板结构的传力途径与适用、经济及美观的要求都有直接影响，因此，在进行结构布置时，应遵循以下几点原则：

（1）梁格的布置要考虑生产工艺、使用要求和支承结构的合理性。

（2）柱网和梁格尺寸除应满足生产工艺与使用要求外，还应具有经济效果。

（3）梁格应尽可能规整、统一，梁、板的截面尺寸应尽量统一，以便计算和施工。

（4）避免集中荷载直接作用于板上。

在对梁板结构进行设计时，首先需估算并确定梁、板的基本尺寸。根据受力分析和工程经验，混凝土梁、板截面的常规尺寸汇总于表 2.1.2。

表 2.1.2　混凝土梁、板截面的常规尺寸

构件种类		高跨比（h/l）	备　注	合理跨度/m
单向板	单跨简支 多跨连续	≥1/35 ≥1/40	最小板厚： 屋面板： 当 $l<1.5$ m 时，$h\geq50$ mm 当 $l\geq1.5$ m 时，$h\geq60$ mm 民用建筑楼板 $h\geq60$ mm 工业建筑楼板 $h\geq70$ mm 行车道下的楼板 $h\geq80$ mm	1.7~3.0

构件种类		高跨比（h/l）	备　　注	合理跨度/m
双向板	单跨简支 多跨连续	≥1/45 ≥1/50 （取短向跨度）	板厚一般取 80 mm≤h≤160mm	3.0~5.0
密肋板	单跨简支 多跨连续	≥1/20 ≥1/25 （h 为肋高）	板厚： 当肋间距≤700 mm 时，h≥40 mm 当肋间距>700 mm 时，h≥50 mm	单向板≤6.0 双向板≤10.0
悬臂板		≥1/12	板的悬臂长度 ≤ 500 mm，h ≥ 60 mm； 板的悬臂长度 > 500 mm，h ≥ 80 mm	
无梁楼板	无柱帽 有柱帽	≥1/30 ≥1/35	h≥150 mm 柱帽宽度 c＝（0.2~0.3）l	≤6.0
多跨连续次梁 多跨连续主梁 单跨简支梁		1/18~1/12 1/14~1/8 1/14~1/8	最小梁高：次梁 h≥$l/25$ 　　　　　主梁 h≥$l/15$ 宽高比（b/h）一般为 1/3~1/2， 并以 50 mm 为模数	4.0~6.0 5.0~8.0

2.2　单向板肋梁楼盖的设计计算

单向板肋梁楼盖是由板、次梁、主梁组成的水平承重结构体系，其设计计算步骤如下：

（1）结构平面布置，确定板厚和主、次梁的截面尺寸。

（2）确定结构计算简图。

（3）荷载及内力计算（弹性或塑性理论方法）。

（4）截面承载力计算、配筋计算及构造要求，对跨度大或荷载大或情况特殊的梁、板还需进行变形和裂缝的验算。

（5）根据计算和构造的要求绘制楼盖结构施工图。

2.2.1　结构平面布置

工程中，常见的单向板肋梁楼盖结构平面布置方案有以下 3 种：

（1）主梁沿房屋横向布置。如图 2.2.1（a）所示，主梁横向布置，次梁纵向布置，板支承于梁或砌体墙上。这种布置方案，主梁与柱构成横向框架体系，增强了房屋的横向侧移刚度。

（2）主梁沿房屋纵向布置。如图 2.2.1（b）所示，主梁纵向布置，次梁横向布置。这种布置适合于横向柱距大于纵向柱距的情况，但房屋的横向侧移刚度较差。

（3）只布置次梁，不设主梁。这种布置适用于房屋中间有走廊、纵墙间距较小的情况，如图 2.2.1（c）所示。

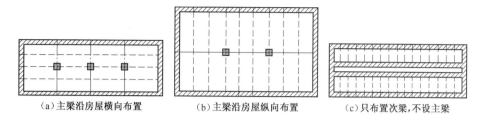

(a)主梁沿房屋横向布置　　　　(b)主梁沿房屋纵向布置　　　　(c)只布置次梁,不设主梁

图 2.2.1　单向板肋梁楼盖布置方案

单向板肋梁楼盖的结构布置应遵循以下原则：

（1）为了增强房屋的横向刚度，一般采取主梁沿横向布置的方案，且主梁必须避开门窗洞口。

（2）当建筑上要求横向柱距大于纵向柱距较多时，主梁也可沿纵向布置以减小主梁跨度。

（3）梁格布置应力求规整，板的厚度宜一致，梁的截面尺寸应尽量统一，柱网宜为正方形或矩形，梁系应尽可能连续贯通以加强楼盖的整体性，并便于设计和施工。

（4）梁、板尽量布置成等跨度。

2.2.2　结构计算简图

结构计算简图可分为计算模型和荷载图示两部分。

2.2.2.1　计算模型

1. 计算模型和简化假定

梁板结构的受力构件梁、板的计算模型均简化为连续受弯构件，其中，次梁、主梁、墙或柱依次为板、次梁、主梁的支座。获取模型前，需做如下简化假定：

（1）支座无竖向位移，且可自由转动。

（2）在计算荷载时，忽略板、梁的整体现浇，按简支构件计算支座反力。

（3）当荷载相同、板厚相同，且跨度相等或相差不超过 10% 时，超过 5 跨的连续梁、板可按 5 跨计算，中间跨均按第 3 跨处理。

（4）结构分析中忽略板的薄膜效应。

2. 计算单元

为简化计算，结构分析通常是从实际结构中选取有代表性的某一部分作为计算的对象，即计算单元。

单向板的计算单元为 1 m 宽板带。对于梁板结构的主、次梁，考虑到与之整体现浇的楼板对其截面刚度的增大效果，计算单元为 T 形截面受弯构件，每侧翼缘宽度取与之相邻梁中心距的一半。

3. 支承条件

（1）当梁、板支承于砖柱或砖墙上时，支座视为铰支座。

（2）当梁、板支承于混凝土柱、混凝土梁上，在结构内力分析时要考虑支座对梁、板的约束作用。

4. 计算跨度

板、梁的计算跨度应取为相邻两支座反力作用点之间的距离，其值与支座反力分布有关，也与构件的支承长度和构件本身的刚度有关，理论上很难确定。在实际计算中，计算跨度可由经验按表 2.2.1 取值。

表 2.2.1　梁、板的计算跨度

计算方法	支承条件		计算跨度	
按弹性理论计算	单跨	两端搁置	$l_0 = l_n + a$；且 $l_0 \leq l_n + h$ $l_0 \leq 1.05 l_n$ （梁）	（板）
		一端搁置、一端与支承构件整浇	$l_0 = l_n + a/2$；且 $l_0 \leq l_n + h/2$ $l_0 \leq 1.025 l_n$ （梁）	（板）
		两端与支承构件整浇	$l_0 = l_n$	
	多跨	边跨	$l_0 = l_n + a/2 + b/2$；且 $l_0 \leq l_n + h/2 + b/2$ $l_0 \leq 1.025 l_n + b/2$	（板） （梁）
		中间跨	$l_0 = l_c$；且 $l_0 \leq 1.1 l_n$ $l_0 \leq 1.05 l_n$	（板） （梁）
按塑性理论计算		两端搁置	$l_0 = l_n + a$；且 $l_0 \leq l_n + h$ $l_0 \leq 1.05 l_n$	（板） （梁）
		一端搁置、一端与支承构件整浇	$l_0 = l_n + a/2$；且 $l_0 \leq l_n + h/2$ $l_0 \leq 1.025 l_n$	（板） （梁）
		两端与支承构件整浇	$l_0 = l_n$	

注：l_0—板、梁的计算跨度；l_c—支座中心线间距离；l_n—板、梁的净跨；h—板厚；a—板、梁端支承长度；b—中间支座宽度。

5. 计算跨数

（1）等跨度、等刚度、荷载和支承条件相同的多跨连续梁、板，除端部两跨内力外，其他所有中间跨的内力都较为接近，因此，所有中间跨内力都可以由 1 跨代表。故，当结构实际跨数多于 5 跨时，可以按 5 跨进行内力计算；对于多跨连续梁、板的跨数小于 5 跨的按实际跨数计算。

（2）对于跨度、刚度、荷载及支承条件不同的多跨连续梁、板，应按实际跨数进行结构分析。

2.2.2.2　荷载图示

1. 荷载计算单元

梁、板的荷载计算单元同模型计算单元。其中，板承受的自重及楼面活荷载均为均布荷载，次梁承受板传来的均布线荷载，主梁承受来自次梁的集中荷载。如图 2.2.2 所示，阴影部分即为各计算单元的荷载从属面积。

2. 荷载类型与取值

（1）永久荷载：包括结构构件自重、地面及天棚（抹灰）、隔墙及永久性设备等荷载。

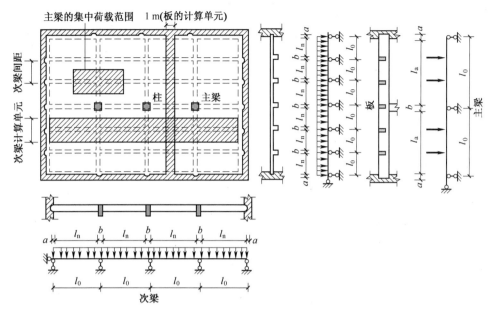

图 2.2.2　单向板肋梁楼盖计算简图

（2）可变荷载：包括人群、货物以及雪荷载、屋面积灰和施工活荷载等。可变荷载的分布通常是不规则的，在工程设计中一般折算成等效均布荷载；作用在板、梁上的活荷载在 1 跨内均按满跨布置，不考虑半跨内活荷载作用的可能性。

各项荷载取值及分项系数可查阅《建筑结构荷载规范》。

3. 折算荷载与支承条件

计算模型的简化假定 1 中忽略了支座对上部构件的约束作用，这对恒载作用下的连续梁、板影响不大，但会减小活荷载布置不利情况下板、次梁的内力。为减小该误差，通常采用在保持荷载总和不变的前提下增大恒载、减小活载的方法进行荷载调整，调整之后的荷载称为折算荷载。考虑到次梁对板的约束大于主梁对次梁的约束，故对荷载的折减也更大些。

折算荷载取值：

连续板　　　　　　　　　　$g'=g+q/2,\qquad q'=q/2$　　　　　　　　　（2.2.1）

连续次梁　　　　　　　　　$g'=g+q/4,\qquad q'=3q/4$　　　　　　　　（2.2.2）

式中　g——作用于结构上的恒荷载设计值；

　　　q——作用于结构上的活荷载设计值。

2.2.3　按弹性理论的内力计算

单向板肋梁楼盖的内力计算方法有弹性理论计算方法和塑性理论计算方法两种。其中，下列情况可按弹性理论方法计算：

（1）直接承受动力荷载和疲劳荷载作用的楼盖。

（2）在使用阶段不允许出现裂缝或对裂缝开展有较高要求的楼盖。

（3）处于侵蚀性环境及负温下的楼盖。

按弹性理论方法进行单向板肋形楼盖的内力计算步骤如下：

（1）确定构件的计算简图（截面尺寸、荷载、计算跨度，计算板和次梁时，采用折算荷载)。

（2）分别计算恒荷载及各种活荷载最不利布置时的内力（内力系数可查附录3），叠加恒荷载及各种活荷载最不利布置时的内力，绘制内力包络图。

（3）对整浇支座处内力进行调整。

（4）根据控制截面的最不利内力值进行配筋计算。

（5）根据计算结果，利用内力包络图、材料图确定纵向钢筋的弯起、截断位置，绘制配筋图。

在采用弹性理论进行内力计算时，有如下几个要点和概念需要提前了解。

1. 活荷载的最不利布置

连续梁板结构的控制截面为跨中和支座截面，为使控制截面内力达到最大值，需考虑荷载的最不利布置。产生内力的恒荷载，大小及作用位置都是不变的，使结构产生的内力也是不变的；而活荷载在各跨的分布是随机的，在结构中产生的内力也是变化的（图 2.2.3）。因此，需考虑活荷载的最不利布置。

由图 2.2.3 可得，活荷载的最不利布置（图 2.2.4）情况如下：

（1）欲求某跨跨中最大正弯矩时，活荷载除布置在该跨以外，两边隔跨布置。

（2）欲求某支座截面最大负弯矩时，活荷载除布置在该支座两侧外，两边隔跨布置。

（3）欲求梁支座截面（左侧或右侧）最大剪力时，活荷载布置同（2）。

（4）欲求某跨跨中最大负弯矩时，活荷载在该跨不布置，而在两相邻跨布置，其他跨再隔跨布置。

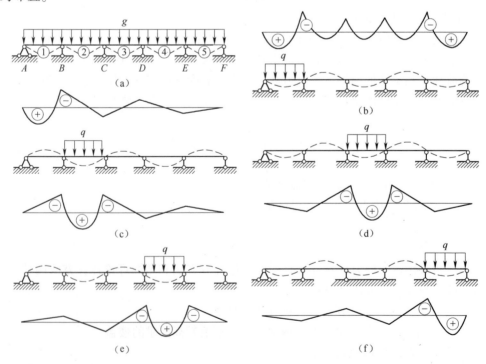

图 2.2.3　荷载作用于不同跨时梁的弹性变形曲线和内力图

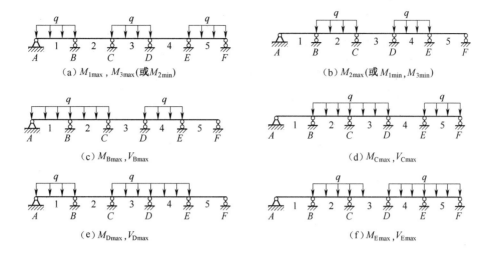

图 2.2.4　连续梁活荷载最不利布置

2. 内力包络图

以恒荷载满布在各跨上时结构的内力为基础，分别叠加对各截面最不利的活荷载布置时的内力，便得到了各截面可能出现的最不利内力。将各截面可能出现的最不利内力图叠绘于同一基线上，这张叠绘内力图的外包线所形成的图称为内力包络图。由上述可知，N 跨的连续梁、板有 $N+1$ 种最不利荷载组合。5 跨连续梁有 6 组最不利荷载组合，即图 2.2.3（a）分别与图 2.2.4（a）～（f）组合，组合荷载产生的内力图分别如图 2.2.5 中线条 a）～f）所示。内力包络图可表示连续梁在各种荷载不利组合下，各截面可能产生的最不利内力。无论活荷载如何分布，梁各截面的内力都不会超出包络图上的内力值。梁截面可依据包络图提供的内力值进行截面设计。

3. 支座截面内力调整

在用弹性理论方法计算时，由于计算跨度取支承中心线间的距离，计算所得的支座处 M_{max}、V_{max} 均指支座中心线处的弯矩、剪力值。而当板与梁整浇、次梁与主梁整浇以及主梁与柱整浇时，危险截面不是支座中心处截面而是支座边缘截面，故设计中应取支座边缘截面内力值进行计算〔图 2.2.6（a）〕，按弯矩、剪力在支座范围内为线性变化，可求得支座边缘的内力值。

（1）支座为现浇混凝土梁、柱时，取支座边缘截面为结构控制截面。

$$\left.\begin{array}{l} M_{边} = M_{中} - \dfrac{b}{2}V_0 \\[3mm] V_{边} = V_{中} - \dfrac{b}{2}(g+q) \\[3mm] V_{边} = V_{中} \end{array}\right\} \qquad (2.2.3)$$

均布荷载时
集中荷载时

（2）支座为砖柱或墙体时，计算弯矩时，取支座中心线处截面为控制截面；计算剪力时，取支座边缘截面为控制截面。

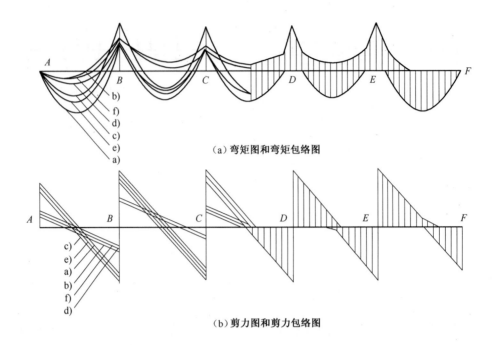

（a）弯矩图和弯矩包络图

（b）剪力图和剪力包络图

图 2.2.5　5 跨连续梁的内力图及包络图

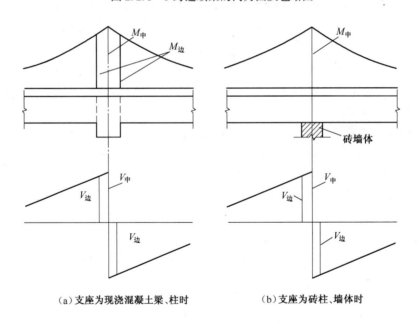

（a）支座为现浇混凝土梁、柱时　　　　（b）支座为砖柱、墙体时

图 2.2.6　支座控制截面计算的内力取值

$$\left.\begin{array}{l} M_{边} = M_{中} \\[2mm] V_{边} = V_{中} - \dfrac{b}{2}(g + q) \\[2mm] V_{边} = V_{中} \end{array}\right\} \qquad (2.2.4)$$

均布荷载时

集中荷载时

式中　V_0——按简支梁计算的支座边缘处剪力设计值（取绝对值）；

b——支座支承宽度；

g、q——作用于结构上的恒荷载、活荷载设计值。

2.2.4　考虑塑性内力重分布的内力计算

在按弹性理论的计算方法时，结构构件的刚度是始终不变的，内力与荷载成正比，但是钢筋混凝土是一种弹塑性混合材料，在荷载作用下会表现出明显的弹塑性性质。仅按照弹性理论分析方法虽能计算出结构的内力，但与混凝土结构的实际情况还是存在不符，主要表现为以下几个方面：

（1）钢筋混凝土是由钢筋、骨料、水泥等材料组成的非匀质弹塑性材料，按弹性理论进行设计与实际情况不符。

（2）弹性理论计算法是按考虑活荷载的最不利布置的内力包络图来配筋的，但各跨中和各支座截面的最大内力实际上并不能同时出现。

（3）由于超静定结构具有多余约束，当某一支座进入破坏阶段时，只是少一个多余联系，整个结构并未破坏。而弹性理论则认为此时结构已达到承载力极限状态。

（4）按弹性理论计算法计算时，支座弯矩总是远大于跨中弯矩，支座配筋拥挤，构造复杂，施工不便。

针对以上问题，在设计中充分考虑钢筋混凝土材料的塑性性能、混凝土超静定结构的塑性内力分布是很有必要的。在采用塑性理论进行内力计算时，有几个概念和要点要注意。

1. 塑性铰

以简支梁为例，随着跨中荷载的增加，跨中截面在钢筋屈服后，承载能力提高很小，但截面相对转角激增，使该截面形似一个能转动的铰。对于这种塑性变形集中的区域，在杆系结构中称为塑性铰，在板内称为塑性铰线。

与理想铰相比，钢筋混凝土塑性铰有以下几个特点：①塑性铰仅能沿弯矩方向转动，理想铰可正反向转动；②塑性铰能传递一定数值的塑性弯矩，理想铰不能；③塑性铰分布在一定的范围，理想铰集中为一点；④塑性铰转动能力有限，转动能力大小取决于配筋率 ρ 和混凝土极限压应变 ε_u，即随着配筋率 ρ 的增加或混凝土极限压应变 ε_u 的减小，塑性铰的转动能力会不断下降。

2. 塑性内力重分布

混凝土超静定结构在塑性铰出现之前，结构内力分布规律与弹性理论分析结果基本相同；但在塑性铰出现之后，结构内力分布规律发生变化，与按弹性理论获得的结构内力分布显著不同。这种由于材料的塑性变形及塑性铰的出现引起的内力分布规律的变化，称为塑性内力重分布。

由上可见，塑性内力重分布与塑性铰的出现与其转动能力有很大关联。当构件中各塑性铰均具有足够的转动能力，保证结构加载后能按预定顺序出现足够多的塑性铰，使超静定混凝土结构变成机构，这种情况称为完全的塑性内力重分布；反之，称不完全的塑性内力重分布。

3. 考虑塑性内力重分布的意义和适用范围

由以上分析可知，超静定结构某截面出现塑性铰不一定意味着结构破坏，在结构未形成机动可变体系以前，还有强度储备可利用。故考虑塑性内力重分布可发挥结构构件的潜力，提高结构的极限承载力，具有经济效益。此外，考虑混凝土结构的塑性内力重分布可调整支座配筋，方便施工。

但该方法需充分考虑连续梁板的塑性变形并形成塑性铰，使构件部分截面在受力过程中变形及裂缝偏大，故在下列情况中不允许使用：

(1) 直接承受动力荷载的结构构件。

(2) 使用阶段不允许开裂的结构构件。

(3) 轻质混凝土及其他特种混凝土结构。

(4) 受侵蚀气体或液体作用的结构。

(5) 预应力结构和二次受力叠合结构。

(6) 主梁等重要构件。

4. 弯矩调幅法

连续梁、板考虑塑性内力重分布的计算方法较多，如极限平衡法、塑性铰法及弯矩调幅法等。目前工程上应用较多的是弯矩调幅法。

所谓弯矩调幅法，就是先按弹性分析求出结构各截面弯矩值，再根据需要将结构中一些截面的最大（绝对值）弯矩（多数为支座弯矩）予以调整，并按调整后的内力进行截面配筋设计。采用弯矩调幅法对连续梁、板结构由弹性理论计算得到的弯矩值进行调整，即是实现结构内力重分布的过程，进而确定塑性铰出现的部位和顺序。

弯矩调幅法亦可简称为调幅法，其调幅的基本原则如下：

(1) 为尽可能节约钢材，宜使用调整后的弯矩包络图作为设计配筋依据。

(2) 为方便施工，通常调整支座截面，并尽可能使调整后的支座弯矩与跨中弯矩接近。

(3) 调幅需使结构满足刚度、裂缝要求，不使支座截面过早出现塑性铰，一般弯矩调幅幅度 $\beta \leqslant 25\%$。调幅后，所有支座及跨中弯矩的绝对值为 M，当承受均布荷载时应满足

$$M \geqslant \frac{1}{24}(g+q)\,l^2 \tag{2.2.5}$$

当 $p/g \leqslant 1/3$ 时，弯矩调幅系数 $\beta \leqslant 15\%$，这是考虑长期荷载对结构变形的不利影响。

(4) 调幅后应满足静力平衡条件，即调整后的每跨两端支座弯矩的平均值与跨中弯矩之和（均为绝对值），不小于该跨满载时（恒+活）按简支梁计算的跨中弯矩 M_0。则

$$\frac{M_A + M_B}{2} + M_C \geqslant M_0 \tag{2.2.6}$$

(5) 为保证塑性铰具有足够的转动能力，设计中应满足塑性铰处截面的相对受压区高度 $\xi \leqslant 0.35$，钢筋宜使用 HRB335 级和 HRB400 级热轧钢筋，也可采用 HPB300 级热轧钢筋，宜选用 C20~C45 级混凝土。

(6) 考虑塑性内力重分布后，为避免斜拉破坏，抗剪钢筋的配筋率应满足

$$\rho_{sv} = \frac{A_{sv}}{bs} > \frac{0.03f_c}{f_{yv}} \tag{2.2.7}$$

弯矩调幅法计算连续梁、板的具体步骤如下：

(1) 按弹性理论计算连续梁、板在各种最不利荷载组合时的内力值，主要是支座和跨中截面的最大弯矩值与剪力值。

（2）依据给出的弯矩调幅系数或弯矩调幅值，确定支座截面处的塑性弯矩值

$$M_{塑} = (1 - \beta)M_{弹} \tag{2.2.8}$$

式中　　$M_{弹}$——按弹性理论计算得到的支座截面弯矩值；

　　　　β——弯矩调幅系数，$\beta = 1 - \dfrac{M_{塑}}{M_{弹}}$。

（3）按静力平衡计算结构各截面的内力，即可得到各跨梁、板在上述荷载作用下的塑性内力重分布的内力图。

（4）绘制连续梁、板的弯矩和剪力包络图。

5. 等跨连续梁、板按塑性理论的计算

在均布荷载作用下，等跨连续梁、板各跨中和支座截面的弯矩设计值可按式（2.2.9）计算。等跨连续梁在均布荷载作用下的各控制截面剪力设计值可按式（2.2.10）计算；在间距相等、大小相等的集中荷载作用下，等跨连续梁各控制截面的弯矩、剪力设计值可分别按式（2.2.11）、（2.2.12）计算。

均布荷载作用下：

$$M = \alpha_{m}(g + q)l_0^2 \tag{2.2.9}$$

$$V = \alpha_{v}(g + q)l_n^2 \tag{2.2.10}$$

集中荷载作用下：

$$M = \eta\alpha_{m}(G + Q)l_0^2 \tag{2.2.11}$$

$$V = \alpha_{v}n(G + Q) \tag{2.2.12}$$

式中　　α_{m}，α_{v}——弯矩和剪力计算系数，分别见表 2.2.2 和表 2.2.3；

　　　　l_0，l_n——计算跨度和净跨；

　　　　g，q——均布恒荷载和活荷载的设计值；

　　　　G，Q——一个集中恒荷载和活荷载的设计值；

　　　　n——跨内集中荷载的个数；

　　　　η——集中荷载修正系数，见表 2.2.4。

表 2.2.2　连续梁、板弯矩计算系数 α_{m}

截面	支承条件	梁	板
边支座	梁、板搁置在墙上	0	0
	梁、板与梁整浇	−1/24	−1/16
	梁与柱整浇	−1/16	
边跨中	梁、板搁置在墙上	1/11	
	梁、板与梁整浇	1/14	
第一内支座	2 跨连续	−1/10	
	3 跨及 3 跨以上连续	−1/11	
中间支座		−1/14	
中间跨中		1/16	

表 2. 2. 3　连续梁剪力计算系数 α_v

截　　面	支承条件	梁
端支座内侧	搁置在墙上	0.45
	与梁或柱整浇	0.50
第一支内座外侧	搁置在墙上	0.60
	与梁或柱整浇	0.55
第一支内座内侧		0.55
中间支座两侧		0.55

应当指出，表 2.2.2 和表 2.2.3 中的系数是根据 5 跨连续梁板结构、活荷载与恒荷载的比例 $q/g=3$、弯矩调幅系数约为 20% 等条件确定的。当 $q/g=1/3\sim5$，各跨跨度相对差值小于 10% 时，上述系数仍可适用。若超过上述范围，连续梁、板的结构内力应按考虑内力重分布的一般方法调幅计算。

表 2. 2. 4　集中荷载修正系数 η

荷载情况	截面					
	端支座	边跨跨中	第一内支座	离端第二跨跨中	中间支座	中间跨跨中
当在跨内中点作用一个集中荷载时	1.5	2.2	1.5	2.7	1.6	2.7
当在跨内三分点处作用两个集中荷载时	2.7	3.0	2.7	3.0	2.9	3.0
当在跨内四分点处作用三个集中荷载时	3.8	4.1	3.8	4.5	4.0	4.8

6. 不等跨连续梁、板按塑性理论的计算

当不等跨连续梁板的跨度差不大于 10% 时，仍可采用等跨连续梁板的系数。计算支座弯矩时，l_0 取相邻两跨中的较大跨度值；计算跨中弯矩时，l_0 取本跨跨度值。

对于不满足上述条件的不等跨连续梁、板或各跨荷载值相差较大的等跨连续梁、板，可分别按下列步骤进行计算。

（1）不等跨连续梁。

1）按荷载的最不利布置，用弹性理论分别求出各控制截面的弯矩最大值 M_e。

2）在弹性弯矩的基础上，调幅支座弯矩（调幅系数不宜超过 0.2）；在进行正截面受弯承载力计算时，各支座弯矩设计值可按下列公式计算：

当连续梁搁置在墙上：

$$M = (1 - \beta)M_e \qquad (2.2.13)$$

当连续梁两端与梁或柱整体连接时：

$$M = (1 - \beta)M_e - V_0 b/3 \qquad (2.2.14)$$

3）连续梁各跨中截面的弯矩不宜调整。

4）连续梁各控制截面剪力设计值，可按荷载最不利布置，根据调整后的支座弯矩利用静力平衡条件计算，也可近似取弹性理论计算值。

（2）不等跨连续板。

1）确定最大跨跨中弯矩值：

边跨
$$\frac{(g+q)l_0^2}{14} \leqslant M \leqslant \frac{(g+q)l_0^2}{11} \tag{2.2.15}$$

中间跨
$$\frac{(g+q)l_0^2}{20} \leqslant M \leqslant \frac{(g+q)l_0^2}{16} \tag{2.2.16}$$

2）得出最大跨跨中弯矩后，由静力平衡条件求该跨在（$g+q$）作用下产生的支座弯矩，再以该支座弯矩为已知，同理求得邻跨跨中弯矩。以此类推，求得所有跨中及支座弯矩。

2.2.5　截面设计与构造要求

确定了连续梁、板的内力后，可按受弯构件进行截面设计。一般情况下，连续梁、板结构在强度计算后再满足一定的构造要求，可不进行变形及裂缝宽度的验算。

此处仅对梁、板受弯构件在楼盖结构中的设计和构造要点作简要叙述。

1. 板的计算及构造要点

（1）支承在次梁或砖墙上的连续板，一般可按塑性内力重分布的方法计算。

（2）板一般均能满足斜截面抗剪要求，设计时可不进行抗剪计算。

（3）在承载能力极限状态下，板支座处在负弯矩作用下上部开裂，跨中在正弯矩作用下下部开裂，板的实际轴线成为一个拱形（图 2.2.7）。当板的四周与梁整浇，梁具有足够的刚度，使板的支座不能自由移动时，板在竖向荷载作用下将产生水平推力，由此产生的支座反力对板可抵消部分荷载作用下的弯矩，这种效应称为板的内拱作用。因此，对四周与梁整体连接的板，中间跨的跨中截面及中间支座，计算弯矩可减少 20%，其他截面不予降低。但对于支座为砖柱或墙体的梁板结构，支座不能提供可靠约束，使内拱作用不明显，故计算时不考虑内拱作用。

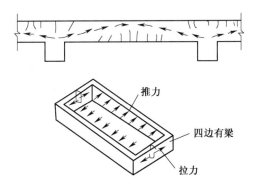

图 2.2.7　板的内拱作用

（4）板的受力钢筋的配置方法有弯起式和分离式两种，钢筋弯起切断位置如图 2.2.8 所示。图中，当 $q/g \leqslant 3$ 时，$a = l_n/4$；当 $q/g > 3$ 时，$a = l_n/3$。l_n 为板的净跨。弯起式配筋可一端弯起［图2.2.8（a）］或两端弯起［图2.2.8（b）］，具有整体性好，节约钢材的优点，但施工复杂；分离式配筋［图2.2.8（c）、（d）］施工方便，但整体性差、用钢量稍大。

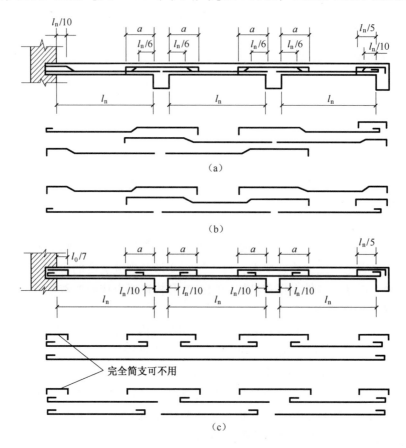

图2.2.8　板中受力钢筋布置

（5）板除配置受力钢筋外，还应在与受力钢筋垂直的方向上布置分布钢筋。分布钢筋的作用是：固定受力钢筋的位置；抵抗板内温度应力和混凝土收缩应力；承担并分布板上局部荷载产生的内力；在四边支承板中，板的长方向产生少量弯矩也由分布钢筋承受。分布钢筋的数量应不少于受力钢筋的10%，且每米不少于4根，应均匀布置于受力钢筋的内侧。

由于计算简图与实际结构的差异，板嵌固在砖墙上时，支座处有一定负弯矩，板角处也有负弯矩；此外，温度、混凝土收缩、施工条件等因素也会在板中产生拉应力。为防止上述原因使板开裂，沿墙长每米配5φ8构造钢筋，伸出墙边长度≥$l_0/7$。在角部$l_0/4$范围内双向配φ8@200的板角附加负筋，伸出长度≥$l_0/4$。板靠近主梁处，部分荷载直接传给主梁，也产生一定的负弯矩，故应沿垂直主梁方向配置每米5φ8的板面附加负筋，伸出长度≥$l_0/4$，如图2.2.9所示。

（6）现浇板上开洞时，当洞口边长或直径不大于300 mm且洞边无集中力作用时，板内受力钢筋可绕过洞口不切断；当洞口边长或直径大于300 mm时，应在洞口边的板面加配钢筋，加配钢筋面积不小于被截断的受力钢筋面积的50%，且不小于2φ12；当洞口边长或直径大于1 000 mm时，宜在洞边加设小梁。

2. 次梁的计算及构造要点

（1）次梁承受板传来的荷载，通常可按塑性内力重分布的方法确定内力。

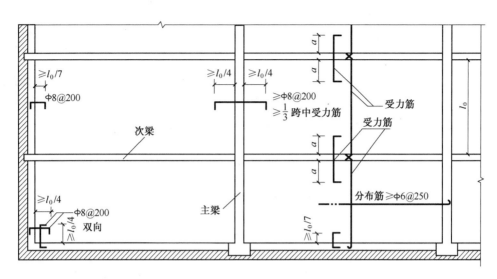

图 2.2.9　板的构造配筋

（2）次梁和板整浇，配筋计算时，对跨中正弯矩应按 T 形截面考虑，T 形截面的翼缘计算宽度应按混凝土结构设计规范中的规定取值；对支座负弯矩因翼缘受拉开裂应按矩形截面计算。

（3）梁中受力钢筋的弯起和截断原则上应按弯矩包络图确定，但对相邻跨度不超过 20%，或承受均布荷载且活荷载与恒荷载之比 $q/g \leqslant 3$ 的次梁，可按图 2.2.10 布置钢筋。

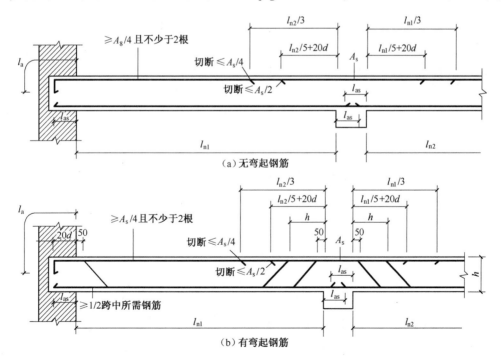

图 2.2.10　次梁的钢筋布置

3. 主梁的计算及构造要点

（1）主梁除承受自重外，还承受由次梁传来的集中荷载。为简化计算，主梁自重可折算成集中荷载计算。

（2）与次梁相同，主梁跨中截面按 T 形截面进行配筋计算，支座截面按矩形截面计算。

（3）主梁支座处，次梁与主梁支座负钢筋相互交叉，使主梁负筋位置下移，计算主梁负筋时，单排筋 $h_0 = h-(50\sim60)$ mm，双排筋 $h_0 = h-(70\sim80)$ mm（图 2.2.11）。

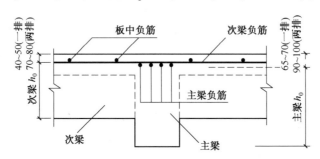

图 2.2.11 主梁支座截面纵筋位置

（4）主梁是重要构件，通常按弹性理论计算，不考虑塑性内力重分布。

（5）主梁的受力钢筋的弯起和切断原则上应按弯矩包络图确定。

扫一扫

（6）在次梁与主梁相交处，次梁顶部在负弯矩作用下发生裂缝，集中荷载只能通过次梁的受压区传至主梁的腹部。这种效应约在集中荷载作用点两侧各 $0.5\sim0.6$ 倍梁高范围内，可引起主拉破坏斜裂缝。为防止这种破坏，在次梁两侧设置附加横向钢筋，位于梁下部或梁截面高度范围内的集中荷载应全部由附加横向钢筋（吊筋、箍筋）承担。附加横向钢筋应布置在长度为 $S = 2h_1 + 3b$ 的范围内，如图 2.2.12 所示，附加横向钢筋所需的总截面面积按下式计算：

$$A_{sv} = \frac{F}{f_{yv}\sin\alpha} \qquad (2.2.17)$$

式中　F——作用在梁的下部或梁截面高度范围内的集中力设计值；

　　　f_{yv}——箍筋或弯起钢筋的抗拉强度设计值；

　　　A_{sv}——承受集中荷载所需的附加横向钢筋总截面面积；当采用附加吊筋时，A_{sv} 应为左、右弯起段截面面积之和。

　　　α——附加横向钢筋与梁轴线间的夹角。

2.2.6 单向板设计例题

设计资料：某多层厂房，采用现浇钢筋混凝土单向板肋梁楼盖，其楼盖平面尺寸如图 2.2.13 所示。楼面活荷载、材料及构造做法等设计资料如下。

（1）楼面活荷载：活荷载标准值 $q_k = 6.5$ kN/m²。

（2）楼面做法：楼面面层用 30 mm 厚普通水磨石（$r_c = 24$ kN/m³），板底及梁用 15 mm 厚混合砂浆抹底（$r_c = 17$ kN/m³）。

（3）材料：混凝土强度等级为 C30；梁内纵向受力钢筋采用 HRB400 级钢筋，板内受力筋和梁内箍筋采用 HRB335 级钢筋，其余用 HPB300 级钢筋。

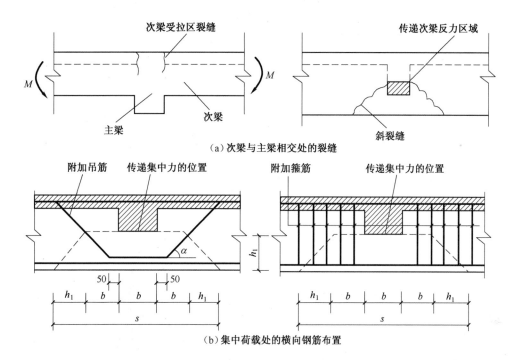

图 2.2.12 主梁附加横向钢筋的布置

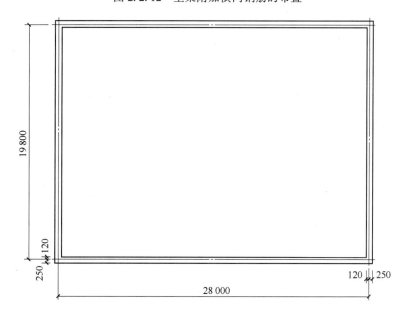

图 2.2.13 楼盖平面尺寸

（4）构件支撑长度：板伸入墙内 120 mm，次梁伸入墙内 240 mm，主梁伸入墙内 370 mm。

（5）柱的截面尺寸：400 mm×400 mm。

解答过程如下。

1. 楼盖的结构平面布置

（1）确定梁、板跨度：主梁的跨度为 6.6 m，次梁的跨度为 5.6 m，主梁每跨内布置两根次梁，板的跨度为 2.2 m。

（2）确定板厚：按高跨比条件，要求板厚 $h \leqslant \dfrac{2\,200}{40} = 55$ mm；对工业建筑的楼盖板，要求 $h \geqslant 80$ mm。综上取板厚 $h = 80$ mm。

（3）确定次梁截面尺寸：次梁截面高度应满足 $h = \left(\dfrac{1}{18} \sim \dfrac{1}{12}\right)l = 311 \sim 467$ mm，考虑到楼面活荷载比较大，取 $h = 500$ mm，截面宽度取为 $b = 200$ mm。

（4）确定主梁截面尺寸：主梁的截面高度应满足 $h = \left(\dfrac{1}{14} \sim \dfrac{1}{8}\right)l = 471.4 \sim 825$ mm，取 $h = 650$ mm，截面宽度取为 $b = 300$ mm。

（5）楼盖结构平面布置：如图 2.2.14 所示。

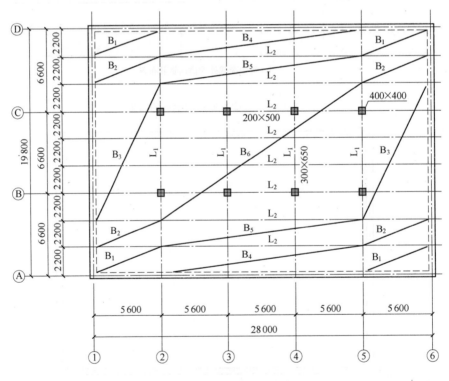

图 2.2.14　楼盖结构平面布置图

2. 板的设计

（1）荷载计算。板的恒荷载标准值如下。

30 mm 普通水磨石：$0.03 \times 24 = 0.72$ kN/m²；

80 mm 钢筋混凝土板：$0.08 \times 25 = 2$ kN/m²；

15 mm 板底混合砂浆：$0.015 \times 17 \approx 0.26$ kN/m²；

合计：$g_k = 2.98$ kN/m²；

板的活荷载标准值：$q_k = 6.5$ kN/m²。

因为是工业建筑楼盖且楼面活荷载标准值大于 4.0 kN/m²，所以活荷载分项系数取 1.3。板在由可变荷载效应控制的组合下，恒荷载分项系数为 1.2，于是板的荷载如下：

恒荷载设计值 $g = 2.98 \times 1.2 \approx 3.58$ kN/m²；

活荷载设计值 $q = 6.5 \times 1.3 = 8.45$ kN/m²；

荷载总设计值 $g + q = 3.58 + 8.45 = 12.03$ kN/m² ≈ 12.1 kN/m²。

由于楼面活荷载较大，经计算，板在由永久荷载效应控制的组合下的荷载效应不起控制作用，舍去。

（2）计算简图。次梁截面为 200 mm×500 mm，板在墙上的支承长度为 120 mm，取 1 m 宽板带作计算单元，并按考虑内力重分布的塑性理论进行设计，板的计算跨度为

边跨

$$l_{01} = l_{n1} + \frac{h}{2} = (2\,200 - 100 - 120) + \frac{80}{2} = 2\,020 \text{ mm}$$

$$l_{01} = l_{n1} + \frac{a}{2} = (2\,200 - 100 - 120) + \frac{120}{2} = 2\,040 \text{ mm}$$

取 $l_{01} = 2\,020$ mm。

中间跨　　　　　　　　$l_{02} = l_{n2} = 2\,200 - 200 = 2\,000$ mm

1 m 宽板带上线荷载　　$g + q = 12.1 \times 1 = 12.1$ kN/m

因跨度差小于 10%，故可以按等跨连续板设计。板的计算简图如图 2.2.15 所示。

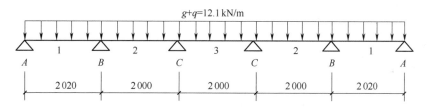

图 2.2.15　板的计算简图

（3）内力计算。由表 2.2.3 可查得板的弯矩系数 α_m，并由此求得各控制截面的弯矩值分别为

$$M_1 = \frac{(g + q)l_{01}^2}{11} = \frac{12.1 \times 2.02^2}{11} \approx 4.49 \text{ kN} \cdot \text{m}$$

$$M_B = -\frac{(g + q)l_{01}^2}{11} = \frac{12.1 \times 2.02^2}{11} \approx -4.49 \text{ kN} \cdot \text{m}$$

$$M_2 = M_3 = \frac{(g + q)l_{02}^2}{16} = \frac{12.1 \times 2^2}{16} \approx 3.03 \text{ kN} \cdot \text{m}$$

$$M_C = -\frac{(g + q)l_{02}^2}{14} = \frac{12.1 \times 2^2}{14} \approx -3.46 \text{ kN} \cdot \text{m}$$

（4）截面设计。已知板厚 80 mm，则 $h_0 = 80 - 20 = 60$ mm；C30 混凝土，$\alpha = 1.0$，$f_c = 14.3$ N/mm²；HRB335 级钢筋，$f_y = 300$ N/mm²。取 1 m 宽板带为计算单元，配筋的计算过

程列于表 2.2.5 中。

表 2.2.5 板的配筋计算

截面位置	边跨跨中		第一内支座		中间跨跨中		中间支座	
	①~② ⑤~⑥	②~⑤	①~② ⑤~⑥	②~⑤	①~② ⑤~⑥	②~⑤	①~② ⑤~⑥	②~⑤
$M/(\text{kN}\cdot\text{m})$	4.49		−4.49		3.03	0.8×3.03 $=2.424$	−3.46	$−0.8\times3.46$ $=−2.768$
$\alpha_s = \dfrac{M}{\alpha_1 f_c b h_0^2}$	0.087		0.087		0.059	0.047	0.067	0.054
$\gamma_s = \dfrac{1+\sqrt{1-2\alpha_s}}{2}$	0.954		0.954		0.97	0.976	0.965	0.972
$A_s = \dfrac{M}{\gamma_s f_y h_0}/\text{mm}^2$	260.8		260.8		174.3	138.4	199.2	158.3
选配钢筋	⌀8@ 180	⌀6/8@ 180	⌀8@ 180	⌀6/8 @ 180	⌀8@ 180	⌀8@ 180	⌀8@ 180	⌀8@ 180
实配钢筋/mm²	279	218	279	218	279	279	279	279

注：1. 对轴线②~⑤间的板带，由于考虑四边与梁整体连接的中间区格单向板内拱作用的有利因素，其中间跨的跨中弯矩及除第一内支座外的其他中间支座截面弯矩可各折减 20%。

2. 经验算板的配筋率均能满足板最小配筋率要求。

（5）配筋图的绘制。板的配筋图如图 2.2.16 所示。

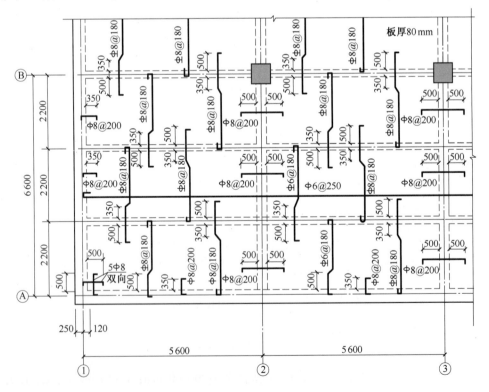

图 2.2.16 板的配筋图

3. 次梁设计

次梁按考虑内力重分布设计。根据多层厂房楼盖的实际使用情况，楼盖的次梁和主梁的活荷载不考虑从属面积的荷载折减。

（1）荷载设计值。对由可变荷载效应控制的组合。

1）恒荷载设计值：

板传来的恒荷载　　 $3.58×2.2=7.88$ kN/m

次梁自重　　　　　 $0.2×（0.2-0.08）×25×1.2=0.72$ kN/m

次梁两侧粉刷　　　 $0.015×（0.5-0.08）×2×17×1.2≈0.26$ kN/m

合计　　　　　　　 $g=8.86$ kN/m

2）活荷载设计值： $q=8.45×2.2=18.59$ kN/m

荷载总设计值　　　 $q+g=8.86+18.59=27.4$ kN/m

与板同理，无须再计算由永久荷载效应控制的组合。

（2）计算简图。次梁在砖墙上的支承长度为240 mm，主梁截面为300 mm×650 mm。次梁的计算跨度：

边跨　　　 $l_{01} = l_{n1} + \dfrac{a}{2} = \left(5\,600 - 120 - \dfrac{300}{2}\right) + \dfrac{240}{2} = 5\,450$ mm

$l_{01} < 1.025l_{n1} = 1.025 × \left(5\,600 - 120 - \dfrac{300}{2}\right) = 5\,463$ mm

故取 $l_{01} = 5\,450$ mm，$l_{n1} = 5\,330$ mm。

中间跨　 $l_{02} = l_{n2} = 5\,600-300 = 5\,300$ mm

因跨度相差小于10%，可按等跨连续梁计算。次梁的计算简图如图2.2.17所示。

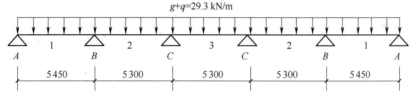

图 2.2.17　次梁的计算简图

（3）内力计算。由表2.2.2和表2.2.3可查得板的弯矩系数 α_m 和剪力系数 α_v。

1）弯矩设计值：

$$M_1 = M_B = \frac{(g + q)l_{01}^2}{11} = \frac{27.4 × 5.45^2}{11} = 74 \text{ kN·m}$$

$$M_2 = M_3 = \frac{(g + q)l_{02}^2}{16} = \frac{27.4 × 5.30^2}{16} = 48.1 \text{ kN·m}$$

$$M_C = -\frac{(g + q)l_{02}^2}{14} = \frac{-27.4 × 5.30^2}{14} = -55 \text{ kN·m}$$

2）剪力设计值：

$$V_A = 0.45(g + q)l_{n1} = 0.45 × 27.4 × 5.33 = 65.7 \text{ kN}$$

$$V_{Bl} = 0.60(g + q)l_{n1} = 0.60 × 27.4 × 5.33 = 87.6 \text{ kN}$$

$$V_{Br} = 0.55(g + q)l_{n2} = 0.55 \times 27.4 \times 5.30 = 79.9 \text{ kN}$$

$$V_c = 0.55(g + q)l_{n2} = 0.55 \times 27.4 \times 5.30 = 79.9 \text{ kN}$$

（4）承载力计算。次梁的计算内容包括正截面受弯承载力计算和斜截面受剪承载力计算。

1）正截面受弯承载力计算。次梁混凝土等级为 C30，$\alpha_1 = 1.0$，$f_c = 14.3 \text{ N/mm}^2$，$f_t = 1.43 \text{ N/mm}^2$；纵向钢筋采用 HRB400；$f_y = 360 \text{ N/mm}$ 箍筋采用 HRB335，$f_{yv} = 300 \text{ N/mm}^2$。

次梁支座截面按矩形截面计算，跨内按 T 形截面计算，翼缘宽度 b_f' 取值

$$b_f' = \frac{l}{3} = \frac{5\,600}{3} \approx 1\,867 \text{ mm}$$

又

$$b_f' = b + s_0 = 200 + 2\,000 = 2\,200 \text{ mm}$$

近似取 $b_f' = 1\,870 \text{ mm}$。

B 支座截面纵向钢筋按两排布置，$h_0 = 500 - 60 = 440 \text{ mm}$，其余截面均布置一排钢筋，$h_0 = 500 - 40 = 460 \text{ mm}$。

判断跨内截面类型：

$$\alpha_1 f_c b_f' h_f' \left(h_0 = \frac{h_f'}{2}\right) WB = 1.0 \times 14.3 \times 1\,870 \times 80 \times \left(460 - \frac{80}{2}\right)$$

$$\approx 898.5 \text{ kN} \cdot \text{m} > 74 \text{ kN} \cdot \text{m}$$

故属于第一类型 T 形截面，即跨内按宽度为 b_f' 的矩形截面计算。

次梁正截面配筋计算过程列于表 2.2.6 中。

表 2.2.6　次梁的配筋计算

截　　面	边跨跨中	第二支座	第二跨跨中、中间跨跨中	中间支座
弯矩设计值 $M/$（kN·m）	74	−74	48.1	−55
b/mm	1 870	200	1 870	200
$\alpha_s = \dfrac{M}{\alpha_1 f_c b h_0^2}$	0.013	0.134	0.008	0.099
$\xi = 1 - \sqrt{1 - 2\alpha_s}$	0.013	0.144（<0.35）	0.008	0.104（<0.35）
$\gamma_s = \dfrac{1 + \sqrt{1 - 2\alpha_s}}{2}$	0.993	0.928	0.995	0.948
$A_s = \dfrac{M}{\gamma_s f_y h_0}/\text{mm}^2$	481.1	545.9	312.2	394.8
选配钢筋	3Φ16	1Φ16+3Φ14	3Φ14	3Φ14
适配钢筋面积 $/\text{mm}^2$	603	662.1	461	461

注：1. 考虑塑性内力重分布要求满足 α 不大于 0.35；

　　2. 经验计算所有截面均能满足梁最小配筋率要求。

2）斜截面受剪承载力计算。

验算截面尺寸

$$h_w = h_0 - h'_f = 460 - 80 = 380 \text{ mm}$$

$$\frac{h_w}{b} = \frac{380}{200} = 1.9 < 4.0$$

混凝土采用 C30，$\beta_c = 1.0$，故对 B 支座左边截面尺寸按下式验算：

$$0.25\beta_c f_c b h_0 = 0.25 \times 1.0 \times 14.3 \times 200 \times 440 = 314.6 \text{ kN} > V_{max} = 87.6 \text{ kN}$$

故截面尺寸满足要求。

验算是否需要计算配置箍筋（对 B 支座左边界面）：

$$0.7 f_t b h_0 = 0.7 \times 1.43 \times 200 \times 440 = 88.088 \text{ kN} > V_{max} = 87.6 \text{ kN}$$

故仅按构造要求配置箍筋即可，构造箍筋等级为 HPB300。

$$\rho_{sv} = \frac{A_{sv}}{bs} \geqslant \rho_{sv,min} = 0.24\frac{f_t}{f_{yv}} = 0.24 \times \frac{1.43}{270} = 0.0013$$

采用直径为 6 的双肢箍，则：$\dfrac{A_{sv}}{bs} = \dfrac{57}{200s} \geqslant 0.0013$

由上式可推出，$s \leqslant 219.2 \text{mm}$，可取 $s = 200 \text{mm}$。

（5）次梁配筋图。如图 2.2.18 所示为次梁的配筋图。

注意：如果距中间支座边缘 50 mm 处弯起钢筋，则可以认为从左跨弯起的纵筋只有过支座中心后的右直段承受负弯矩。同样，从右跨弯起的纵筋只有过支座中心后的左直段承受弯矩。较为简便的方式是使用鸭筋来代替距支座边缘 50 mm 的弯起筋以承受剪力或满足构造要求。

4. 主梁设计

主梁按弹性理论设计，不考虑塑性内力重分布。

（1）荷载设计值。为简化计算，将主梁自重等效为集中荷载。

次梁传来恒荷载设计值：$8.86 \times 5.6 \approx 49.62 \text{ kN}$；

主梁自重（含粉刷）恒载设计值：$1.2 \times (0.65 - 0.08) \times 0.3 \times 2.2 \times 25 + 2 \times (0.65 - 0.08) \times 0.015 \times 2.2 \times 17 = 11.93 \text{ kN}$；

恒荷载设计值：$G = 49.62 + 11.93 = 61.55 \approx 72 \text{ kN}$；

活荷载设计值：$Q = 18.59 \times 5.6 = 104.104 \approx 104.1 \text{ kN}$；

同前，无须考虑由永久荷载效应控制的组合。

（2）计算简图。主梁端部支承在外纵墙上，支承长度为 370 mm；中间支承在 400 mm×400 mm 的混凝土柱上，主梁按连续梁计算，其计算跨度为：

边跨　$l_{n1} = 6600 - 120 - 200 = 6280 \text{ mm}$

$$l_{01} = l_{n1} + \frac{a}{2} + \frac{b}{2} = 6280 + \frac{370}{2} + \frac{400}{2} = 6665 \text{ mm}$$

$$l_{01} = 1.025 l_{n1} + \frac{b}{2} = 1.025 \times 6280 + \frac{400}{2} = 6637 \text{ mm}$$

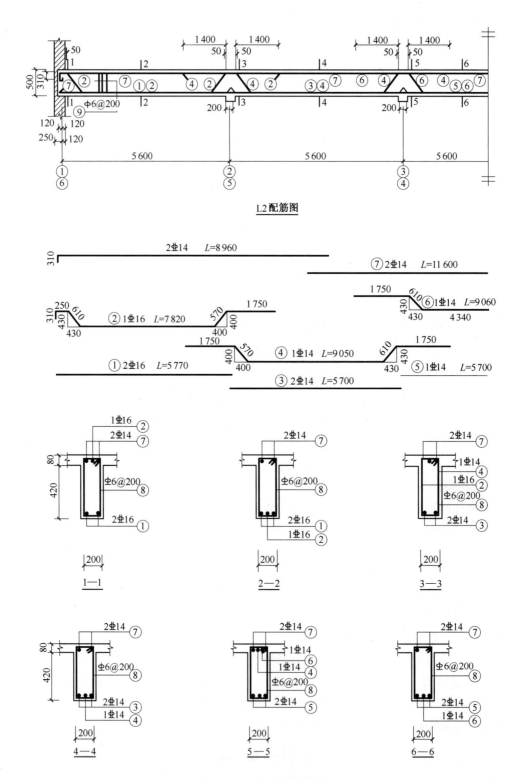

图 2.2.18　次梁的配筋图

故近似取 $l_{01} = 6\,640$ mm。

中间跨 $l_{02} = 6\,600$ mm。

主梁的计算简图如图 2.2.19 所示。

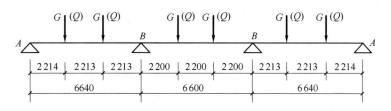

图 2.2.19　主梁的计算简图

（3）内力设计值及包络图。因跨度相差不超过 10%，故可利用附录 3 来计算内力。

$$M = \text{表中系数} \times Ql \ （\text{或 } Gl）$$
$$V = \text{表中系数} \times Q \ （\text{或 } G）$$

主梁在恒荷载、活荷载分别作用下的各截面弯矩及剪力计算过程列于表 2.2.7 中。

主梁在不同荷载组合下的各截面弯矩及剪力计算过程列于表 2.2.8 中。

根据表 2.2.7 和表 2.2.8 的弯矩及剪力值即可绘出梁的弯矩和剪力包络图，如图 2.2.20 和图 2.2.21 所示。

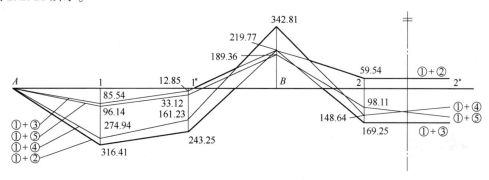

图 2.2.20　主梁的弯矩包络图

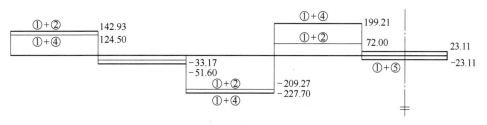

图 2.2.21　主梁的剪力包络图

（4）承载力计算。主梁 C30 混凝土，$\alpha_1 = 1.0$，$f_c = 14.3$ N/mm，$f_t = 1.43$ N/mm²；纵向钢筋采用 HRB400，$f_y = 360$ N/mm² 箍筋采用 HRB335，$f_{yv} = 300$ N/mm²。

1）正截面受弯承载力计算。支座及跨内负弯矩截面按矩形截面计算，跨内正弯矩截面按 T 形截面计算。纵向受力钢筋：支座截面为二排，$h_0 = 650 - 80 = 570$ mm；跨内截面均为一排，$h_0 = 650 - 40 = 610$ mm。

表 2.2.7　主梁的内力计算

项次	在恒荷载、活荷载分别作用下荷载简图	截面弯矩计算/(kN·m) $\dfrac{k}{M_1}$	$\dfrac{k}{M_B}$	$\dfrac{k}{M_2}$	$\dfrac{k}{M_C}$	截面剪力计算/kN $\dfrac{k}{V_A}$	$\dfrac{k}{V_{Bl}}$	$\dfrac{k}{V_{Br}}$
①	$G\ G\ \ G\ G$	$\dfrac{0.244}{116.65}$	$\dfrac{-0.2674}{-127.84}$	$\dfrac{0.067}{31.84}$	$\dfrac{-0.2674}{-127.84}$	$\dfrac{0.733}{52.78}$	$\dfrac{-1.267}{-91.22}$	$\dfrac{1.00}{72.00}$
②	$Q\ Q$	$\dfrac{0.289}{199.76}$	$\dfrac{-0.133}{-91.93}$	$\dfrac{-0.133}{-91.38}$	$\dfrac{-0.133}{-91.38}$	$\dfrac{0.866}{90.15}$	$\dfrac{-1.134}{-118.05}$	$\dfrac{0}{0}$
③	$Q\ Q$	$\dfrac{-0.045}{-31.11}$	$\dfrac{-0.133}{-91.93}$	$\dfrac{0.200}{137.41}$	$\dfrac{-0.133}{-91.93}$	—	—	—
④	$Q\ Q\ \ Q\ Q$	$\dfrac{0.229}{158.29}$	$\dfrac{0.311}{-214.97}$	$\dfrac{0.170}{116.80}$	$\dfrac{-0.089}{-61.52}$	$\dfrac{0.689}{71.72}$	$\dfrac{1.311}{-136.48}$	$\dfrac{1.222}{127.21}$
⑤	$Q\ Q$	-20.51	$\dfrac{-0.089}{-61.52}$	—	$\dfrac{-0.311}{-214.97}$	—	—	—

表 2.2.8　主梁内力组合计算

组合项次	弯矩计算/(kN·m) M_1	M_1^*	M_B	M_2	M_2^*	M_C	剪力计算/kN V_A	V_{Bl}	V_{Br}
①+②	316.41	243.25	-219.77	-59.54	-59.54	-219.77	142.93	-209.27	72.00
①+③	85.54	12.85	-219.77	169.25	-219.77	—	—	—	—
①+④	274.94	161.23	-342.81	148.64	98.11	-189.36	124.50	-227.70	199.21
①+⑤	96.14	33.12	-189.36	98.11	148.64	-342.81	—	—	—

注：M_1^*、M_2^* 分别为第一跨、第二跨内第二集中荷载作用点（该点截面弯矩绝对值小于或等于第一集中荷载作用点处截面弯矩绝对值）处的截面弯矩。以该跨的两支座弯矩值的连线为基线，叠加该跨在集中荷载作用下的简支梁弯矩图即可求得 M^* 值。

确定翼缘计算宽度：因 $\dfrac{h'_f}{h_0} = \dfrac{80 \text{ mm}}{610 \text{ mm}} \approx 0.13 > 0.1$，无具体要求，取下列两式中的较小者；

$\dfrac{l}{3} = \dfrac{6.6}{3} = 2.2$ m，又 $b + s_n = 0.3 + 5.3 = 5.6$ m，故取 $b'_f = 2.2$ m $= 2\,200$ mm。

判断跨内截面类型：由

$$\alpha_1 f_c b'_f h'_f \left(h_0 - \dfrac{h'_f}{2}\right) = 1.0 \times 14.3 \times 2\,200 \times 80 \times \left(610 - \dfrac{80}{2}\right)$$

$$= 1\,434.58 \text{ kN} \cdot \text{m} > 316.41 \text{ kN} \cdot \text{m}$$

故属于第一类 T 形截面。

B 支座边缘的弯矩设计值

$$M_B = M_{B\max} - \dfrac{V_0 b}{2} = -342.81 + (72 + 104.1) \times \dfrac{0.4}{2} = -307.59 \text{ kN} \cdot \text{m}$$

主梁正截面承载力计算过程列于表 2.2.9 中。

表 2.2.9　主梁正截面承载力计算

截　　面	1	B	2	
弯矩设计值/kN·m	316.41	−307.59	169.25	−59.54
b/mm	2 200	300	2 200	300
$a_z = \dfrac{M}{a_1 f_z b h_0^2}$	0.027	0.221	0.014	0.043
$\xi = 1 - \sqrt{1 - 2\alpha_x}$	0.027	0.253（<0.55）	0.014	0.044
$\gamma_z = \dfrac{1 + \sqrt{1 - 2a_x}}{2}$	0.986	0.873	0.993	0.978
$A_s = \dfrac{M}{\gamma_x f_y h_0}$/mm	1 461.3	1 717.2	776.2	296.7
选配钢筋	6 Φ 18	4 Φ 20+3 Φ 18	3 Φ 20	2 Φ 20
实配钢筋的面积/mm²	1 527	2 019	942	628

注：经验计算所有截面均满足最小配筋率要求。

主梁纵向钢筋的弯起和切断由弯矩包络图作材料抵抗弯矩图确定。

2）斜截面受剪承载力计算。

验算截面尺寸：

$$h_w = h_0 - h'_f = 570 - 80 = 490 \text{ mm}$$

$$\dfrac{h_w}{b} = \dfrac{490}{300} = 1.63 < 4.0$$

混凝土 C30，$\beta_c = 1.0$，故截面尺寸为

$$0.25\beta_c f_c bh_0 = 0.25 \times 1.0 \times 14.3 \times 300 \times 570 = 611.33 \text{ kN} > 227.70 \text{ kN}$$

故截面尺寸满足要求。

计算所需腹筋：采用 ⫶8@200 的双肢箍筋，沿主梁全长布置，则由混凝土和箍筋所承受的剪力为：

$$V_{cs} = 0.7 f_t bh_0 + f_{yv} \frac{A_{sv}}{s} h_0 =$$

$$0.7 \times 1.43 \times 300 \times 570 + 300 \times \frac{100.6}{200} \times 570 = 257.18 \text{ kN}$$

由 $V_A = 142.93 \text{ kN} < V_{cs}$，$V_{Bl} = 227.70 \text{ kN} < V_{cs}$，$V_{Br} = 199.21 \text{ kN} < V_{cs}$，故从理论上不需要配置弯起钢筋，但从进一步提高主梁斜截面抗剪能力、节约材料的角度考虑，在 B 支座左边的 2.2 m 范围内先后弯起第一跨跨中的 3⫶18 的钢筋（弯起角度取 $\alpha_s = 45°$）。

验算最小配筋率：

$$\rho_{sv} = \frac{A_{sv}}{bs} = \frac{100.6}{300 \times 200} \times 100\% = 0.167\% > 0.24 \frac{f_t}{f_{yv}} = 0.114\%$$

满足要求。

（5）次梁两侧附加横向钢筋的计算。次梁传来的集中力 $F_l = 59.70 + 104.1 = 163.8 \text{ kN}$。

$h_1 = 650 - 500 = 150 \text{ mm}$，附加箍筋布置范围 $s = 2h_1 + 3b = 2 \times 150 + 3 \times 200 = 900 \text{ mm}$。取附加箍筋 ⫶8@100 双肢箍，从距次梁边 50 mm 处开始布置，每边 3 道，左右共 6 道，全部附加箍筋均在 s 范围内。另加吊筋 1⫶18，$A_{sb} = 254.5 \text{ mm}^2$。

$$2f_y A_{sb} \sin\alpha + m \cdot nf_{yv} A_{svl} = 2 \times 360 \times 254.5 \times 0.707 + 6 \times 2 \times 300 \times 50.3$$
$$= 310\,630.68 \text{ N} = 310.6 \text{ kN} > F_l = 163.8 \text{ kN}$$

满足要求。

主梁边支座下需设置梁垫，计算从略。

（6）主梁（L_1）配筋图。主梁纵向钢筋的弯起和截断需根据弯矩包络图作材料抵抗弯矩图确定。主梁（L_1）的材料抵抗弯矩图及配筋图如图 2.2.22 所示。

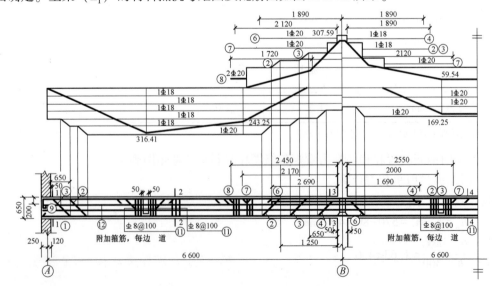

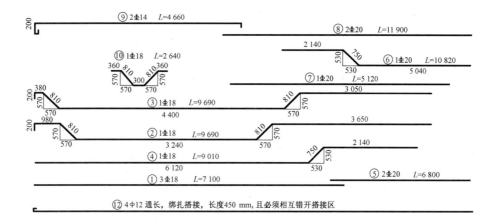

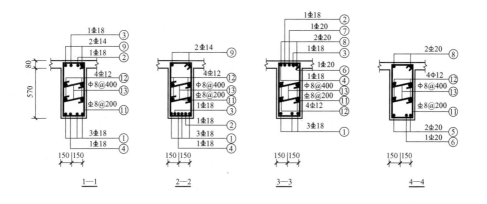

图 2.2.22 主梁的材料抵抗弯矩图和配筋图

2.3 双向板肋梁楼盖

双向板肋梁楼盖是一种比较常用的楼盖结构形式，板下支承梁可为主梁和次梁，也可为双向梁系。同单向板一样，双向板的计算方法也有两种，即弹性理论计算方法和塑性理论计算方法。

双向板肋梁楼盖的设计计算步骤如下：

（1）结构平面布置，确定板厚和双向梁的截面尺寸。

（2）荷载计算。

（3）计算跨度计算。

（4）内力计算（弹性或塑性理论方法）。

（5）截面承载力计算、配筋计算及构造要求，对跨度大或荷载大或情况特殊的梁、板，还需进行变形和裂缝的验算。

（6）根据计算和构造要求绘制结构施工图。

双向板肋梁楼盖的结构布置、荷载计算和计算跨度的计算方法与单向板肋梁楼盖类似，此处不再赘述。

2.3.1 四边支承双向板的受力特点

双向板的支承形式可分为四边支承、三边支承、两邻边支承或四点支承等。此处对工程中最常见的四边支承的正方形或矩形双向板的受力特点进行介绍。

大量试验结果表明：受均布荷载作用的四边简支双向板，随着荷载逐渐增加，板底中央且平行长边方向将出现第一批裂缝；当荷载继续增加时，这些裂缝逐渐延伸，并沿45°方向向四角扩展；随后，在板顶四角附近将出现圆弧形裂缝，并促使板底对角线方向的裂缝进一步扩展；最终，双向板会因跨中钢筋屈服而破坏（见图2.3.1）。

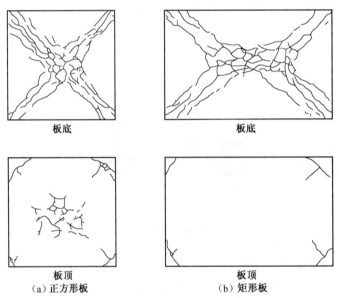

板底　　　　　　　　　　　板底

板顶　　　　　　　　　　　板顶
（a）正方形板　　　　　　　（b）矩形板

图 2.3.1　双向板的破坏形态

2.3.2　双向板按弹性理论的内力计算

双向板按弹性理论计算是属于弹性小挠度薄板的弯曲问题，其内力分析十分复杂。故在实际设计中，对常用的荷载及支承情况的双向板，可利用已有的图、表、手册中的内力系数计算其内力。

2.3.2.1　单区格板的内力和变形计算

附录4列出了6种不同边界条件的单区格双向板在均布荷载下的挠度及弯矩系数，可据此算出板的跨中弯矩和挠度。当不考虑泊松比的影响时，单曲格双向板的跨中弯矩可按式（2.3.1）计算：

$$\left.\begin{aligned} m_1 &= 表中弯矩系数 \times (g+q)\ l_{01}^2 \\ m_2 &= 表中弯矩系数 \times (g+q)\ l_{02}^2 \end{aligned}\right\} \tag{2.3.1}$$

式中　　m_1、m_2——平行于 l_{01} 方向、l_{02} 方向板中心点单位板宽内的弯矩；

　　　　g、q——作用于板上的均布恒荷载、活荷载设计值；

　　　　l_{01}、l_{02}——短跨、长跨方向的计算跨度，单位为 m，计算方法与单向板相同。

由于附录 4 表格中系数是根据泊松比 $\nu = 0$ 制定的，而钢筋混凝土的泊松比 $\nu = 0.2$，所以跨中弯矩需要按式（2.3.2）进行修正：

$$\left.\begin{array}{l} M_1^\nu = m_1 + v m_2 \\ M_2^\nu = m_2 + v m_1 \end{array}\right\} \tag{2.3.2}$$

2.3.2.2　多区格等跨连续双向板的内力和变形计算

多区格等跨连续双向板的内力分析较单区格板更为复杂，故在工程设计中需采用一定的简化原则，将多区格连续板中的每个区格等效为单区格板，然后按单区格板的方法进行计算。这种计算方法假设支承梁的抗弯刚度很大，其竖向位移可忽略不计；同时，支承梁的受扭线刚度很小，可以自由转动。按照上述假设，可将支承梁视为双向板的不动铰支座。当板在同一方向的相邻最大跨度之差不大于 20%时，其内力及变形可按下述方法进行分析。

1. 板跨中最大弯矩计算

对于多区格等跨连续双向板，其内力分析与多跨连续单向板类似，需要先确定结构的控制截面，进而确定使控制截面产生最危险内力时的最不利活荷载布置。

连续双向板的控制截面为支座、跨中截面，其中，跨中截面的最大弯矩分析过程可概括为 3 个步骤，见表 2.3.1。

表 2.3.1　多区格等跨双向板跨中最大弯矩的计算

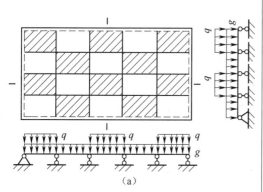

在求连续板跨中最大弯矩时，应在该区格及其前后左右每隔一区格布置活荷载，即棋盘式布置［图 (a)］。

如前所述，梁可视为双向板的不动铰支座，因此任一区格的板边既不是完全固定也不是理想简支。但附录 4 中各单块双向板的支承情况却只有固定和简支。为了能利用附录 4，可将活荷载设计值 q 分解为满布各区格的对称荷载 $q/2$ 和逐区格间隔布置的反对称荷载 $\pm q/2$ 两部分［图 (b)、(c)］

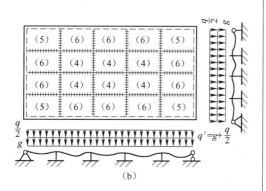

当全板区格作用有 $g + q/2$ 时，可将中间支座视为固定支座，内区格板均看作四边固定的单块双向板；而边区格的内支座按固定、外边支座按简支（支承在砖墙上）或固定（支承在梁上）考虑。然后按相应支承情况的单区格板查表计算

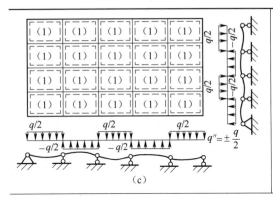

当连续板承受反对称荷载±q/2时，可视为简支，从而使内区格板的跨中弯矩可近似按四边简支的单块双向板计算；而边区格的内支座按简支、边支座根据实际情况确定，然后查表计算其跨中弯矩即可

(c)

最后，将所求区格在两部分荷载作用下的跨中弯矩值叠加，即可计算出该区格的跨中最大弯矩

2. 支座最大负弯矩

为简化计算，可近似认为将全部区格满布均布活荷载时，支座弯矩最大。此时可假定各区格板都固结于中间支座，因而内区格板可按四边固定的单跨双向板计算其支座弯矩；边区格的内支座按固定考虑，边界支座则按实际情况考虑。

由相邻区格板分别求得的同一支座负弯矩不相等时，取绝对值较大者作为该支座最大负弯矩。

2.3.3 双向板按塑性理论的内力计算

双向板按塑性理论分析的方法很多，如机动法、极限平衡法、条带法等，但在目前的工程设计中，应用最广的还是极限平衡法（又称"塑性铰线法"）。这种方法的计算比较符合混凝土板的实际受力情况，还可节约钢筋。

1. 塑性铰线

由试验可知，双向板在荷载作用下达到承载能力极限状态时，在板的上部或下部会形成几条裂缝将双向板分隔为几个板块称为可变机构。此时，裂缝处的受拉钢筋屈服，板在荷载基本不变的情况下沿着裂缝处截面发生转动，这种混凝土裂缝线为塑性铰线。由正弯矩所引起的称为正塑性铰线，出现在板底；由负弯矩所引起的负塑性铰线出现在板顶。

由于双向板在荷载作用下出现塑性铰线时，双向板达到承载力极限状态，板所承受的荷载即为极限荷载，故极限平衡法又称塑性铰线法。

塑性铰线的位置与板的平面形状、边界条件、荷载形式、配筋情况等因素有关。通常负塑性铰线发生在固定边界处，正塑性铰线则通过相邻板块转动轴的交点，且出现在弯矩最大处，如图2.3.2所示。

混凝土双向板按塑性铰线法计算时，需作如下假设：

（1）达到承载力极限状态时，板在最大弯矩处形成塑性铰线将整体分隔成若干块，并形成几何可变体系。

（2）塑性板在均布荷载作用下，塑性铰线均为直线。

（3）塑性铰线将板分为若干板块，各板块视为刚体，整个板的变形都集中在塑性铰线上，破坏时各板块绕塑性铰线转动。

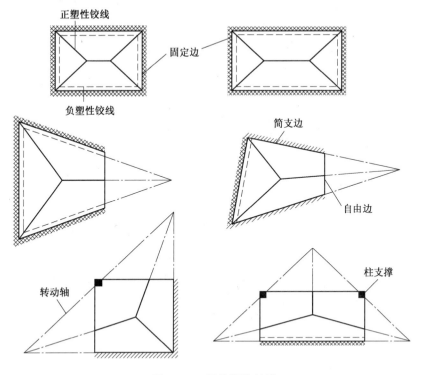

图 2.3.2　板的塑性铰线

（4）板在理论上存在多种可能的塑性铰线形式，取一组最危险、极限荷载最小的塑性铰线为计算对象。

（5）双向板在上述塑性铰线处，钢筋达到屈服强度，混凝土达到抗压强度，截面具有一定值的极限弯矩，但扭矩和剪力忽略不计。

2. 均布荷载作用下单块双向板采用极限平衡法的基本公式

图 2.3.3 所示为一块长向和短向跨度分别为 l_y、l_x 受均布荷载作用的四边固定双向板破坏时形成的倒锥形机构，图中粗实线和虚线分别表示正、负塑性铰线。板面恒荷载、活荷载分布集度分别为 g、q。

为了简化计算，取斜向正塑性铰线与板边的夹角为 45°，并假定板内配筋沿两个方向均为等间距布置。

采用虚功原理，即双向板在外荷载作用下产生的外功与内力所做的功相等，可求得按塑性理论计算的四边固定双向板的基本公式：

$$2M_x + 2M_y + M_x' + M_y' + M_x'' + M_y'' \geqslant \frac{(g + 1)l_x^2}{12}(3l_y - l_x) \tag{2.3.3}$$

式中　　　　$g+q$——均布极限荷载；

M_x、M_y——分别为跨中塑性铰线上在两个方向的总弯矩：

$$M_x = l_y m_x, \quad M_y = l_x m_y \tag{2.3.4}$$

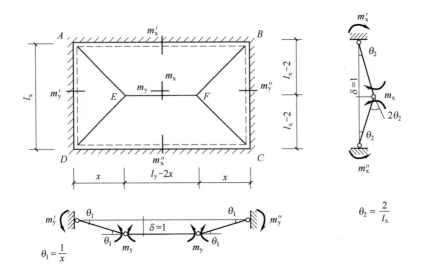

图 2.3.3 均布荷载下四边固定双向板的极限平衡受力图

m_x、m_y——分别为跨中塑性铰线上两个方向单位宽度内的极限弯矩；

M'_x、M''_x、M'_y、M''_y——分别为两个方向支座塑性铰线上的总弯矩。

其中
$$\left.\begin{array}{l} M'_x = M''_x = l_y m'_x \\ M'_y = M''_x = l_x m'_y \end{array}\right\}$$
(2.3.5)

式中 $m'_x = m''_x$，$m''_y = m''_y$——两个方向支座塑性铰线上单位宽度内的极限弯矩。

基本方程含有 4 个未知数（m_x、m_y、$m'_x = m''_x$、$m'_y = m''_y$），但只有一个方程式，不可能求得唯一的解，故需先选定弯矩间的比值 α、β。为此，令

$$\frac{m_x}{m_y} = \alpha$$
(2.3.6)
$$\frac{m'_x}{m_x} = \frac{m''_x}{m_x} = \frac{m'_y}{m_y} = \frac{m''_y}{m_y} = \beta$$

这样，只要 α、β 的值给定，就可求得 m_x、m_y、$m'_x = m''_x$、$m'_y = m''_y$。考虑正常情况下裂缝不致过宽，跨中两方向的配筋比 α 可采用弹性理论求出的配筋比，即 $\alpha \approx 1/n^2$（$n = l_x / l_y$）；β 是支座配筋与跨中配筋之比，为避免支座钢筋过大，配筋过多，造成施工不便，一般取 $\beta = 1 \sim 2.5$，中间区格则取 2~2.5 为宜。

若跨中钢筋全部伸入支座，则由基本公式可求得

$$m_x = \frac{3(n-1)(g+q)l_x^2}{24(n+\alpha)(1+\beta)}$$
(2.3.7)

3. 多区格连续双向板计算

对于某一单区格板，由选定的 α、β 可依次计算 m_y、$m'_x = m'_x$、$m'_y = m''_y$，再根据这些弯矩值可计算跨中及支座截面所需配置的受力钢筋。而对于多区格连续双向板，其配筋计算通常从中间区格开始，然后向邻近区格扩展，直至楼盖的边区格及角区格。具体计算步骤如下。

（1）计算中间区格：①选定钢筋配筋比 α、β 值；②用 m_x 表示其他截面弯矩 m_y、$m'_x =$

m_x'' 及 $m_y' = m_y''$，并代入基本公式（2.3.7），即可求得 m_x；③由式（2.3.6）依次求得其余的钢筋截面面积 m_y、$m_x' = m_x''$、$m_y' = m_y''$。

（2）计算相邻区格：由于公共支座的弯矩值已知，可依此求得与中间区格相邻的支座处的弯矩值；重复步骤（1）求出跨中弯矩。

（3）依此由内向外，直至外区格板均得以求解。

2.3.4　双向板截面设计与构造要求

2.3.4.1　弯矩的折减

同单向板一样，对于四周与梁整体连接的双向板，也应考虑板的内拱作用。因此，规范规定，截面的计算弯矩值应予以折减。

（1）中间区格的跨中截面及中间支座截面折减系数为 0.8。

（2）边区格的跨中截面及楼板边缘算起的第二支座：当 $\dfrac{l_b}{l} < 1.5$ 时，折减系数为 0.8；

当 $1.5 \leqslant \dfrac{l_b}{l} \leqslant 2$ 时，折减系数为 0.9；当 $\dfrac{l_b}{l} > 2$ 时，不折减。其中，l_b 为边区格板沿楼板边缘方向的计算跨度，l 为垂直于楼板边缘方向的计算跨度（图 2.3.4）。

（3）楼板角区格不应折减。

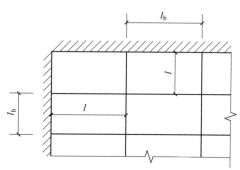

图 2.3.4　边区格的计算跨度示意图

2.3.4.2　有效高度的确定

由于短跨方向的弯矩比长跨方向的弯矩大，故短跨方向的受力钢筋应放在长跨方向受力钢筋的外侧（跨中正弯矩截面短跨方向的钢筋放在下排，支座负弯矩截面短跨方向的钢筋放在上排），以充分利用板的有效高度 h_0。故在估算 h_0 时：短向 $h_0 = h - 20$ mm；长向 $h_0 = h - 30$ mm。

2.3.4.3　钢筋配置

1. 受力钢筋的分布方式

根据双向板的破坏特征，双向板的板底应配置平行于板边的双向受力钢筋以承担跨中正弯矩；对于四边有固定支座的板，在其上部沿支座边尚应布置承受负弯矩的受力钢筋。双向板的配筋方式也有分离式和弯起式两种，为简化施工，目前在工程中多采用分离式配筋；但对于跨度及荷载均较大的楼盖板，为提高刚度和节约钢筋宜采用弯起式。

当内力按弹性理论计算时，所求得的弯矩是中间板带的最大弯矩，并由此求得板底配筋，而跨中弯矩沿着板长或板宽向两边逐渐减小，因此配筋应向两边逐渐减少。考虑到施工方便，将板在短边 l_1 和长边 l_2 方向各分为三个板带（图 2.3.5）：两边板带的宽度为较小跨度 l_1 的 1/4；其余为中间板带。在中间板带均配置按最大正弯矩求得的板底钢筋，两边板带内则减少一半，且每米宽度内不得少于 3 根。而对支座边界板顶的负弯矩钢筋，考虑其需承受板四角的扭矩，应沿全支座宽度均匀配置，并不在板带内减少。

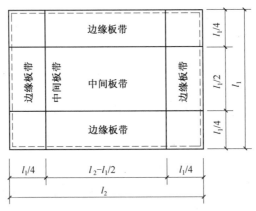

图 2.3.5　双向板配筋时板带的划分

按塑性理论计算时，钢筋可分板带布置，但为了施工方便，也可均匀布置。

2. 支座负钢筋的配置

沿墙边、墙角处的构造钢筋，与单向板楼盖设计相同。

（1）简支双向板。在简支的双向板中，考虑到计算时未计及的支座部分的约束作用，故每个方向的正钢筋均应弯起 1/3 至支座，以考虑支座约束产生的负弯矩。

（2）固定支座的双向板及连续双向板。板底钢筋可弯起 1/2~2/3 作为支座负钢筋，不足时，则另外设置板顶负钢筋。

2.3.5　双向板支承梁的设计

1. 支承梁上的荷载

如前所述，双向板上的荷载沿两个方向传给四边的支承梁或墙上，但要精确计算每根支承梁上分到的荷载是相当困难的，一般采用简化方法。即在每一区格板的四角作 45°线 [图 2.3.6（a）]，将板分成四个区域，每块面积内的荷载传给与其相邻的支承梁。这样，对双向板的长边梁来说，由板传来的荷载呈梯形分布；而对短边梁来说，荷载则呈三角形分布。

2. 支承梁按弹性理论的设计

为了计算简化，对承受三角形和梯形荷载的连续梁，在计算内力时，可按支座弯矩相等的原则把三角形荷载和梯形荷载换算成等效均布荷载 [图 2.3.6（b）]，求得等效均布荷载作用下的支座弯矩，然后取各跨为隔离体，将所求该跨的支座弯矩和实际荷载一同作用在该跨梁上，按静力平衡条件求跨中最大弯矩。

3. 支承梁按塑性理论的设计

当考虑塑性内力重分布时，可在弹性分析求得的支座弯矩基础上，应用调幅法确定支座弯矩，再按实际荷载分布利用静力平衡条件计算跨中弯矩。

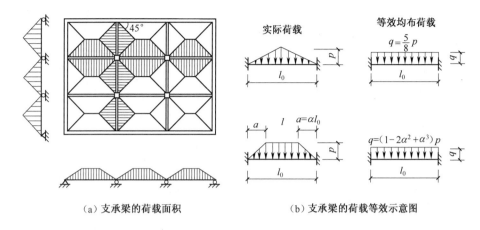

（a）支承梁的荷载面积   （b）支承梁的荷载等效示意图

图 2.3.6 双向板支承梁上的荷载

4. 支承梁的配筋设计及构造要求

双向板支承梁的截面配筋计算和构造要求与单向板楼盖中的梁的设计相同。

2.3.6 双向板肋梁楼盖设计例题

某厂房楼盖，横向柱距为 4.8 m，纵向柱距为 6 m、2.4 m、6 m，采用整体式钢筋混凝土双向板肋梁楼盖。楼面做法：30 mm 厚水磨石地面（12 mm 厚面层，18 mm 厚水泥砂浆打底），板底为 15 mm 厚石灰砂浆抹灰。钢筋混凝土容重为 25 kN/m³，水磨石面层荷载为 0.65 kN/m²，水泥砂浆容重为 20 kN/m³，石灰砂浆容重为 17 kN/m³，粉煤灰空心砌块容重为 8 kN/m³。楼面均布活荷载标准值为 6 kN/m²，混凝土为 C30，钢筋采用 HPB300 级。

设计过程如下：

1. 构件尺寸初估和结构平面布置

（1）截面尺寸初估。

板厚的确定：连续双向板的厚度一般大于或等于 $(1/40 \sim 1/50) l_y = 4\,800/40 \sim 4\,800/50 = 120 \sim 96$ mm，且双向板的厚度不宜小于 80 mm，故取板厚为 120 mm。

主梁截面尺寸 $h = (1/14 \sim 1/8) l = 428$ mm ~ 750 mm，取 $h = 500$ mm；又因为 $h/b = 2 \sim 3$，则 b 取 250 mm。

次梁截面尺寸取 $h \times b = 400$ mm $\times 200$ mm。

柱截面尺寸初步估定为 400 mm $\times$ 400 mm。

墙厚由砌块规格取为 200 mm。

（2）结构平面布置图。双向板肋梁盖由板和支承梁构成。根据柱网布置，确定的结构平面布置方案如图 2.3.7 所示。

2. 荷载计算

12 mm 水磨石：0.65 kN/m²；

18 mm 水泥砂浆：0.018×20 = 0.36 kN/m²；

15 mm 石灰砂浆：0.015×17 = 0.255 kN/m²；

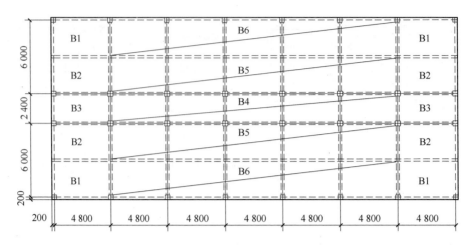

图 2.3.7　结构平面布置

板自重：$0.12 \times 25 = 3$ kN/m²；

恒荷载标准值：4.265 kN/m²；

恒荷载设计值：$g = 4.265 \times 1.2 \approx 5.12$ kN/m²；

活荷载标准值：6 kN/m²；

活荷载设计值：$q = 6 \times 1.3 = 7.8$ kN/m²；

合计：$p = q + g = 12.92$ kN/m²。

按弹性理论计算，折算荷载为：

$$g' = 5.12 + 7.8/2 = 9.02 \text{ kN/m}^2$$

$$q' = 7.8/2 = 3.9 \text{ kN/m}^2$$

3. 计算跨度

（1）计算跨度的计算方法。

$$边跨：l_0 = \min \begin{cases} l_n + \dfrac{a}{2} + \dfrac{b}{2} \\[2mm] l_n + \dfrac{h}{2} + \dfrac{b}{2} \end{cases}，\quad 中间跨：l_0 = \min \begin{cases} l_c \\[1mm] 1.1 l_n \end{cases}$$

（2）各区格板计算跨度的计算方法。

a. 区格板 B1 计算跨度：

$$l_n = 3\,000 - 100 - 125 = 2\,775 \text{ mm}$$

l_{0x}：
$$l_0 = l_n + a/2 + b/2 = 2\,775 + 250/2 + 200/2 = 3\,000 \text{ mm}$$
$$l_0 \leqslant l_n + h/2 + b/2 = 2\,775 + 120/2 + 200/2 = 2\,935 \text{ mm}$$
$$l_{0x} = 2\,935 \text{ mm}$$

$$l_n = 4\,800 - 125 - 125 = 4\,550 \text{ mm}$$

l_{0y}：
$$l_0 = l_n + a/2 + b/2 = 4\,550 + 250/2 + 250/2 = 4\,800 \text{ mm}$$
$$l_0 \leqslant l_n + h/2 + b/2 = 4\,550 + 120/2 + 250/2 = 4\,735 \text{ mm}$$
$$l_{0y} = 4\,735 \text{ mm}$$

b. 区格板 B2 计算跨度：

$$l_0 = l_c = 3\ 000\ \text{mm}$$

l_{0x}: $l_0 \leq 1.1l_n = 1.1 \times (3\ 000 - 100 - 125) = 3\ 052.5\ \text{mm}$

$$l_{0x} = 3\ 000\ \text{mm}$$

l_{0y}（同 a. 中）：$l_{0y} = 4\ 735\ \text{mm}$

c. 区格板 B3 计算跨度：

$$l_0 = l_c = 2\ 400\ \text{mm}$$

l_{0x}: $l_0 \leq 1.1l_n = 1.1 \times (2\ 400 - 250) = 2\ 365\ \text{mm}$

$$l_{0x} = 2\ 365\ \text{mm}$$

l_{0y}（同 a. 中）：$l_{0y} = 4\ 735\ \text{mm}$

d. 区格板 B4 计算跨度：

l_{0x}（同 c. 中）：$l_{0x} = 2\ 365\ \text{mm}$

l_{0y}：$l_{0y} = 4\ 800\ \text{mm}$

e. 区格板 B5 计算跨度：

l_{0x}（同 b. 中）：$l_{0x} = 3\ 000\ \text{mm}$

l_{0y}：$l_{0y} = 4\ 800\ \text{mm}$

f. 区格板 B6 计算跨度：

l_{0x}（同 a. 中）：$l_{0x} = 2\ 935\ \text{mm}$

l_{0y}：$l_{0y} = 4\ 800\ \text{mm}$

4. 内力计算

双向板按弹性理论进行弯矩计算，结果详见表 2.3.2。

表 2.3.2　双向板弯矩计算

区格			1	2
l_{0x}/l_{0y}			$2.935/4.735 \approx 0.62$	$3/4.735 \approx 0.63$
跨内	边界条件		恒：（固定/固定/固定/固定） 活：（固定/固定/铰支/铰支）	恒：（固定/固定/固定/固定） 活：（固定/铰支/铰支/铰支）
	$\nu = 0$	M_x /(kN·m/m)	$(0.035\ 7 \times 9.02 + 0.048\ 2 \times 3.9) \times 2.935^2 \approx 4.39$	$(0.035\ 4 \times 9.02 + 0.052\ 4 \times 3.9) \times 3^2 \approx 4.71$
		M_y /(kN·m/m)	$(0.008\ 4 \times 9.02 + 0.013\ 8) \times 2.935^2 \approx 1.12$	$(0.008\ 7 \times 9.02 + 0.011\ 6 \times 3.9) \times 3^2 \approx 1.11$
	$\nu = 0.2$	M_x /(kN·m/m)	$4.39 + 0.2 \times 1.12 \approx 4.61$	$4.71 + 0.2 \times 1.11 \approx 4.93$
		M_y /(kN·m/m)	$1.12 + 0.2 \times 4.39 \approx 2$	$1.11 + 0.2 \times 4.71 \approx 2.05$
支座	边界条件		（固定/固定/固定/固定）	（固定/固定/固定/固定）
	M_x /(kN·m/m)		$-0.078\ 2 \times 12.92 \times 2.935^2 \approx -8.7$	$-0.077\ 7 \times 12.92 \times 3^2 \approx -9.03$
	M_y /(kN·m/m)		$-0.057\ 1 \times 12.92 \times 2.935^2 \approx -6.35$	$-0.057\ 1 \times 12.92 \times 3^2 \approx -6.64$

区格			3	4
l_{0x}/l_{0y}			$2.365/4.735 \approx 0.5$	$2.365/4.8 \approx 0.5$
跨内		边界条件	恒：（固定/固定/固定/固定） 活：（固定/铰支/铰支/铰支）	恒：（固定/固定/固定/固定） 活：（铰支/铰支/铰支/铰支）
	$\nu=0$	M_x /（kN·m/m）	$(0.04 \times 9.02 + 0.058\ 8 \times 3.9) \times$ $2.365^2 \approx 3.3$	$(0.04 \times 9.02 + 0.096\ 5 \times 3.9) \times$ $2.365^2 \approx 4.12$
		M_y /（kN·m/m）	$(0.003\ 8 \times 9.02 + 0.006\ 0 \times$ $3.9) \times 2.365^2 \approx 0.3$	$(0.003\ 8 \times 9.02 + 0.017\ 4 \times$ $3.9) \times 2.365^2 \approx 0.57$
	$\nu=0.2$	M_x /（kN·m/m）	$3.3 + 0.2 \times 0.3 = 3.36$	$4.12 + 0.2 \times 0.57 \approx 4.23$
		M_y /（kN·m/m）	$0.3 + 0.2 \times 3.3 = 0.96$	$0.57 + 0.2 \times 4.12 \approx 1.39$
支座		边界条件	（固定/固定/固定/固定）	（固定/固定/固定/固定）
	M_x /（kN·m/m）		$-0.0829 \times 12.92 \times$ $2.365^2 \approx -5.99$	$-0.0829 \times 12.92 \times$ $2.365^2 \approx -5.99$
	M_y /（kN·m/m）		$-0.0571 \times 12.92 \times$ $2.365^2 \approx -4.13$	$-0.0571 \times 12.92 \times$ $2.365^2 \approx -4.13$
区格			5	6
l_{0x}/l_{0y}			$3/4.8 \approx 0.63$	$2.935/4.8 \approx 0.61$
跨内		边界条件	恒：（固定/固定/固定/固定） 活：（铰支/铰支/铰支/铰支）	恒：（固定/固定/固定/固定） 活：（铰支/固定/铰支/铰支）
	$\nu=0$	M_x /（kN·m/m）	$(0.035\ 4 \times 9.02 + 0.052\ 4 \times 3.9)$ $\times 3^2 \approx 4.71$	$(0.036\ 2 \times 9.02 + 0.053\ 4 \times 3.9) \times$ $2.935^2 \approx 4.61$
		M_y /（kN·m/m）	$(0.008\ 7 \times 9.02 + 0.011\ 6 \times 3.9)$ $\times 3^2 \approx 1.11$	$(0.008\ 0 \times 9.02 + 0.010\ 8 \times 3.9)$ $\times 2.935^2 \approx 0.98$
	$\nu=0.2$	M_x /（kN·m/m）	$4.71 + 0.2 \times 1.11 \approx 4.93$	$4.61 + 0.2 \times 0.98 \approx 4.81$
		M_y /（kN·m/m）	$1.11 + 0.2 \times 4.71 \approx 2.05$	$0.98 + 0.2 \times 4.61 \approx 1.9$
支座		边界条件	（固定/固定/固定/固定）	（固定/固定/固定/固定）
	M_x /（kN·m/m）		$-0.077\ 7 \times 12.92 \times 3^2 \approx -9.03$	$-0.078\ 2 \times 12.92 \times 2.935^2$ ≈ -8.7
	M_y /（kN·m/m）		$-0.057\ 1 \times 12.92 \times 3^2 \approx -6.64$	$-0.057\ 1 \times 12.92 \times 2.935^2$ ≈ -6.35

5. 配筋计算

（1）跨中配筋计算。双向板跨中弯矩配筋计算，详见表 2.3.3。

表 2.3.3　双向板跨中弯矩配筋表

截　　面		M /(kN·m)	h_0/mm	A_s/m²	选配钢筋	实配面积 /mm²
B1 （不折减）	l_{0x}方向	4.61	100	180	Φ8@200	252
	l_{0y}方向	2	90	87	Φ6@200	142
B2 （折减80%）	l_{0x}方向	3.94	100	154	Φ8@200	252
	l_{0y}方向	1.64	90	71	Φ6@200	142
B3 （折减80%）	l_{0x}方向	2.69	100	105	Φ8@200	252
	l_{0y}方向	0.77	90	33	Φ6@200	142
B4 （折减80%）	l_{0x}方向	3.38	100	132	Φ8@200	152
	l_{0y}方向	1.11	90	48	Φ6@200	142
B5 （折减80%）	l_{0x}方向	3.94	100	154	Φ8@200	252
	l_{0y}方向	1.62	90	70	Φ6@200	142
B6 （折减80%）	l_{0x}方向	4.33	100	169	Φ8@200	252
	l_{0y}方向	1.71	90	74	Φ6@200	142

（2）支座配筋计算。

折减方法：$l_{0b}/l_0 < 1.5$ 时，减小 20%；$1.5 \leqslant l_{0b} \leqslant 2.0$ 时，减小 10%。

其中　l_{0b}——沿板边缘方向的计算跨度；

　　　l_0——垂直于板边缘方向的计算跨度。

支座处的弯矩：（表 2.3.4 中弯矩值为折减后的值）。

1-2 支座 $m_x' = 1/2 \times (-8.7 - 0.8 \times 9.03) \approx -7.96$ kN·m/m；

2-3 支座 $m_y' = 1/2 \times (-9.03 - 6) \times 0.8 = -6.01$ kN·m/m；

3-2 支座 $m_x' = -6.01$ kN·m/m；

3-4 支座 $m_y' = 1/2 \times (-4.12 - 4.12) = -4.12$ kN·m/m；

4-5 支座 $m_y' = 1/2 \times (-5.99 - 9.03) = -7.51$ kN·m/m；

5-4 支座 $m_x' = -7.51$ kN·m/m；

2-5 支座 $m_x' = 1/2 \times (-6.64 - 6.64) = -6.64$ kN·m/m；

1-6 支座 $m_x' = 1/2 \times (-6.35 - 0.9 \times 6.35) \approx -6.03$ kN·m/m；

4-4 支座 $m_x' = -4.12$ kN·m/m；

5-5 支座 $m_x' = -6.64$ kN·m/m；

6-6 支座 $m_x' = -6.35 \times 0.9 \approx -5.72$ kN·m/m。

表 2.3.4 支座配筋

截面	$m/(kN \cdot m)$	h_0/mm	A_s/mm^2	选配钢筋	实配面积 /mm^2
1—2	7.96	100	310	Φ10@200	392.5
2—3	6.01	100	234	Φ10@200	392.5
3—2	6.01	100	234	Φ10@200	392.5
3—4	4.12	100	161	Φ8@200	251.5
4—5	7.51	100	293	Φ10@200	392.5
5—4	7.51	100	293	Φ10@200	392.5
1—6	6.03	100	235	Φ10@200	392.5
4—4	4.12	100	161	Φ8@200	251.5
5—5	6.64	100	259	Φ10@200	392.5
6—6	5.72	100	223	Φ10@200	392.5
2—5	6.64	100	259	Φ10@200	392.5

2.4 无梁楼盖

扫一扫

无梁楼盖实际上是由板和柱组成的板柱结构。柱网一般为正方形或接近正方形，楼面荷载由板直接传递到柱上，柱间无梁，板双向受力。无梁楼盖一般用于需充分利用楼盖空间的建筑，如冷藏库、商店、书店等。

2.4.1 结构组成与受力特点

无梁楼盖由钢筋混凝土板、柱、柱帽和圈梁组成。板可以现浇，也可以在现场地面叠制，然后采用升板法将整板从上至下逐层提升到设计位置，通过柱帽和柱整体连接。

对于无梁楼盖的精确分析很复杂，工程中一般采用近似的实用分析方法，并作如下简化假定。

（1）将无梁楼盖沿柱中心线划分为区格（正方形或矩形），楼板可分为内区格、边区格、角区格三种区格板（图 2.4.1）。

（2）假定每一方向的板像扁梁（也称板带）一样与柱形成框架，忽略板平面内的轴力、剪力和扭矩的影响。

（3）整个楼盖和柱一起，形成双向交叉的"板带—柱"框架体系。

（4）板的受力可视为支承在柱上的交叉板带，沿柱中线两侧各 $l_{0x}/4$（或 $l_{0y}/4$）的板带称为柱上板带，柱上板带相当于以柱为支点的连续梁（柱的线刚度较小时）或与柱形成的连续框架（柱的线刚度较大时）；柱距中间宽度的板带为跨中板带（图 2.4.1），跨中板带可看作以柱上板带为支承的连续板；由于柱的存在，柱上板带的刚度远大于跨中板带的刚度。

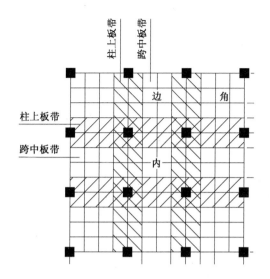

图 2.4.1　无梁楼盖的区格和板带划分

（5）无梁楼盖的全部竖向荷载通过板柱连接面上的剪力传给柱，再由柱传递到基础。当板柱连接面的抗剪能力不足时，可能发生冲切破坏（沿柱周边的板出现45°斜裂缝，板柱发生错位）。为加强抗冲切能力，可在柱顶设置柱帽（图2.4.2）。

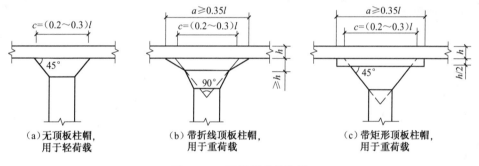

（a）无顶板柱帽，用于轻荷载　　　（b）带折线顶板柱帽，用于重荷载　　　（c）带矩形顶板柱帽，用于重荷载

图 2.4.2　无梁楼盖的柱帽

2.4.2　竖向均布荷载作用下的内力计算

无梁楼盖的计算方法也有弹性理论和塑性铰线法两种。按弹性理论的计算方法中，有经验系数法（直接设计法）、等代框架法、精确计算法等。下面简单介绍工程设计中常用的等代框架法和经验系数法。

1. 等代框架法

等代框架法，即将整个无梁楼盖结构沿纵、横柱列方向划分为纵、横两个方向的等代框架，再分别分析计算，其中等代框架梁就是各层的柱上板带。等代框架法可适用于任一区格的长跨与短跨之比不大于2的无梁楼盖；也可用于经验系数法受到限制处，如双跨结构、不等跨结构、活荷载过大的结构等。其计算步骤如下。

（1）计算等代框架梁、柱的几何特征值。竖向荷载作用时，等代框架梁的宽度和高度取板跨中心线之间的距离与板厚，跨度取 $l_x - \dfrac{2c}{3}$ 或 $l_y - \dfrac{2c}{3}$（c 为柱帽宽度）；等代框架柱的截面即为原柱截面，计算高度取层高减去柱帽高度，底层柱高度取基础顶面至楼板底面的高度减去柱帽高度。

（2）按框架结构计算等代框架内力。

（3）计算所得的等代框架控制截面总弯矩，利用表2.4.1和表2.4.2确定柱上板带和跨中板带的支座与跨中弯矩设计值。

表2.4.1 方形板的弯矩分配系数表

截 面		柱上板带	跨中板带
端跨	内支座截面负弯矩	0.75	0.25
	跨中正弯矩	0.55	0.45
	边支座截面负弯矩	0.90	0.10
内跨	第一内支座截面负弯矩	0.75	0.25
	跨中正弯矩	0.55	0.45

表2.4.2 矩形板的弯矩分配系数表

l_x/l_y	0.50~0.60		0.60~0.75		0.75~1.33		1.33~1.67		1.67~2.0	
弯矩	$-M$	M	$-M$	M	$-M$	M	$-M$	M	$-M$	M
柱上板带	0.55	0.50	0.65	0.55	0.70	0.60	0.80	0.75	0.85	0.85
跨中板带	0.45	0.50	0.35	0.45	0.30	0.40	0.20	0.25	0.15	0.15

2. 经验系数法

经验系数法是最方便的方法，工程设计中被广泛采用。经验系数法是在试验研究与实践经验的基础上提出来的，经验系数法的计算荷载，按满布均布荷载计算，不考虑活荷载的不利组合。计算时只要算出总弯矩，再乘弯矩分配系数，即可得到各截面的弯矩。但此法适用于比较规则的等代框架且必须符合下列条件：

（1）每个方向至少有3个连续跨。

（2）同一方向跨度应接近（最大跨度与最小跨度之比不应超过1.2），端跨的跨度不应小于内跨跨度。

（3）必须是矩形区格，区格的长短向长度比值不大于1.5。

（4）活荷载与恒荷载之比不大于3。

（5）结构体系中必须有承受水平荷载的抗侧力支撑或剪力墙。

利用经验系数法求解无梁楼盖的内力，步骤如下。

（1）求出每一区格在每一方向的跨中弯矩及支座弯矩的总和M_{ox}和M_{oy}：

$$M_{ox} = \frac{1}{8}ql_y\left(l_x - \frac{3c}{2}\right)^2 \qquad (2.4.1)$$

$$M_{oy} = \frac{1}{8}ql_x\left(l_y - \frac{3c}{2}\right)^2 \qquad (2.4.2)$$

式中　c——柱帽宽度；

q——均布荷载；

l_x、l_y——两个方向的柱距。

（2）按表2.4.3中所列系数将总弯矩分配给柱上板带和跨中板带。

表 2.4.3　经验系数法总弯矩分配表

截　　面		柱上板带	跨中板带
内跨	支座截面负弯矩	$0.50M_{ox}$（M_{oy}）	$0.17M_{oy}$（M_{oy}）
	跨中正弯矩	$0.80M_{ox}$（M_{oy}）	$0.15M_{ox}$（M_{oy}）
边跨	第一内支座截面负弯矩	$0.22M_{ox}$（M_{oy}）	$0.18M_{ox}$（M_{oy}）
	跨中正弯矩	$0.22M_{ox}$（M_{oy}）	$0.18M_{ox}$（M_{oy}）
	边支座截面负弯矩	$0.48M_{ox}$（M_{oy}）	$0.05M_{ox}$（M_{oy}）

注：在弯矩值不变的条件下，必要时允许将柱上板带负弯矩的 10% 分给跨中板带负弯矩。

2.4.3　截面设计

对竖向荷载作用下有柱帽的板，考虑到板的穹顶作用（即内拱作用），除边跨跨中及边支座外，其他截面的计算弯矩均乘 0.8 的折减系数。

同一区格在两个方向的同号弯矩作用下，板的有效高度应分别采用不同的有效高度。当为正方形区格时，为了简化起见，可取两个方向有效高度的平均值。

2.4.4　柱帽和板受冲切承载力计算

对于无梁的平板楼盖，当柱内仅有上、下层轴向力 N_t 及 N_b 而无弯矩作用时，下柱压力 N_b 与上柱压力 N_t 之差对板构成均匀冲切作用［图 2.4.3（a）］。

平板受柱自下而上的冲切作用后，将首先在板的顶面围绕柱子发生环向裂缝，在板的双向负弯矩作用下，发生辐射状裂缝［图 2.4.3（b）］。冲切破坏的极限界面为倒锥台形，大底面在上，小底面在下。冲切破坏倒锥台的斜面大体呈 45° 倾角。

尽管冲切破坏界面是斜向的，但为了简化计算，假想一个围绕（或局部冲切荷载面）四周并和柱子保持一定距离的竖向面作为受剪面，这是一个和试验结果拟合后的虚拟截面，称为冲切临界截面。冲切临界截面的位置应是它的周长为最小且距柱（或冲切截面）周边 $h_0/2$ 处板垂直截面的周长［图 2.4.3（c）］。

确定柱帽尺寸及配筋时，应满足柱帽边缘处平板的受冲切承载能力要求。当满布荷载时，无梁楼盖中的内柱柱帽边缘处的平板可认为承受集中反力的冲切（图 2.4.4）。

（1）不配置箍筋或弯起钢筋的钢筋混凝土板的受冲切承载力的计算与柱下独立基础相似，如：

$$F_l \leq 0.7\beta_h f_t \eta u_m h_0 \qquad (2.4.3)$$

式中　F_l——局部荷载设计值或集中反力设计值：对板柱结构的节点，取柱所承受的轴向压力设计值的层间差值减去冲切破坏锥体板所承受的荷载设计值；

β_h——截面高度影响系数：当 $h \leq 800$ mm 时，取 $\beta_h = 1.0$，当 $h \geq 2\,000$ mm 时，取 $\beta_h = 0.9$，其间按线性内插法取用；

f_t——混凝土轴心抗拉强度设计值；

u_m——临界截面的周长：距离局部荷载或集中反力作用面积周边 $h_0/2$ 处板垂直截面的最不利周长；

h_0——截面有效高度，取两个配筋方向的截面有效高度的平均值；

$$\eta——系数，\min\begin{cases} \eta_1 = 0.4 + \dfrac{1.2}{\beta_s} \\[2mm] \eta_2 = 0.5 + \dfrac{\alpha_s h_0}{4\beta u_m} \end{cases}，\eta_1 为局部荷载或集中反力作用面积形状的影响系$$

数，η_2 为临界截面周长与板截面有效高度之比的影响系数；

β_s——局部荷载或集中反力作用面积为矩形时的长边与短边的比值，β_s 不宜大于 4；当 $\beta_s < 2$ 时，取 $\beta_s = 2$；当面积为圆形时，取 $\beta_s = 2$；

α_s——板柱结构中柱类型的影响系数。对中柱，取 $\alpha_s = 40$；对边柱取 $\alpha_s = 30$；对角柱，取 $\alpha_s = 20$。

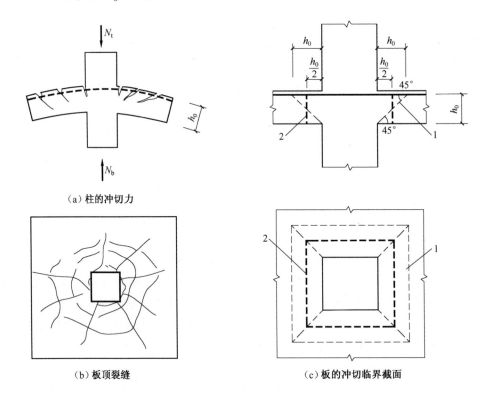

（a）柱的冲切力

（b）板顶裂缝 　　　　　　　　（c）板的冲切临界截面

1—锥台斜面；2—临界截面

图 2.4.3　板的冲切

（2）当不满足式（2.4.3）的要求，且板厚不小于 150 mm 时，需配置箍筋或弯起钢筋。此时受冲切截面尺寸、配筋应满足以下要求：

$$F_l \leq 1.2 f_t \eta u_m h_0 \tag{2.4.4}$$

当仅配置箍筋时，受冲切承载力按式（2.4.5）计算：

$$F_l \leq 0.5 f_t \eta u_m h_0 + 0.8 f_{yv} A_{svu} \tag{2.4.5}$$

当仅配置弯起筋时，受冲切承载力按式（2.4.6）计算：

$$F_l \leq 0.5 f_t \eta u_m h_0 + 0.8 f_y A_{sbu} \sin \alpha \tag{2.4.6}$$

式中　A_{svu}——与呈 45°冲切破坏锥体斜截面相交的全部箍筋截面面积；

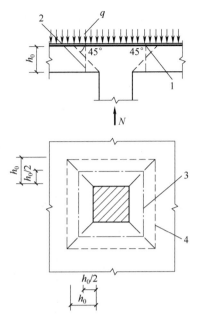

1—冲切破坏锥体的斜截面；2—临界截面；3—临界截面的周长；4—冲切破坏锥体的底面线

图 2.4.4　集中反力作用下板受冲切承载力计算

A_{sbu}——与呈 45°冲切破坏锥体斜截面相交的全部弯起筋截面面积；

α ——弯起筋与板底面的夹角；

f_y、f_{yv}——弯起筋、箍筋的抗拉强度设计值。

2.5　装配式楼盖

随着社会经济的飞速发展，能源与环境问题越发突显。为求长远的"可持续发展"，建筑行业必须进行转型升级，以完成"高消耗、高污染、低效益"向"低消耗、低污染、高效益"的发展模式转变。鉴于现浇混凝土结构施工复杂、工期长、现场脏乱、粉尘大等缺点，国家大力提倡工程中采用装配式混凝土结构。

因装配式混凝土结构仍处于初级的探索阶段，本书结合《装配式混凝土结构技术规程》（JGJ 1—2014）（以下简称《装混规》）、《装配式混凝土建筑技术标准》（GB/T 51231—2016）对装配式楼盖、框架、框架-剪力墙等结构的设计要点进行简单介绍。

装配式楼盖也是钢筋混凝土梁板结构的基本形式之一，是指由钢筋混凝土预制楼板直接安装到楼、屋面梁或墙上所构成的楼盖。装配式楼盖中，一部分构件采用预制，另一部分采用现浇，并可利用预制部分作为现浇部分的模板。这种楼盖可节省大量模板，减少现场工作量，具有施工速度快、节省材料、生产效率高等优点，对实现建筑设计标准化、施工机械化具有重要意义。

装配式楼盖形式多样，包括铺板式、无梁式和密肋式等，其中以铺板式楼盖的应用最为广泛。本节将仅以铺板式楼盖为例介绍装配式楼盖的设计。

2.5.1 铺板式楼盖的构件形式

铺板式楼盖是将预制板搁置在承重砖墙或楼面梁上，主要构件包括预制板和预制梁。

2.5.1.1 预制板形式

预制板有实心板、空心板、槽形板、单 T 板和双 T 板等多种形式（图 2.5.1）。选用时首先要满足建筑使用（其中包括防火）要求，其次还要满足施工和使用阶段的承载力、刚度及裂缝控制的要求。

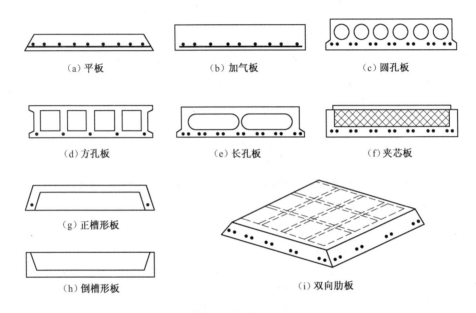

（a）平板   （b）加气板   （c）圆孔板

（d）方孔板   （e）长孔板   （f）夹芯板

（g）正槽形板

（h）倒槽形板   （i）双向肋板

图 2.5.1   预制板截面形式

1. 实心板

实心板上下表面平整，制作简单，但耗材多、自重大，适合于跨度较小、刚度不大的场合，如地沟盖板和阳台板等。

实心板的常用跨度 $l = 1.2 \sim 2.4$ m；板厚 $h = (1/20 \sim 1/30)l$；常用板厚度 $h = 50 \sim 100$ mm，板宽 $b = 500 \sim 900$ mm。

2. 空心板

空心板俗称多孔板，上下表面平整、自重轻、隔音效果好，且刚度大、受力性能好，但板面不能任意开洞，故不适用于厕所等要求开洞的房间楼面。空心板分为普通钢筋混凝土板和预应力混凝土板。

空心板截面的孔型可为圆形、正方形、长方形或长圆形等。空心板常用的截面高度 $h = 120$ mm、180 mm 和 240 mm；普通钢筋混凝土空心板长度通常为 $l = 2.4 \sim 4.8$ m；预应力混凝土空心板长度通常为 $l = 2.4 \sim 6.0$ m；常用板宽有 600 mm、900 mm 和 1 500 mm。预应力混凝土空心板耐火极限较小。

3. 槽形板

槽形板有肋向下的正槽形板和肋向上的倒槽形板两种。正槽形板可以较充分地利用板面混凝土抗压，且用料少、自重轻、便于开洞，但不能直接形成平整的天棚，且隔音、隔热效果较差。

槽形板是由面板、横肋和纵肋组成的主次梁板结构，槽形板纵肋高度一般为 $h = 120\ mm$、$180\ mm$ 和 $240\ mm$，槽形板长度通常为 $l = 3.0 \sim 6.0\ m$，常用宽度 $B = 600\ mm$、$900\ mm$ 和 $1\ 500\ mm$。

4. T 形板

T 形板有单 T 形板和双 T 形板两种。这类板形式简单、便于施工，受力性能良好，布置灵活，能跨越较大的空间，且开洞也较自由，但板之间的连接比较薄弱，整体刚度不如其他类型的板。T 形板适用于板跨在 12 m 以内的楼盖和屋盖中。

T 形板的翼缘宽度为 $1\ 500 \sim 2\ 100\ mm$，截面高度为 $300 \sim 500\ mm$，常用跨度 $l = 6 \sim 12\ m$。

2.5.1.2　预制梁形式

在装配式梁板结构中，有时需要为支承预制铺板而设置预制梁。预制梁有普通钢筋混凝土梁和预应力混凝土梁。

预制梁的截面形式有矩形、T 形、花篮形、十字形及十字形叠合梁等（图 2.5.2）。其中，矩形截面梁应用较多，但当梁高较大时，为满足建筑净空的要求，往往做成花篮梁或十字梁。梁的截面高度一般取跨度的 $1/14 \sim 1/8$。

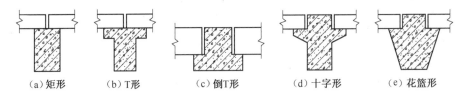

（a）矩形　　（b）T 形　　（c）倒 T 形　　（d）十字形　　（e）花篮形

图 2.5.2　预制梁截面形式

2.5.2　铺板式楼盖的结构布置

铺板式楼盖的结构布置应根据建筑平面尺寸、墙体承重方案及施工吊装能力等要求综合考虑确定。在混合结构房屋中，铺板式楼盖的平面布置一般有以下几种方案。

1. 纵墙承重方案

当横墙间距大且层高又受到限制时，可将预制板沿横向搁置在纵墙上，如图 2.5.3（a）所示。纵墙承重方案开间大，房间布置灵活，但刚度差。多用于教学楼、办公楼、实验楼、食堂等建筑。

2. 横墙承重方案

当房间开间不大，横墙间距小，可将楼板直接搁置在横墙上，由横墙承重，如图 2.5.3（b）所示。当横墙间距较大时，也可在纵墙上架设横梁，将预制板沿纵向搁置在横墙或横梁上。横墙承重方案整体性好，空间刚度大，多用于住宅和集体宿舍类的建筑。

3. 纵横墙承重方案

当楼板一部分搁置在横墙上，一部分搁置在大梁上，而大梁搁置在纵墙上，此为纵横墙承重方案，如图 2.5.3（c）所示。

结构布置方案确定后，就可根据建筑平面尺寸从定型化图集中选择合适的预制板。如果

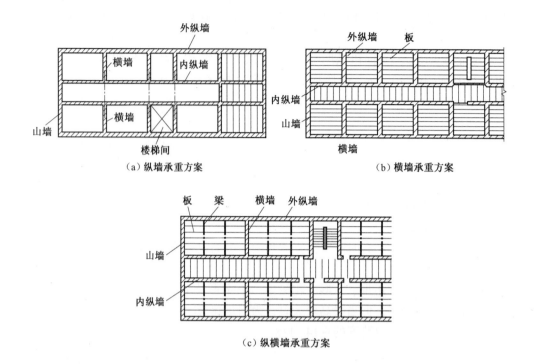

（a）纵墙承重方案　　　　　　　　　（b）横墙承重方案

（c）纵横墙承重方案

图 2.5.3　铺板式楼盖结构布置方案

预制板铺制后还剩有空隙时，可采用下列措施加以处理：

（1）采用调缝板，以它替换标准板。调缝板的宽度一般为 400 mm，可调整宽度为 100 mm 倍数的空隙。

（2）挑砖。当排板剩下的空隙大于半砖时，可通过将砖自墙面挑出的办法来填补缝隙。

（3）扩大板缝。预制板的实际宽度比标准宽度小 10 mm 左右，当排板所剩空隙不大时，可适当调整板缝宽度使空隙均匀，每缝的调整值不宜超过 10 mm。

（4）局部现浇。当上述方法都不合适时，可采用现浇混凝土板带填补缝隙。

2.5.3　装配式构件的计算要点

装配式梁板构件使用阶段承载力、变形和裂缝验算与现浇整体式结构完全相同，但在制作、运输和吊装阶段的受力与使用阶段不同，故还需要进行施工阶段的验算和吊环、吊钩的计算。

1. 施工阶段的验算

装配式预制构件在施工阶段的验算要点如下：

（1）按构件实际堆放情况和吊点位置确定计算简图。

（2）考虑运输、吊装时的动力作用，构件自重应乘 1.5 的动力系数。

（3）对于屋面板、檩条、挑檐板、预制小梁等构件，应考虑在其最不利位置作用有 0.8 kN 的施工或检修集中荷载；对雨篷应取 1.0 kN 进行验算。

（4）在进行施工阶段强度验算时，结构重要性系数应较使用阶段的计算降低一个安全等级，但不得低于三级，即不得低于 0.9。

2. 吊环的计算

为了施工方便，较大的预制构件一般都设置吊环。吊环应采用 HPB300 级钢筋，并严禁冷拉以防脆断。吊环埋入混凝土深度不应小于 30d（d 为吊环钢筋直径），并应焊接或绑扎在构件的钢筋骨架上。

在吊装过程中，每个吊环可考虑两个截面受力，故吊环所需截面面积

$$A_\mathrm{s} = \frac{G}{2m[\sigma_\mathrm{s}]} \tag{2.5.1}$$

式中　G——构件自重（不考虑构件自重动力系数）的标准值；

　　　m——受力吊环数量，最多考虑 3 个；

　　　$[\sigma_\mathrm{s}]$——吊环钢筋容许设计应力，规范规定：$[\sigma_\mathrm{s}] = 50 \ \mathrm{N/m^2}$。

2.5.4　装配式楼盖的连接构造

装配式铺板楼盖的预制构件大都简支在砖墙或混凝土梁上，结构整体性较差。为了加强楼面在竖向荷载作用下楼盖垂直方向的整体性、改善各独立铺板的工作、保证墙面和楼盖在水平荷载作用下共同作用，设计中处理好装配式楼盖的连接至关重要。

1. 板与板的连接

板与板的连接（图 2.5.4）一般采用强度不低于 C20 的细石混凝土或砂浆灌缝。为使预制板的灌缝混凝土起到传递竖向及水平方向剪力的作用，当楼面有振动荷载或房屋有抗震设防要求时，应在板缝内设置张拉钢筋以加强整体刚度，此时板间缝隙应适当加宽；或者每隔几块预制板设置宽度较大的配筋现浇带；或在预制板上设置配有钢筋混凝土网的混凝土现浇层。必要时可在板上现浇一层配有钢筋网的混凝土面层。

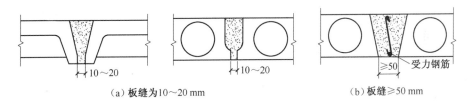

（a）板缝为 10~20 mm　　　　　　　　　　　　（b）板缝≥50 mm

图 2.5.4　板与板连接的构造

2. 板与墙、梁的连接

预制板支承在梁或墙上，在其支撑面上应铺设 10~20 mm 厚度的水泥砂浆找平层。板在墙上支承长度应不小于 100 mm，在梁上支承长度应不小于 80 mm。当空心板搁置在承重墙上时，为防止空心板端部被压坏，房屋高度及层数应有一定的限制。为防止墙体对板的嵌固作用过大，空心板的支承长度不宜大于 120 mm。

为加强预制板与墙、梁的连接，保证传力及承受负弯矩作用，在预制板支承处板的上部设置构造钢筋。

3. 梁与墙体的连接

梁在砖墙上的支承长度应满足梁内受力钢筋在支座处的锚固要求，并满足支座处砌体局部受压承载力的要求。预制梁在墙上的支承长度不得小于 180 mm。预制梁下砌体局部承压

承载力不足时，应设置垫块。梁与墙体、梁与垫块、垫块与墙体支承面均应铺设 10~20 mm 厚度的水泥砂浆找平层。当预制梁跨度较大时，梁与垫块、垫块与墙体间应设置拉结锚固钢筋。

2.5.5 装配整体式结构楼盖设计

扫一扫

装配整体式结构的楼盖宜采用叠合楼盖。叠合板的设计应符合《混凝土结构设计规范》，并应满足下列要求：

（1）预制板的厚度不宜小于 60 mm，后浇混凝土叠合层厚度不应小于 60 mm。

（2）当预制板采用空心板时，板端空腔应封堵。

（3）跨度大于 3 m 的叠合板，宜采用桁架钢筋混凝土叠合板；跨度大于 6 m 的叠合板，宜采用预应力混凝土预制板；板厚大于 180 mm 的叠合板，宜采用混凝土空心板。

叠合板可根据预制板接缝构造、支座构造、长宽比按单向板或双向板设计。如图 2.5.5 所示，当预制板之间采用分离式接缝［图 2.5.5（a）］，宜按单向板设计；对长宽比不大于 3 的四边支承叠合板，当其预制板之间采用整体式接缝［图 2.5.5（b）］或无接缝［图 2.5.5（c）］时，可按双向板设计。

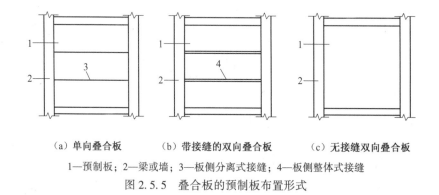

（a）单向叠合板　　　（b）带接缝的双向叠合板　　　（c）无接缝双向叠合板

1—预制板；2—梁或墙；3—板侧分离式接缝；4—板侧整体式接缝

图 2.5.5　叠合板的预制板布置形式

叠合板支座处的纵向钢筋应满足图 2.5.6 所示构造要求。

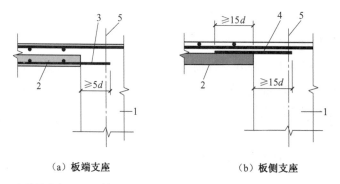

（a）板端支座　　　　　　　　（b）板侧支座

1—支承梁或墙；2—预制板；3—纵向受力筋；4—附加钢筋；5—支座中心线

图 2.5.6　叠合板端及板侧支座构造

单向叠合板板侧的分离式接缝宜配置附加钢筋（图 2.5.7），且接缝处紧邻预制板顶面，宜设置垂直于板缝的附加钢筋，附加钢筋伸入两侧后浇混凝土叠合层的锚固长度不应小于 15d（d 为附加钢筋直径）；附加钢筋截面面积不宜小于预制板中该方向钢筋面积，钢筋直径不宜小于 6 mm、间距不宜大于 250 mm。

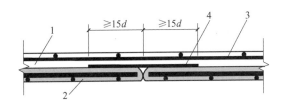

1—后浇混凝土叠合层；2—预制板；3—后浇层内钢筋；4—附加钢筋

图 2.5.7　单向叠合板板侧分离式拼缝构造

双向叠合板板侧的整体式拼缝宜设置在叠合板的次要受力方向上，且宜避开最大受弯截面。接缝可采用后浇带形式，后浇带宽度不宜小于 200 mm，两侧板底纵向受力筋可在后浇带中焊接、搭接连接、弯折锚固（图 2.5.8）。

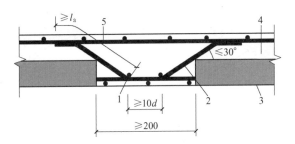

1—通长构造钢筋；2—纵向受力筋；3—预制板；4—后浇混凝土叠合层；5—后浇层内钢筋

图 2.5.8　双向叠合板整体式接缝纵筋弯折锚固构造

桁架钢筋混凝土叠合板应满足下列要求：

（1）桁架钢筋应沿主要受力方向布置，距板边不应大于 300 mm，间距不应大于 600 mm。

（2）桁架钢筋弦杆钢筋直径不应小于 8 mm、混凝土保护层厚度不应小于15 mm，腹杆钢筋直径不应小于 4 mm。

叠合板的预制板与后浇混凝土叠合层之间设置的抗剪构造筋宜采用马镫形状，间距不应大于 400 mm，直径不应小于 6 mm；马镫筋宜伸到叠合板上、下部纵向钢筋处，预埋在预制板内的总长度不应小于 15d，水平段长度不应小于 50 mm。

此外，阳台板、空调板宜采用叠合构件或预制构件，并保证预制构件与主体有可靠连接。

2.6　楼梯和雨篷

2.6.1　楼梯

楼梯是多、高层房屋的重要组成部分，可以解决垂直交通问题。楼梯主要由梯段和休息平台组成，其平面布置、踏步尺寸等由建筑设计确定。整体式楼梯按梯段的受力形式不同可分为梁式楼梯、板式楼梯、折板悬挑式和螺旋式楼梯（图2.6.1）。

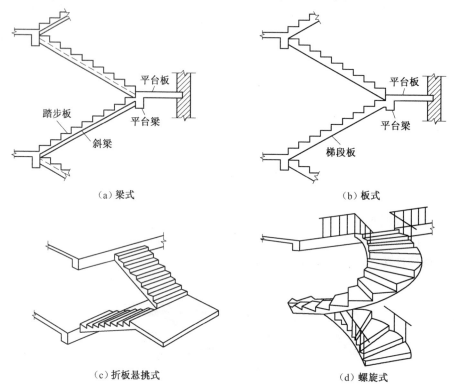

（a）梁式　　　　　　　　　　　　　　　　（b）板式

（c）折板悬挑式　　　　　　　　　　　　　（d）螺旋式

图2.6.1　整体式楼梯形式

梁式楼梯由踏步板、斜梁、平台板及平台梁组成［图2.6.1（a）］。作用于楼梯上的荷载先由踏步板传给斜梁，再由斜梁传至平台梁。当梯段较长时，梁式楼梯较为经济，因而被广泛用于办公楼、教学楼等建筑中。但这种楼梯施工比较复杂，外观也显得比较笨重。

板式楼梯由梯段板、平台板和平台梁组成［图2.6.1（b）］，作用于踏步板（梯段板）上的荷载直接传至平台梁。当梯段跨度较小（一般在3 m以内）时，采用板式楼梯更为经济合适。板式楼梯的下表面平整，施工方便，外观也较轻巧；但斜板较厚，一般为跨度的$1/30\sim1/25$。

除上述两种主要形式的楼梯外，在一些居住和公共建筑中，也可采用折板悬挑和螺旋式楼梯。折板悬挑式楼梯具有悬挑的梯段和平台，支座仅设在上下楼层处［图2.6.1（c）］，当建筑中不宜设置平台梁和平台板的支承时，可予采用。螺旋式楼梯［图2.6.1（d）］用于建筑上有特殊要求的地方，一般在不便设置平台的场合，或者在需要有特殊的建筑造型时采用。这两种楼梯属空间受力体系，内力计算比较复杂，造价较高。

楼梯的结构设计步骤如下：

（1）确定楼梯结构形式和结构布置。

（2）确定各受力构件结构计算简图。

（3）进行楼梯各构件的内力分析和截面设计。

（4）结合构造要求，绘制施工图。

本节只介绍工程中广泛使用的梁式、板式现浇混凝土楼梯的计算和构造要点。

2.6.1.1 梁式楼梯

梁式楼梯的设计内容包括踏步板、斜梁、平台板和平台梁的计算与构造。

1. 踏步板

梁式楼梯的踏步板由斜板和三角形踏步组成，其几何尺寸由建筑设计确定，斜板厚度一般取 $t = 30 \sim 50$ mm。结构分析时，取一个踏步作为计算单元，模型为两端支承在梯段斜梁上的单向板，其截面形式为梯形（图 2.6.2），板的截面高度近似取平均高度 $h = (h_1 + h_2)/2$（图 2.6.3）。为简化计算，踏步板的折算高度近似按梯形截面的平均高度采用，即 $h = c/2 + d/\cos\alpha$（c 为踏步高度，d 为板厚）。

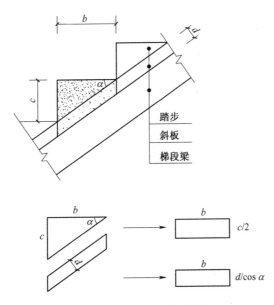

图 2.6.2 踏步板截面换算

踏步板的配筋按计算确定，但每一级踏步的受力钢筋不得少于 2φ6，为了承受支座处的负弯矩，板底受力钢筋伸入支座后，每两根中应向上弯起一根。分布钢筋常用 φ6@250，具体如图 2.6.3 所示。

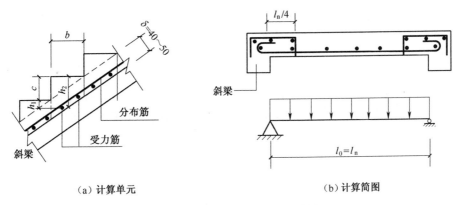

（a）计算单元 　　　　　　（b）计算简图

图 2.6.3 踏步板的计算单元和计算简图

跨中最大弯矩可按下式计算：

$$M_{max} = \frac{1}{8}(g + q)l_n^2 \qquad (2.6.1)$$

式中　l_n——踏步板净跨度。

2. 梯段斜梁

梯段斜梁两端支承在平台梁上，一般按简支梁计算。作用在斜梁上的荷载为踏步板传来的均布荷载，其中恒荷载（包括踏步板、斜梁等自重重力荷载）按梯段斜向分布，而活荷载则水平分布。为简化计算，通常也将恒荷载换算成水平投影长度上的均布荷载（图2.6.4），则斜梁跨中截面最大弯矩和支座截面剪力分别为

$$M_{max} = \frac{1}{8}(g + q)l_0^2 \qquad (2.6.2)$$

$$V_{max} = \frac{1}{2}(g + q)l_n^2 \qquad (2.6.3)$$

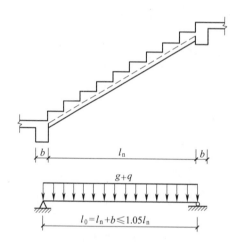

图2.6.4　梁式楼梯斜梁计算简图

斜梁的截面计算高度 h 应取垂直斜梁轴线的最小高度，并按倒 L 形截面计算其受弯承载力，踏步板下斜板即为其受压翼缘。

梯段斜梁中的纵向受力钢筋和箍筋的数量应按跨中截面弯矩值和支座截面剪力值确定。考虑平台梁、板对斜梁梁端的约束作用，斜梁梁端上部应按构造设置承受负弯矩的钢筋，且数量不应小于跨中截面纵向受力钢筋截面面积的1/4。钢筋在支座处的锚固应满足受力钢筋锚固的要求。

3. 平台板和平台梁

平台板一般为承受均匀荷载的单向板或双向板，支承于平台梁及外墙上或钢筋混凝土过梁上。当平台板为单向板时，当板的两端均与梁整体连接时，考虑梁对板的弹性约束，板的跨中弯矩可按 $M = \frac{1}{10}(g+q)l_0^2$ 计算；当板的一端与梁整体连接而另一端支承在墙上时，板的跨中弯矩按 $M = \frac{1}{8}(g+q)l_0^2$ 计算，式中 l_0 为板的计算跨度。

平台梁两端一般支承在楼梯间承重墙上，承受平台板传来的均布荷载以及上、下楼梯斜梁传来的集中荷载，考虑平台板的约束作用，一般按简支的倒 L 形梁计算内力。平台梁截面高度一般取 $h \geq l_0/12$（l_0 为平台梁的计算跨度），其他构造与一般梁相同。

2.6.1.2　板式楼梯

板式楼梯的设计内容包括梯段板、平台板、平台梁的计算和构造。计算时首先假定平台板、梯段板都是简支于平台梁上，且两板在支座处不连续。

1. 梯段板

计算梯段板时，可取出 1 m 宽板带或以整个梯段板作为计算单元，计算简图如图 2.6.5 所示。由图可知，板式楼梯梯段板的受力性能与梁式楼梯的斜梁相似，故二者的内力计算方法相同。

考虑到平台梁对梯段板两端的嵌固作用，计算时跨中截面弯矩可近似取

$$M = \frac{1}{10}(g + q)l_0^2 \tag{2.6.4}$$

斜板厚度 $t = (1/35 \sim 1/25)\, l_0^2$，通常将斜板板底法向的最小厚度作为板的计算厚度。

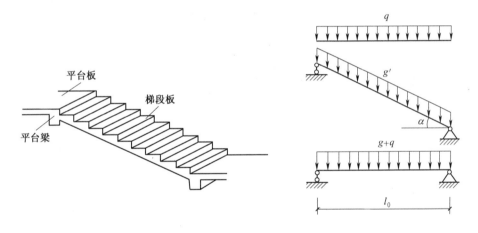

图 2.6.5　板式楼梯及楼段板的计算简图

梯段斜板中受力钢筋按跨中弯矩计算，沿板长度方向布置于板底。配筋方式有弯起式和分离式。在垂直受力钢筋方向仍按构造配置分布钢筋，且满足每个踏步内至少放一根直径为 8 的钢筋。现浇板式楼梯的梯段板与平台梁整体连接，故应将平台板的负弯矩钢筋伸入梯段板，伸入长度不小于 $l_n/4$（图 2.6.6）。

2. 平台板和平台梁

板式楼梯的平台板、平台梁的计算与梁式楼梯基本相同，唯一不同之处在于板式楼梯的平台梁仅承受梯段板和平台板传来的均布荷载，无集中荷载。

2.6.1.3　板式楼梯设计例题

试设计平面布置如图 2.6.7 所示的板式楼梯。已知活荷载标准值 $q_k = 2.5\ kN/m^2$，混凝土采用 C30 级，受力钢筋采用 HRB335 级，构造筋采用 HPB300 级。楼梯处于二 a 类环境，楼梯踏步尺寸为 150 mm×300 mm；楼梯段和平台板的构造做法：20 mm 厚的水泥砂浆找平，20 mm 厚的混合砂浆板底抹灰。

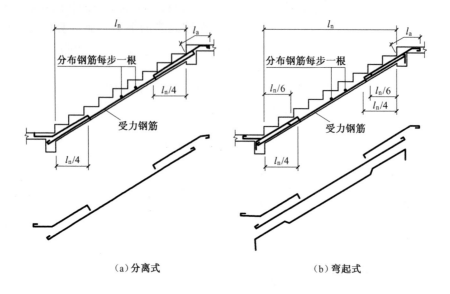

（a）分离式   （b）弯起式

图 2.6.6　板式楼梯的配筋图

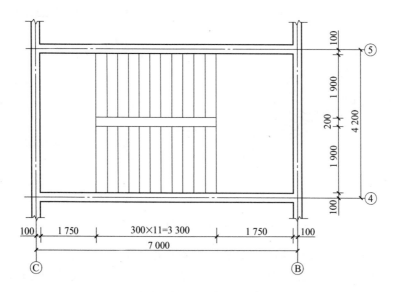

图 2.6.7　楼梯平面图

设计过程如下：

1. 梯段板

楼梯斜板的倾斜角　　　　　　　　　$\alpha = \arctan \dfrac{150}{300} = 26.57°$

则 $\cos \alpha = 0.894$。

（1）计算跨度和板厚。平台梁的截面尺寸初定为 $b \times h = 200 \ \text{mm} \times 450 \ \text{mm}$。
则计算跨度

$$l_0 = l_n + b = 3.3 + 0.2 = 3.5 \text{ m}$$

斜板厚度一般为

$$h = \left(\frac{1}{25} \sim \frac{1}{30} \right) l_0 = \left(\frac{1}{25} \sim \frac{1}{30} \right) \times 3\,500 = 117 \sim 140 \text{ mm}$$

取 $h = 120$ mm。

（2）荷载计算。荷载计算取 1 m 宽板作为计算单元，即

踏步重　　　　　　$\frac{1}{2} \times 0.30 \times 0.15 \times \frac{1.0}{0.3} \times 25 \approx 1.88$ kN/m

斜板重　　　　　　$0.12 \times \frac{1.0}{0.894} \times 25 \approx 3.36$ kN/m

20 mm 厚找平层　　$\frac{0.3 + 0.15}{0.3} \times 1.0 \times 0.02 \times 20 = 0.6$ kN/m

200 mm 厚板底抹灰　$0.02 \times \frac{1.0}{0.894} \times 17 \approx 0.38$ kN/m

则恒荷载标准值为　$g_k = 1.88 + 3.36 + 0.6 + 0.38 = 6.22$ kN/m

活荷载标准值为　　$q_k = 2.5 \times 1.0 = 2.5$ kN/m

荷载设计值计算如下。

由可变荷载效应控制的组合

$$p = 1.2 \times 6.22 + 1.4 \times 2.5 \approx 10.96 \text{ kN/m}$$

由永久荷载效应控制的组合

$$p = 1.35 \times 6.22 + 1.4 \times 0.7 \times 2.5 \approx 10.85 \text{ kN/m}$$

故取 $p = 10.96$ kN/m。

（3）弯矩计算。斜板两端均与梁整浇，考虑对板的弹性约束，跨中弯矩为

$$M = \frac{1}{10} p l_0^2 = \frac{1}{10} \times 10.96 \times 3.5^2 \approx 13.43 \text{ kN} \cdot \text{m}$$

（4）配筋计算。基本参数：$f_c = 14.3$ N/mm^2，$f_y = f_y' = 300$ N/mm^2，$\alpha_1 = 1.0$，$\xi_b = 0.518$，$c = 20$ mm，取 $h_0 = h - a_s = 120 - 25 = 95$ mm。

$$\alpha_s = \frac{M}{\alpha_1 f_c b h_0^2} = \frac{13.43 \times 10^6}{1.0 \times 14.3 \times 1\,000 \times 95^2} \approx 0.104$$

$$\gamma_s = \frac{1 + \sqrt{1 - 2\alpha_s}}{2} = \frac{1 + \sqrt{1 - 2 \times 0.104}}{2} \approx 0.945$$

$$A_s = \frac{M}{f_y \gamma_s h_0} = \frac{13.43 \times 10^6}{300 \times 0.945 \times 95} = 498.65 \text{ mm}^2$$

受力钢筋选用Φ8@100（$A_s = 503$ mm^3），分布钢筋选用Φ8，每个踏步 1 根，梯段板支座处上部钢筋选用Φ8@200，如图 2.6.8 所示。

$\rho_{\min}$ 取 0.2% 和 $0.45 \frac{f_t}{f_y}$ 中的较大值，由于 $0.45 \frac{f_t}{f_y} = 0.45 \times \frac{1.43}{300} \approx 0.21\% > 0.2\%$，故取 $\rho_{\min} = 0.21\%$。

$$A_{s,\min} = \rho_{\min} b h = 0.21\% \times 1\,000 \times 120 \approx 252 \text{ mm}^2 < 503 \text{ mm}^2，满足要求。$$

2. 平台板的计算

（1）荷载计算。

荷载计算取 1 m 宽板作为计算单元，即

平台板自重（板厚取 80 mm） $0.08×1.0×25=2.00$ kN/m

20 mm 厚找平层 $0.02×1.0×20=0.4$ kN/m

20 mm 厚板底抹灰 $0.02×1.0×17=0.34$ kN/m

恒荷载标准值为 $g_k=2.00+0.4+0.34=2.74$ kN/m

活荷载标准值为 $q_k=2.5×1.0=2.5$ kN/m

荷载设计值计算如下。

由可变荷载效应控制的组合

$$p=1.2×2.74+1.4×2.5=6.788 \text{ kN/m}$$

由永久荷载效应控制的组合

$$p=1.35×2.74+1.4×0.7×2.5=6.149 \text{ kN/m}$$

综上，取 $p=1.2×2.74+1.4×2.5=6.788$ kN/m。

（2）弯矩计算。

计算跨度

$$l_0=l_n+\frac{h}{2}=1.75+\frac{0.08}{2}=1.79 \text{ m}$$

跨中弯矩

$$M=\frac{1}{8}pl_0^2=\frac{1}{8}×6.78×1.79^2≈2.72 \text{ kN/m}$$

（3）配筋计算。

$$h_0=h-\alpha_s=80-25=55 \text{ mm}$$

$$\alpha_s=\frac{M}{\alpha_1 f_c b h_0^2}=\frac{2.72×10^6}{1.0×14.3×1\,000×55^2}≈0.063$$

$$\gamma_s=\frac{1+\sqrt{1-2\alpha_s}}{2}=\frac{1+\sqrt{1-2×0.063}}{2}≈0.967$$

$$A_s=\frac{M}{f_y\gamma_s h_0}=\frac{2.72×10^6}{300×0.967×55}≈170.5 \text{ mm}^2$$

受力钢筋选用 Φ8@180（ $A_s=279$ mm²），见图 2.6.8（b）。

验算适用条件：

$$A_{s,min}=\rho_{min}bh=0.21\%×1\,000×80=168 \text{ mm}^2<279 \text{ mm}^2，满足要求。$$

3. 平台梁的计算

（1）荷载计算。

梯段板传来的荷载

$$10.96×\frac{4.2}{2}≈23 \text{ kN/m}$$

平台板传来的荷载

$$6.78×\frac{1.75}{2}≈5.93 \text{ kN/m}$$

梁自重

$\qquad$ 1. 2×0. 20×(0. 45−0. 08)×25≈2. 2 kN/m

荷载设计值

$\qquad$ $g + q = 23 + 5. 93 + 2. 2 = 31. 13$ kN/m

（2）内力计算。

计算跨度

$$l_0 = l_n + a = 4. 0 + 0. 20 = 4. 2 \text{ m}$$

$$l_0 = 1. 05 l_n = 1. 05 \times 4. 0 = 4. 2 \text{ m}$$

取 $l_0 = 4. 2$ m。

则跨中弯矩

$$M = \frac{1}{8} \times (g + q) l_0^2 = \frac{1}{8} \times 31. 13 \times 4. 2^2 \approx 68. 64 \text{ kN} \cdot \text{m}$$

剪力

$$V = \frac{1}{2} \times (g + q) l_n = \frac{1}{2} \times 31. 13 \times 4. 0 = 62. 26 \text{ kN}$$

（3）配筋计算。

$$h_0 = h - a_s = 450 - 35 = 415 \text{ mm}$$

纵向受力钢筋计算（按矩形截面计算）

$$\alpha_s = \frac{M}{\alpha_1 f_c b h_0^2} = \frac{68. 64 \times 10^6}{1. 0 \times 14. 3 \times 200 \times 415^2} \approx 0. 14$$

$$\gamma_s = \frac{1 + \sqrt{1 - 2\alpha_s}}{2} = \frac{1 + \sqrt{1 - 2 \times 0. 14}}{2} = 0. 922$$

$$A_s = \frac{M}{f_y \gamma_s h_0} = \frac{68. 64 \times 10^6}{300 \times 0. 922 \times 415} \approx 598 \text{ mm}^2$$

受力钢筋选用 3$\underline{\Phi}$16（$A_s = 603$ mm^2），见图 2. 6. 8（c）。

验算适用条件：

$\qquad$ $A_{s,min} = \rho_{min} b h = 0. 21\% \times 200 \times 450 = 189 \text{ mm}^2 < 603 \text{ mm}^2$，满足要求。

箍筋计算：

$\qquad$ $0. 25 f_c b h_0 = 0. 25 \times 14. 3 \times 200 \times 415 \times 10^{-3} \approx 296. 7 \text{ kN} > V = 62. 26 \text{ kN}$

截面尺寸满足要求。

$\qquad$ $0. 7 f_t b h_0 = 0. 7 \times 1. 43 \times 200 \times 415 \times 10^{-3} = 58. 1 \text{ kN} < 62. 26 \text{ kN}$

需计算配箍筋。

根据构造要求，选用 Φ8@200，验算抗剪承载能力：

$$V_{cs} = 0. 7 f_t b h_0 + f_{yv} \frac{n A_{sv}}{s} h_0 = 58\ 100 + 270 \times \frac{2 \times 50. 3}{200} \times 415 = 114\ 461. 2 \text{ N}$$

$$\approx 114. 64 \text{ kN} > V = 62. 26 \text{ kN}$$

满足抗剪要求。

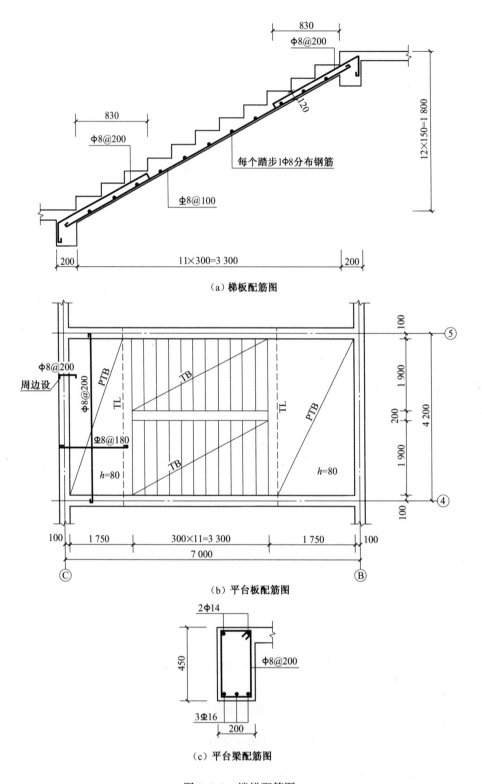

（a）梯板配筋图

（b）平台板配筋图

（c）平台梁配筋图

图 2.6.8　楼梯配筋图

2.6.2　雨篷

雨篷、阳台及挑檐等是房屋结构中常见的悬挑结构，按结构组成的不同，又可分为悬挑梁板结构和悬挑板结构。下面以板式雨篷为例，介绍设计要点。

板式雨篷一般由雨篷板和雨篷梁组成，雨篷梁既是雨篷板的支承，又兼做过梁。

雨篷梁的高度按承载力确定，宽度一般与墙体等厚。

在外界荷载作用下，雨篷可能出现的破坏有雨篷梁、雨篷板的破坏及雨篷整体的倾覆破坏。具体设计内容如下。

1. 雨篷板设计

（1）计算简图。雨篷板为悬挑构件，挑出长度一般为 0.6~1.2 m。考虑受力特点，整体式雨篷板多做成不等厚板。

1）截面尺寸：板根部取 $h = (1/8 - 1/12)l_0$（l_0 为板的计算跨度），且不小于 80 mm；板端部截面高度不小于 60 mm。

2）计算单元：取 1 m 宽的板带。

3）荷载：作用于雨篷板上的荷载包括板的自重和抹灰荷载、均布活荷载、雪荷载及施工集中荷载（作用在雨篷板端部）。《建筑结构荷载规范》规定施工集中荷载为：雨篷板承载力计算时，在每延米范围布置一个 1.0 kN，在进行雨篷抗倾覆验算时为沿板宽每 2.5~3.0 m 范围内布置一个 1.0 kN。除恒载外，上述 3 种活荷载不同时考虑，按其不利情况进行计算。

（2）内力计算：按悬臂板进行计算。

（3）强度计算：按单筋矩形截面进行正截面强度计算，一般不进行受剪承载力计算。

（4）构造要求：除按板的构造要求外，其上部受力钢筋伸入雨篷梁中的长度应满足受拉钢筋的锚固长度要求。

2. 雨篷梁设计

（1）计算简图。

1）截面尺寸：取截面高度 $h = (1/8 - 1/12)l_0$，其中 l_0 为梁的计算跨度。

2）荷载：作用于雨篷梁上的荷载包括梁的自重、抹灰荷载和梁上砌体自重（当楼盖至雨篷顶距离小于下部门窗洞口宽度时，还应有楼盖荷载）、雨篷板传来的荷载（可以简化为均布线荷载和一个线扭矩荷载），如图 2.6.9 所示。

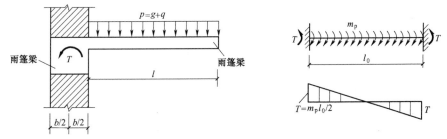

图 2.6.9　雨篷梁上的扭矩

（2）内力计算：在竖向均布线荷载作用下，按简支梁进行计算；在线扭矩作用下，按两端固定的单跨梁进行计算。

（3）强度计算：按单筋矩形截面分别进行抗弯、抗剪、抗扭强度计算。

（4）构造要求：雨篷梁支承于墙内的长度不小于 370 mm；梁的受扭纵向钢筋应布置在截面周边；纵向钢筋（包括受扭架立筋）在支座中的锚固长度按受拉钢筋的锚固长度确定；雨篷梁的箍筋应采用封闭式，末端做成 135° 弯钩，弯钩末端平直段长度不小于 $5d$ 且不小于 50 mm。

3. 雨篷的抗倾覆验算

设置雨篷板上作用的荷载对雨篷梁底外边缘产生的倾覆力矩为 M_{ov}，雨篷梁的自重、梁上砌体自重及其他梁、板传来的荷载（仅考虑恒荷载）产生的抵抗倾覆力矩为 M_r。如图 2.6.10 所示，若 $M_{ov} > M_r$，则雨篷将绕梁底距离墙外边缘 x_0 处的 O 点转动而导致倾覆。因此，要防止雨篷发生倾覆，需进行抗倾覆验算，雨篷结构应该满足：

$$M_{ov} \leq M_r \qquad (2.6.5)$$
$$M_r = 0.8 G_r (l_2 - x_0) \qquad (2.6.6)$$

式中　M_{ov}——雨篷上最不利荷载组合计算的结构绕 O 点的倾覆力矩设计值；

　　　M_r——按恒荷载计算的结构绕 O 点抗倾覆力矩设计值；

　　　G_r——雨篷的抗倾覆荷载，按图 2.6.10 中的阴影部分所示范围内的墙体与楼、屋面恒载标准值之和；

　　　x_0——O 点距墙外边缘的距离，$x_0 = 0.3 h_b$，且不大于 $0.13b$。

需要注意的是，在计算恒荷载 G_r 时，不考虑楼面、屋面的非永久性的"恒荷载"，如楼面上的非承重隔墙，屋面上的保温和防水层等恒荷载。

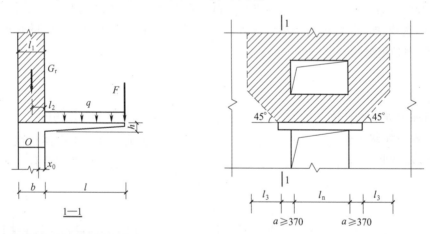

图 2.6.10　雨篷的抗倾覆验算示意图

4. 抗倾覆构造措施

当雨篷的抗倾覆验算不满足要求时，应采取相应的措施予以保证。如增加雨篷梁嵌入墙内的长度，以加大梁上的抗倾覆荷载；或者增大墙体自重、雨篷梁与周围的结构要有效拉结等措施。

本章小结

（1）钢筋混凝土梁板结构是由受弯构件的梁、板组成的一种最基本的结构。其设计的一般步骤是：选择适当的结构形式，进行结构平面布置，确定结构构件的计算简图，进行内力分析、组合及截面配筋计算，绘制结构构件施工图。

（2）现浇单向板肋梁楼盖是常用的一种梁板结构，其荷载传递方式是：板→次梁→主梁。可采用弹性理论计算方法和考虑塑性内力重分布方法进行计算。在计算时，板和次梁都可按连续受弯构件进行分析；主梁在梁柱线刚度比较大时（如大于 3），也可按连续梁计算。

（3）单向板肋梁楼盖在按弹性理论计算时，连续梁的跨度可取支座中心线间的距离，板和次梁的荷载都应采用折算荷载，活荷载应考虑最不利布置。当活荷载与恒荷载之比不大于 3 时，纵向钢筋的弯起和截断位置可按一般设计经验直接确定；当该比值大于 3 时，应在内力包络图上作材料图确定。

（4）单向板肋梁楼盖在考虑塑性内力重分布进行计算时，常用的一种设计方法是弯矩调幅法，通常假定塑性铰首先出现在连续梁的支座截面（或支座与跨中截面同时出现）；为了保证塑性铰的转动能力，应采用塑性好的低强度钢筋，计算配筋时，中间支座处的混凝土相对受压区高度应满足，并应控制调幅范围。对于等跨、受均布荷载作用的连续板、连续梁，可直接利用已推导出的内力系数直接进行截面的内力计算，并以此进行配筋设计。

（5）当区格板的长边与短边尺寸之比不大于 2 时，应按双向板设计；当该比值大于 2 但小于 3 时，宜按双向板计算（当按沿短边方向受力的单向板计算时，应沿长边方向布置足够数量的构造钢筋）。

（6）连续支承的双向板也有按弹性理论和塑性理论计算的方法。弹性理论方法采用查表方式进行；塑性理论方法基于塑性铰线的分布、采用极限平衡公式计算，要比弹性理论方法节省钢筋。多跨连续双向板荷载的分解是双向板由多区格转化为单区格板结构分析的重要方法。

（7）整体式无梁楼盖结构是应用较为广泛的结构形式，柱上板带相当于支承在柱上的连续板，而跨中板带相当于支承在柱上板带的连续板；整体式无梁楼盖结构内力分析时，结构无侧移时采用经验系数法，有侧移时采用等代框架法；无梁楼盖设置柱帽主要是提高板的受冲切承载力，同时减少板的跨度、支座及跨内截面弯矩值。

（8）梁式楼梯和板式楼梯都是平面受力楼梯，其主要区别在于楼梯梯段是采用斜梁承重还是板承重。当跨度较大时，梁式楼梯受力较合理，用料较为经济，但施工较烦琐且不美观，板式楼梯则相反。

（9）梁板结构的构件截面尺寸由跨高比要求选用，一般可满足正常使用要求。结构构件的配筋除按承载能力极限状态计算外，还应满足规定的构造要求。

 思　考　题

1. 如何区分单向板和双向板？
2. 钢筋混凝土梁板结构设计的一般步骤是什么？

3. 荷载在整体式单向板肋梁楼盖和双向板肋梁楼盖中分别如何传递？

4. 什么是内力重分布？什么是塑性铰？

5. 什么是弯矩调幅？简述弯矩调幅法计算梁板结构内力的步骤。

6. 在用弹性方法计算多区格双向板时有哪些规定？

7. 装配式楼板结构中，板与板、板与承重墙的连接、板与纵墙的连接有何重要性？

8. 简述梁式楼梯和板式楼梯的区别？如何确定板式楼梯各构件的计算简图？

习　题

一、选择题

1. 多跨连续梁求其支座截面最大弯矩时，活荷载的布置应为（　　）。

　　A. 全部满跨布置

　　B. 支座左面、右面跨都布置，然后隔一跨布置

　　C. 支座左面、右面跨都布置，其他不布置

　　D. 支座左面布置，其他隔跨布置

2. 在框架结构设计中，梁端弯矩调幅的原则是（　　）。

　　A. 在内力组合之前，将竖向荷载作用下的梁端弯矩适当减小

　　B. 在内力组合之前，将竖向荷载作用下的梁端弯矩适当增大

　　C. 在内力组合之后，将梁端弯矩适当减小

　　D. 在内力组合之后，将梁端弯矩适当增大

3. 5 跨等跨连续梁，现求最左端支座最大剪力，活荷载应布置在哪几跨？（　　）

　　A. 1，2，4　　　　B. 2，3，4　　　　C. 1，2，3　　　　D. 1，3，5

4. 承受均布荷载的钢筋混凝土 5 跨连续梁（等跨），在一般情况下，由于塑形内力重分布的结果，而使（　　）。

　　A. 跨中弯矩减小，支座弯矩增加

　　B. 跨中弯矩增大，支座弯矩减小

　　C. 支座弯矩和跨中弯矩都增加

　　D. 支座弯矩和跨中弯矩都减小

5. 在单向板肋梁楼盖设计中，对于板的计算，下面叙述中哪一个不正确？（　　）

　　A. 支承在次梁或砖墙上的连续板，一般可按塑性内力重分布的方法计算

　　B. 板一般均能满足斜截面的受剪承载力，设计时可不进行受剪验算

　　C. 板的计算宽度可取为 1 m，按单筋矩形截面进行截面设计

　　D. 对于四周与梁整体连接的单向板，其中间跨的跨中截面及中间支座，计算所得的弯矩可减少 10%，其他截面则不予减少

6. 为了设计上的便利，对于四边均有支承的板，当（　　）按双向板设计。

　　A. $l_2/l_1 \leqslant 2$　　　　B. $l_2/l_1 > 2$　　　　C. $l_2/l_1 \leqslant 3$　　　　D. $l_2/l_1 > 3$

7. 均布面荷载作用下，四边支承的矩形楼板传至短边所在支承梁上的荷载为（　　）。

　　A. 均匀分布荷载　　　　　　　　B. 三角形分布荷载

　　C. 梯形分布荷载　　　　　　　　D. 集中荷载

8. 钢筋混凝土楼盖梁如果出现裂缝，应当是（　　　）。

　　A. 不允许的

　　B. 允许，但应满足构件变形要求

　　C. 允许，但应满足裂缝宽度的要求

　　D. 允许，但应满足裂缝开展深度的要求

二、计算题

1. 某 2 跨连续梁如习题图 2.1 所示，集中荷载作用于 $l_0/3$ 处，恒荷载 $G=25$ kN，活荷载 $Q=50$ kN。试按弹性理论计算并画出此梁的弯矩包络图和剪力包络图。

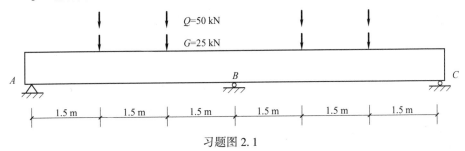

习题图 2.1

2. 某现浇屋盖为单向板肋梁屋盖，其板为两跨连续板，搁置于 240 mm 厚的砖墙上，连续板左净跨为 3 m，右净跨为 4 m，板顶及板底粉刷共重 0.75 kN/m，分项系数为 1.2。板上活荷载为 3 kN/m，分项系数为 1.4。试设计该单向板。

3. 某 4 跨连续梁，计算跨度 $l_0=6$ m，承受恒荷载设计值 $g=10$ kN/m、活荷载设计值 $g=20$ kN/m。若按弹性理论：

（1）分别画出求第 2 跨内最大正弯矩、C 支座最大负弯矩及最大剪力时的活荷载最不利布置的示意图；

（2）求第 2 跨跨内最大正弯矩、C 支座最大负弯矩值。

第3章

混凝土单层工业厂房

教学目标：

单层工业厂房有排架结构和刚架结构两种基本类型，其中排架结构是最常见的混凝土单层工业厂房的结构形式。通过本章的学习，应达到如下目标：

1. 了解排架结构的组成和结构布置要求；
2. 掌握排架结构的计算简图和各种荷载的计算方法；
3. 掌握等高排架内力计算的剪力分配法；
4. 理解排架柱内力组合；
5. 掌握牛腿柱和基础的设计要点；
6. 理解排架结构的构造要求。

3.1　概　　述

3.1.1　单层厂房的特点

扫一扫

单层工业厂房为工业生产服务，要满足生产工艺要求，也要为工作人员提供良好的工作环境和劳动保护条件。在设计过程中，按照生产使用要求，认真研究和分析单层厂房的特点，力求做到技术先进、经济合理、安全可靠、施工方便。其特点如下：

（1）跨度大、高度大，荷载大，构件内力、截面尺寸大，用料多。

（2）承受动力荷载（吊车、动力机械设备等），考虑动力荷载放大系数。

（3）空旷型结构，仅在四周设置柱和墙。柱是承受屋盖荷载、墙体荷载、吊车荷载以及地震作用的主要构件。

（4）基础受力大，因此对工程地质勘察需提出较高的要求，并作深入的分析，以确定地基承载力和基础埋置深度、形式和尺寸。

3.1.2　单层厂房的类型

单层厂房的类型有以下几种：

（1）按生产规模可分为大型、中型和小型 。

（2）按主要承重材料可分为混合结构、钢结构和钢筋混凝土结构。

对无吊车或吊车吨位不超过 5 t、跨度在 15 m 以内、柱顶标高不超过 8 m 且无特殊工艺要求的小型厂房，可采用混合结构；对有重型吊车、跨度大于 36 m 或有特殊工艺要求的大型厂房，可采用全钢结构或由钢筋混凝土柱与钢屋架组成的混合结构。

除上述情况以外的单层厂房均可采用混凝土结构。而且除特殊情况之外，一般均采用装配式钢筋混凝土结构。

（3）按承重结构体系可分为排架结构和刚架结构，如图 3.1.1 所示。

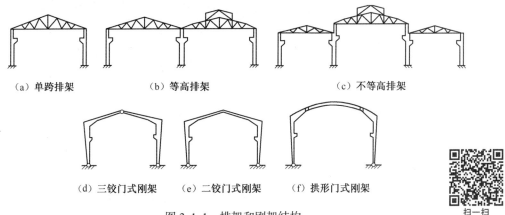

　　（a）单跨排架　　　　（b）等高排架　　　　　（c）不等高排架

　　（d）三铰门式刚架　　（e）二铰门式刚架　　（f）拱形门式刚架

图 3.1.1　排架和刚架结构

　　1）排架结构。排架结构由屋架（或屋面梁）、柱和基础组成，柱与屋架铰接，与基础刚接，根据工艺和使用要求，分等高、不等高、锯齿等形式［图 3.1.1（a）、（b）、（c）］。钢筋混凝土排架结构是单层工业厂房结构的基本形式，跨度可超过 30 m，高度可达 20~30 m 或更高，吊车吨位可达 150 t，甚至更大。

　　2）刚架结构。刚架结构由横梁、柱和基础组成。柱与横梁刚接，与基础铰接。常用的是装配式钢筋混凝土门式刚架（梁柱合一钢筋混凝土结构）。

　　刚架结构按其横梁形式的不同，分为人字形、弧形两种；按顶节点连接方式，分为三铰门式刚架、二铰门式刚架、拱形门式刚架［图 3.1.1（d）、（e）、（f）］。

　　门式刚架结构因其受力特点使其适用范围受限，本章将主要介绍单层钢筋混凝土排架结构厂房的受力原理和结构计算方法。

3.2　单层厂房排架结构的组成和布置

3.2.1　结构组成

　　单层厂房排架结构通常由屋盖结构、横向平面排架、纵向平面排架、围护结构四大部分组成，其具体结构构件如图 3.2.1 所示。

1. 屋盖结构

屋盖结构主要起围护、承重、采光和通风等作用。

屋盖结构分无檩和有檩两种体系。无檩体系由大型屋面板、屋面梁或屋架（包括屋盖支撑）组成；有檩体系由小型屋面板、檩条、屋架（包括屋盖支撑）组成（图 3.2.2）。

2. 横向平面排架

由横向柱列、屋架（或屋面梁）、基础等构件组成横向承重体系，称为横向平面排架。横向平面排架是厂房的基本承重结构，承受厂房上的竖向荷载及横向水平荷载，并将荷载传至基础（图 3.2.3）。

3. 纵向平面排架

纵向平面排架是指由纵向柱列、吊车梁、连系梁、柱间支撑、柱、基础等构件组成的纵

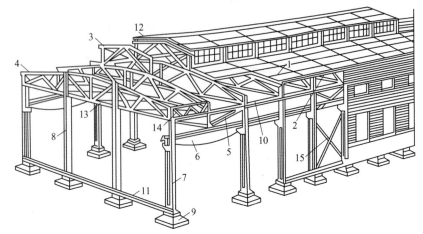

1—屋面板；2—天沟板；3—天窗架；4—屋架；5—托架；6—吊车梁；7—排架柱；
8—抗风柱；9—基础；10—连系梁；11—基础梁；12—天窗架垂直支撑；
13—屋架下弦横向水平支撑；14—屋架端部垂直支撑；15—柱间支撑

图 3.2.1 装配式钢筋混凝土单层厂房结构

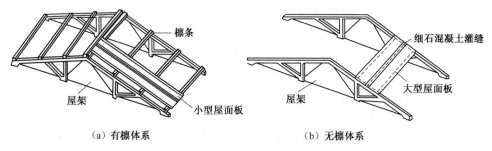

（a）有檩体系　　　　　　　　　（b）无檩体系

图 3.2.2 屋盖结构

向承重体系，其作用是保证厂房结构的纵向稳定性和刚度，还承受吊车纵向水平荷载、纵向水平地震作用及作用在山墙与天窗架端部并通过屋架传来的纵向风荷载等（图 3.2.4）。

4. 围护结构

围护结构包括纵墙、横墙（山墙）、连系梁、抗风柱、基础梁等构件。它们主要是承受墙体和构件的自重以及作用在墙面上的风荷载。

3.2.2　结构布置

厂房的结构布置包括平面布置、支撑布置和围护结构布置。厂房平面布置是单层厂房结构设计最关键的环节。其合理程度关系到厂房结构设计的安全可靠和经济合理，以及厂房面积的使用和施工速度等问题。厂房平面布置包括柱网布置、变形缝布置等。

3.2.2.1　柱网布置

厂房承重柱（或承重墙）的纵向和横向定位轴线，在平面上排列所形成的网格，称为柱网。柱网布置就是确定纵向定位轴线之间（柱距）和横向定位轴线之间（跨度）的尺寸。确定柱网尺寸即是确定柱的位置，同时也是确定屋面板、屋架和吊车梁等构件的跨度并涉及厂房结构构件的布置。

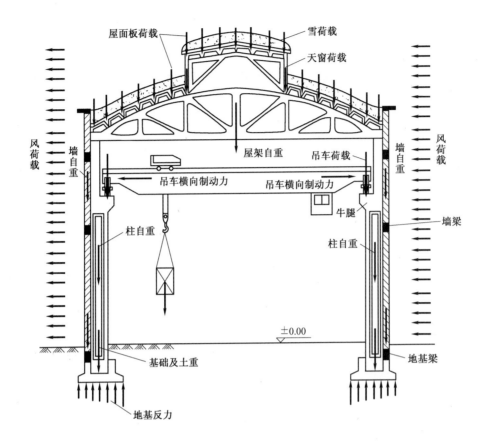

图 3.2.3　横向平面排架组成及荷载示意图

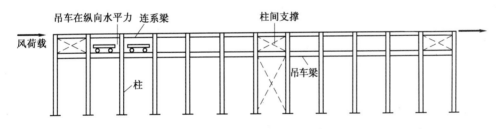

图 3.2.4　纵向平面排架组成及荷载示意图

柱网布置应满足生产工艺流程的要求，并遵守国家有关厂房建筑统一模数制的规定，为厂房结构构件的统一、通用及施工工厂化创造条件。一般布置原则为：厂房跨度小于或等于 18 m 时，应采用 3 m 的倍数；跨度大于 18 m 时，应采用 6 m 的倍数（图 3.2.5）。当工艺布置有明显的优越性时，亦可采用 21 m、27 m、33 m 等跨度。

目前，一般单层厂房大多采用 6 m 柱距，比较经济。但当厂房较为高大时，采用 9 m 或 12 m 柱距较 6 m 柱距优越，但由于构件尺寸增大，也给制作、运输和吊装带来不便。

3.2.2.2　定位轴线

纵向定位轴线一般用编号Ⓐ、Ⓑ、Ⓒ…表示。对于无吊车或吊车起重量不大于 30 t 的厂

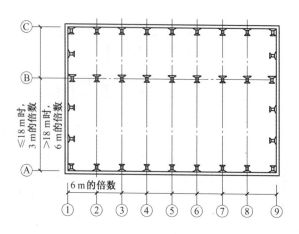

图 3.2.5 柱网布置

房,边柱外边缘、纵墙内缘、纵向定位轴线三者重合,如图 3.2.6 (a) 所示。纵向定位轴线间距 L 与吊车轨距 L_k 存在如下关系:

$$L = L_k + 2e, \quad e = B_1 + B_2 + B_3 \tag{3.2.1}$$

式中 L_k——吊车跨度(吊车轨道中心线间距,可由吊车规格查得);

e——吊车轨道中心线至纵向定位轴线间距,一般取 750 mm,当边柱 $e \leqslant 750$ mm 或多跨等高厂房中柱 $e \leqslant 750$ mm 时,取 $e = 750$ mm,且此时中柱纵向定位轴线与上柱中心线重合(详见图 3.2.6);

B_1——吊车轨道中心线至吊车桥架外边缘距离,可由吊车规格查得;

B_2——吊车桥架外边缘至上柱内边缘的净空宽度,当吊车起重量不大于 50 t 时,$B_2 \geqslant 80$ mm,当吊车起重量大于 50 t 时,$B_2 \geqslant 100$ mm;

B_3——边柱上柱截面高度或中柱边缘至其纵向定位轴线的距离。

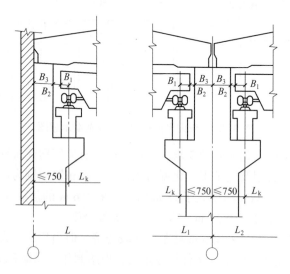

图 3.2.6 纵向定位轴线

横向定位轴线一般通过柱截面的几何中心，用编号①、②、③…表示。在厂房纵向尽端处，横向定位轴线位于山墙内边缘，并把端柱中心线内移600 mm，同样在伸缩缝两侧的柱中心线也须向两边各移 600 mm，使伸缩缝中心线与横向定位轴线重合。

3.2.2.3　变形缝布置

变形缝包括伸缩缝（温度缝）、沉降缝和防震缝三种。

1. 伸缩缝

伸缩缝的作用是减小上部结构随气温变化水平方向自由变形而产生的温度应力。伸缩缝将厂房从基础顶面到屋面完全分开，留出一定缝隙。

对于装配式钢筋混凝土排架结构伸缩缝之间的距离为：当处于室内或土中时，其伸缩缝的最大间距为 100 m；露天时，其伸缩缝的最大间距为 70 m。超过上述规定或有特殊要求时，应进行温度应力验算。

伸缩缝的做法：横向伸缩缝处横向定位轴线不变，在该轴线左右设双排柱和屋架，双杯口基础，柱、屋架中心线都向两边移 500 mm，也即双柱伸缩缝。而对于纵向伸缩缝采用单柱伸缩缝，设置两条纵向定位轴线，将伸缩缝一侧的屋架或屋面梁搁置在活动支座上。高低跨处，低跨屋架搁置在活动支座上，采用两条纵向定位轴线（图 3.2.7）。

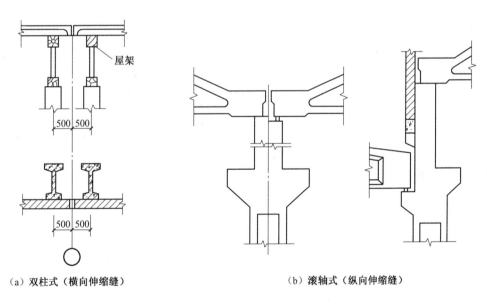

（a）双柱式（横向伸缩缝）　　　　　　　（b）滚轴式（纵向伸缩缝）

图 3.2.7　单层厂房伸缩缝的构造

2. 沉降缝

沉降缝的作用是使建筑在缝两边发生不同沉降时而不致损坏整个建筑物。

沉降缝应将建筑物从屋顶到基础底面全部分开。沉降缝可兼做伸缩缝。单层厂房结构主要是由简支构件装配而成的，因地基不均匀沉降引起的不利影响较小。一般单层厂房中可不设沉降缝，只在以下特殊情况下考虑设置。

（1）厂房相邻两部分高度相差很大（如 10 m 以上）。

（2）两跨间吊车起重量相差悬殊。

（3）地基承载力或下卧层土质有很大差别。

（4）厂房各部分的施工时间间隔很长。

（5）土壤压缩程度不同。

3. 防震缝

防震缝的作用是减轻厂房震害而采取的措施之一。

在平面、立面复杂，结构高度或刚度相差很大，厂房侧边布置附属用房（如生活间、变电所、炉子间等）时，应设置防震缝。防震缝应将上部结构和基础都完全分开。

防震缝的宽度：在厂房纵横跨交接处为 100～150 mm，其他情况为 50～90 mm。地震区的厂房，其伸缩缝和沉降缝均应符合防震缝的要求。

3.2.2.4　支撑布置

在装配式钢筋混凝土单层厂房结构中，支撑虽非主要的构件，但却是连系主要结构构件以构成整体的重要组成部分，如果支撑布置不当，不仅会影响厂房的正常使用，甚至可能引起工程事故。支撑的作用有以下几点：

（1）施工、使用阶段，保证结构几何稳定性。

（2）保证横向结构平面外刚度、结构纵向刚度、空间整体性。

（3）为结构构件提供适当的侧向支承点，改善它们的侧向稳定性。

（4）将某些水平荷载（如风荷载、纵向吊车制动力、纵向地震作用等）传给主要承重结构或基础。

排架结构单层厂房中，支撑可分为屋盖支撑和柱间支撑两大类。下面分别对这两类支撑的组成和布置原则作简要介绍。

1. 屋盖支撑

屋盖支撑包括屋架上弦、下弦横向水平支撑，屋架纵向水平支撑，垂直支撑和水平系杆及天窗架支撑。

两榀屋架若无支撑则彼此独立、整体性差。将相邻两榀屋架视为盒子的两个底，通过屋架上弦、下弦横向水平支撑可形成闭合、具有一定稳固性的盒子，此外还需增加垂直支撑增强盒子的内部结构。

（1）上弦横向水平支撑。上弦横向水平支撑是指沿厂房跨度方向用交叉角钢、直腹杆和屋架上弦杆构成的水平桁架。

上弦横向水平支撑作用有：保证屋架上弦的侧向稳定性；增强屋盖的整体刚度；作为山墙抗风柱的顶端水平支座，承受由山墙传来的风荷载和其他纵向水平荷载，并传至厂房纵向柱列。

当屋盖纵向水平面的刚度不足，且有以下情况之一时，需要设置上弦横向水平支撑（图 3.2.8）。

1）屋盖为有檩体系，或虽为无檩体系但屋面板与屋架的连接质量不能保证，且抗风柱与屋架的上弦连接时。

2）厂房设有纵向天窗，且天窗通过厂房端部的第二柱间或通过伸缩缝时，应在第一或第二柱间的天窗架范围内设置上弦横向水平支撑，并在天窗范围内沿纵向设置 1～3 道通长的受压系杆。

（2）下弦横向水平支撑。下弦横向水平支撑是指沿厂房跨度方向用交叉角钢、直腹杆和屋架上弦杆构成的水平桁架。

下弦横向水平支撑作用是将山墙风荷载及纵向水平荷载传至纵向柱列，防止屋架下弦侧向振动。

具有下列情况之一时，需设置下弦横向水平支撑（图 3.2.9）。

1）抗风柱与屋架下弦连接，纵向水平力通过下弦传递。

2）厂房内有较大振动源，如设有硬钩桥式吊车或 5 t 以上的锻锤。

3）有纵向运行的悬挂吊车或电葫芦，且吊点设在屋架上弦时，可在悬挂吊车轨道尽头的柱间设置。

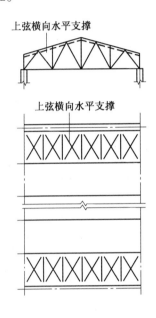

图 3.2.8　上弦横向水平支撑　　　　图 3.2.9　下弦横向水平支撑

（3）屋架垂直支撑。屋架垂直支撑是指两相邻屋架之间沿纵向设置在竖向平面内的支撑（图 3.2.10），其作用是保证屋架在安装和使用阶段的侧向稳定，以增加厂房的整体刚度。

垂直支撑是由角钢杆件与屋架直腹杆组成的垂直桁架，形式一般为十字交叉形或 W 形，按下列布置原则设置：

1）当屋架跨度小于 18 m，且无天窗时，可不设垂直支撑和水平系杆，有天窗时，可在屋架节点处设置一道水平系杆；当屋架跨度大于 18 m 且不超过 30 m 时，应在屋架跨中设置一道垂直支撑和水平系杆，垂直支撑布置在厂房端部以及伸缩缝的第一或第二柱间，如果不是三角形屋架而是梯形屋架，在支座处也应布置垂直支撑。

2）当屋架跨度大于 30 m，除按照 18~30 m 跨度布置外，还应在屋架跨度 1/3 左右节点处设置两道垂直支撑和水平系杆。

对于厂房的整个屋盖体系，除确保两榀相邻屋架的整体性外，还应通过下弦纵向水平支撑、水平系杆将每一榀屋架进行联系，组成稳固整体。

（4）下弦纵向水平支撑（图 3.2.11）。下弦纵向水平支撑是沿厂房纵向用交叉角钢、直杆和屋架下弦组成的水平桁架，一般设置在屋架的第一节间和中部。其作用是加强屋盖的横

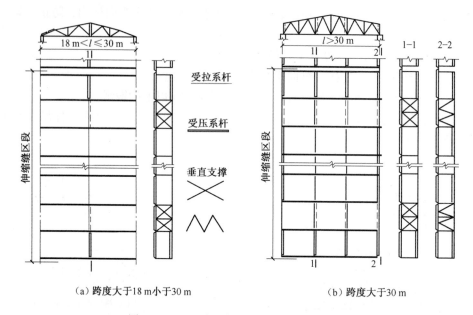

（a）跨度大于18 m小于30 m （b）跨度大于30 m

图 3.2.10　屋盖垂直支撑和水平系杆的布置

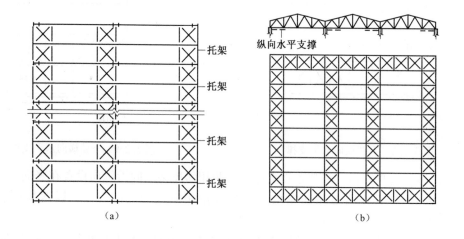

（a） （b）

图 3.2.11　纵向水平支撑布置

向水平面内的刚度，保证横向水平荷载的纵向分布，加强厂房空间工作性能，同时保证托架上弦的侧向稳定。

当具有以下情况之一时，应设置纵向水平支撑。

1）厂房内设有托架时，应在托架所在的柱间及两端各延伸一个柱间设置。

2）厂房内设有软钩桥式吊车，但厂房高度大、吊车起重量较大，如等高多跨厂房柱高大于 15 m，吊车工作级别为 A4～A5，起重量大于 50 t 的情况，要沿边列柱的屋架下弦端部各设置一道通长的纵向水平支撑。对于跨度较小的单跨厂房，可在下弦中部设置一道通长的纵向水平支撑。

3）厂房内设有硬钩桥式吊车或 5 t 以上的锻锤时，可沿中间柱列适当增设纵向水平支撑。

纵向水平支撑和横向水平支撑应尽量连接成封闭的水平支撑系统，以加强厂房的整体性。

（5）屋架水平系杆。屋架水平系杆是指屋架之间沿纵向设置的水平杆（图 3.2.10），其作用是保证屋架在安装和使用阶段的侧向稳定，增加厂房的整体刚度。

水平系杆是单根的联系杆件，分为上、下弦水平系杆。上弦水平系杆可保证屋架上弦或屋面梁受压翼缘的侧向温度，下弦水平系杆可防止在吊车或有其他水平振动时屋架下弦发生侧向颤动。水平系杆一般均沿房屋纵向通常布置，布置原则如下：

1）当采用大型屋面板时，应在未设置支撑的屋架间相应于布置垂直支撑平面的屋架下弦和屋架上弦节点处设置通长的水平系杆。

2）如果为有檩体系，上弦节点处的水平系杆可用檩条代替，仅在下弦设置。

当厂房屋盖设置有天窗架时，还应设置天窗架支撑，布置原则同前述屋架支撑。

2. 柱间支撑

柱间支撑按位置分为上柱柱间支撑和下柱柱间支撑。前者布置于吊车梁的上部，用于抵抗山墙传来的风荷载；后者位于吊车梁下部，承受上部支撑传来的力和吊车的纵向制动力。此外，柱间支撑还起着增强厂房的纵向刚度和稳定性的作用。

柱间支撑通常由交叉杆件（型钢或钢管）组成，交叉倾角一般为 35°~55°，宜取 45°。上柱柱间支撑一般设置在伸缩缝区段两端与屋盖横向水平支撑相对应的柱间以及伸缩缝区段中央或邻近中间的柱间；下柱柱间支撑应设置在伸缩缝区段中部与上柱柱间支撑相应的位置 [图 3.2.12（a）]。当柱间要通行或放置设备，或柱距较大而不宜采用交叉支撑时，可采用门架式柱间支撑 [图 3.2.12（b）]。

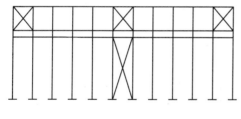 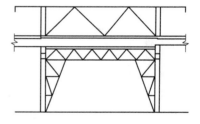

（a）柱间支撑布置　　　　　　　　　（b）门架式柱间支撑

图 3.2.12　柱间支撑布置

非地震区的单层厂房，当属下列情况之一时，应设置柱间支撑。

（1）设有悬臂式吊车，或 30 kN 及以上的悬挂式吊车。

（2）设有重级工作制吊车，或设有中、轻级工作制吊车，其起重量均在 100 kN 及其以上。

（3）厂房的跨度在 18 m 及以上，或柱高在 8 m 以上。

（4）厂房纵向列柱在 7 根以上。

（5）露天吊车栈桥的柱列。

3.2.2.5　围护结构布置

1. 抗风柱

单层厂房的端墙（山墙）承风面积较大，一般需要设置抗风柱将山墙分成几个区格，使墙面受到的风载一部分（靠近纵向柱列的区格）直接传至纵向柱列，另一部分则通过抗风柱下端直接传至基础和经柱上端通过屋盖系统传至纵向柱列。

当厂房高度和跨度均不大（柱顶在 8 m 以下，跨度为 9~12 m）时，可在山墙设置砖壁柱作为抗风柱；当高度和跨度较大时，一般都设置钢筋混凝土抗风柱，柱外侧再贴砌山墙。在很高的厂房中，为不使抗风柱的截面尺寸过大，可加设水平抗风梁或钢抗风桁架，作为抗风柱的中间铰支点。

如图 3.2.13 所示，抗风柱一般与基础刚接、与屋架上弦铰接，根据具体情况，也可与下弦铰接或同时与上、下弦铰接。抗风柱与屋架连接必须满足两个要求：一是在水平方向必须与屋架有可靠的连接以保证有效地传递风载；二是在竖向应允许两者之间有一定相对位移的可能性，以防厂房与抗风柱沉降不均匀时产生不利影响。

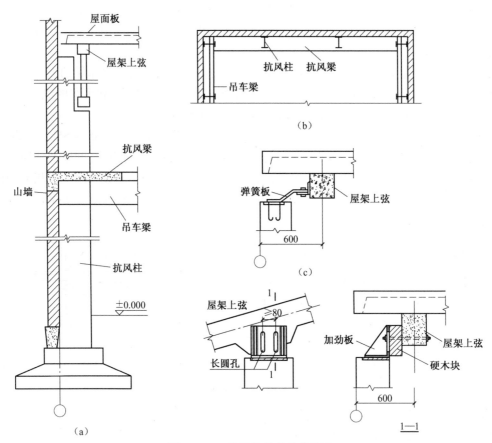

图 3.2.13　抗风柱及其连接构造

2. 圈梁、连系梁、过梁及基础梁

当厂房围护墙为砖砌墙时，一般要设置圈梁、连系梁、过梁及基础梁。

圈梁是设置于墙体内并与柱连接的现浇钢筋混凝土构件，一般设置在墙体内的同一水平面上，并形成封闭状。圈梁不承受墙体重量，它的作用是将墙体同厂房柱箍在一起，以加强厂房的整体刚度，防止由于地基的不均匀沉降或较大振动荷载引起对厂房的不利影响。圈梁的布置与墙体高度、厂房刚度的要求以及地基情况有关。对于一般单层厂房，可参照下列原则进行布置：对无桥式吊车的厂房，当墙厚≤240 mm、檐高为 5~8 m 时，应在檐口附近布置一道，当檐高大于 8 m 时，宜增设一道；对有桥式吊车或有较大振动设备的厂房，除在檐口或窗顶布置圈梁外，尚宜在吊车梁标高处或墙中适当位置增设一道，外墙高度大于 15 m 时还应适当增设。

连系梁的作用是连系纵向柱列，以增强厂房的纵向刚度并传递风载到纵向柱列；此外，连系梁还承受其上部墙体的重量。连系梁通常是预制的，两端搁置在柱牛腿上，其连接可采用螺栓连接或焊接连接。

过梁的作用是承托门、窗洞口上部的墙体重量。过梁在墙体上的支撑长度不宜小于 240 mm。设计时，应尽可能将圈梁、连系梁和过梁结合起来，使一个构件起到两种或三种构件的作用，以节约材料、简化施工。

在一般厂房中，通常用基础梁来承托围护墙体的重量，而不另做墙基础，以使墙体与柱的沉降变形一致。基础梁一般设置在边柱的外侧，与柱一般不要求连接，而是直接放置在柱基础杯口上或当基础埋置较深时，放置在基础上面的混凝土垫块上。但当厂房内有较大振动的设备或在地震区时，基础梁与柱应有可靠的连接。

3.3　排　架　计　算

3.3.1　排架计算简图

1. 计算单元

由于厂房的屋面荷载和风荷载以及刚度基本上都是均匀分布的，一般柱距相等时，可以从任意相邻两柱距的中心线截取一个典型的区段，称为计算单元［图 3.3.1（a）］。对于厂房有局部抽柱的情况，则应根据具体情况选取计算单元。除吊车荷载外，其他荷载均可按选定的计算单元来计算。

2. 基本假定

计算单元选定后，为简化计算还可根据单层厂房结构的实际工程构造及实践经验，作如下假定：

（1）排架柱上端与排架横梁（屋架或屋面梁）铰接，下端固接于基础顶端。

（2）排架横梁轴向变形忽略不计，即横梁为刚性连杆。

3. 计算简图

根据上述基本假定，可得横向排架的计算简图如图 3.3.1（b）所示。在计算简图中，排架的跨度按计算轴线考虑，计算轴线取上、下柱截面的形心线。当柱为变截面时轴线为折线。为简化计算，通常将折线用变截面的形式来表示，跨度以厂房的轴线为准。柱的高度为基础顶面到柱顶，上、下柱高度按牛腿面划分。

柱的截面抗弯刚度可由预先拟定的截面尺寸求得。对于图 3.3.1 右侧所示的排架，由于假定计算单元中同一柱列的柱顶侧移相同，故排架柱的抗弯刚度可由计算单元内的几榀排架合并成一榀排架后计算，即合并后的排架柱的抗弯刚度应按合并考虑。

3.3.2　荷载统计

为简化计算，通常将单层厂房空间结构简化为纵、横向平面排架分别进行计算。其中，纵向平面排架的计算主要是为了设计柱间支撑，而在非地震区，柱间支撑的数量可依据工程

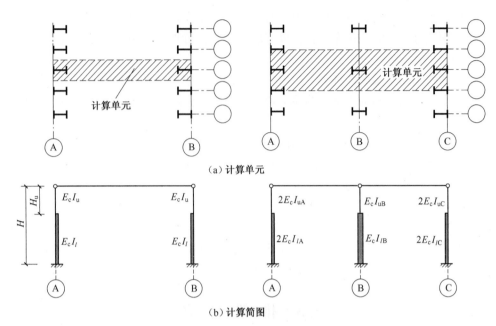

图 3.3.1　计算单元和计算简图

设计经验确定，因而对纵向排架往往可不必进行计算。横向平面排架是厂房的主要承重结构，必须进行结构分析。

　　横向平面排架的结构分析主要包括确定计算简图、荷载计算、内力分析和内力组合四个内容，其目的是求出排架柱的最不利内力，以进行排架柱设计和基础设计。

3.3.2.1　荷载的传力途径

　　作用在单层厂房排架结构上的荷载可分为永久荷载和可变荷载两大类。永久荷载主要包括各种结构构件、维护结构的自重，以及管道和固定生产设备的重量；可变荷载主要有屋面活荷载、雪荷载、风荷载、积灰荷载、吊车荷载和地震作用等。这些荷载按其作用方向又可分为竖向荷载、横向水平荷载和纵向水平荷载，前两者主要通过横向平面排架传至基础，后者则通过纵向平面排架传至基础。

　　由于厂房的空间作用，荷载（尤其是水平荷载）传递过程比较复杂。为便于理解，可将单层厂房的荷载传力路线用图 3.3.2 表示。

3.3.2.2　荷载计算

　　除吊车荷载外，其他荷载的计算均取计算单元范围内。本书主要介绍上述荷载标准值的计算与作用点位置的确定。

1. 恒荷载

　　恒荷载包括屋盖体系自重、柱自重、吊车梁及吊车轨道自重，当有连梁支承的围护墙时，还包括围护墙体的自重。这些恒荷载可根据构件的设计尺寸和材料容重计算得到，若选择标准构件，其值还可直接由构件标准图集查得。

　　（1）屋盖自重 G_1。屋盖恒荷载包括屋面板、天窗架、屋架或屋面梁、屋盖支撑及屋面各构造层等的重力荷载。计算单元范围内，屋盖的总重力荷载通过屋架或屋面梁的端部以集中竖向力 G_1 的形式作用于上柱柱顶，其作用点位于屋架上、下弦几何中心线汇交处，一般

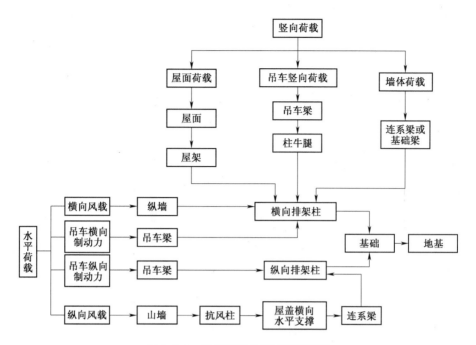

图 3.3.2　单层厂房的荷载传递路线

在厂房纵向定位轴线内侧 150 mm 处 ［图 3.3.3 (a)、(b)］。由图可见，G_1 对上柱截面几何中心存在偏心距 e_1，对下柱截面几何中心的偏心距为 e_1+e_0。

(2) 悬墙自重 G_2。当设有连梁支承围护墙体时，计算单元范围内的悬墙重力荷载以竖向集中力 G_2 的形式通过连梁传至牛腿顶面，其作用点通过连系梁或墙体截面的形心轴，距下柱截面几何中心距离为 e_2 ［图 3.3.3 (c)］。

(3) 吊车梁、吊车轨道及连接件自重 G_3。吊车梁、吊车轨道及连接件自重可从有关标准图集查得，轨道及连接件自重也可按 0.8~1.0 kN/m 估算。G_3 的作用点一般距纵向定位轴线 750 mm，对下柱截面几何中心的偏心距为 e_3 ［图 3.3.3 (c)］。

(4) 上柱、下柱自重 G_4、G_5。上、下柱自重分别作用于各自截面的几何中心线上，其中 G_4 对下柱截面几何中心线有一定偏心距 ［图 3.3.3 (c)］。

各种恒荷载作用下，横向排架结构的计算简图如图 3.3.3 (d) 所示。

2. 屋面可变荷载

屋面可变荷载包括屋面均布活荷载、屋面雪荷载、屋面积灰荷载。

(1) 屋面均布活荷载。其标准值可由《建筑结构荷载规范》(GB 50009—2012) (以下简称《荷载规范》) 查得。屋面水平投影面上的屋面均布活荷载标准值，上人屋面为 2.0 kN/m²，不上人屋面为 0.5 kN/m²。其中，不上人屋面在施工或维修荷载较大时，需按实际情况采用。

(2) 屋面雪荷载。《荷载规范》规定，屋面水平投影面上的雪荷载标准值按下式计算：

$$S_k = \mu_r S_0 \tag{3.3.1}$$

式中　S_k——雪荷载标准值，kN/m²；

　　　μ_r——屋面积雪分布系数，可由《荷载规范》查得；

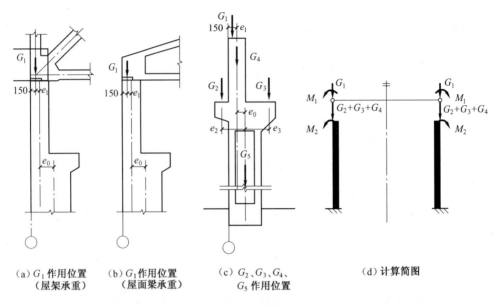

（a）G_1 作用位置　　　（b）G_1 作用位置　　　（c）G_2、G_3、G_4、　　　（d）计算简图
　　（屋架承重）　　　　　（屋面梁承重）　　　　G_5 作用位置

图 3.3.3　恒荷载作用位置及相应的排架计算简图

s_0 ——基本雪压，kN/m^2，以当地一般空旷平坦地面上概率统计所得 50 年一遇最大
积雪的自重确定，可由《荷载规范》中的全国界别雪压分布图确定。

（3）屋面积灰荷载。机械、冶金、水泥等厂房屋面，在设计时应考虑屋面积灰荷载，
其值可由《荷载规范》查得。

考虑到上述屋面荷载同时出现的可能性，《荷载规范》规定屋面均布活荷载不与雪荷载
同时考虑，取两者中的较大值；当有屋面积灰荷载时，积灰荷载应与雪荷载或不上人屋面均
布活荷载两者中的较大值同时考虑。屋面可变荷载的计算范围、作用形式和位置同屋盖恒荷
载 G_1。

3. 吊车荷载

单层工业厂房中常用的吊车为桥式吊车，它是由大车（桥架）和小车组成的。如图
3.3.4 所示，大车在吊车梁轨道上沿厂房纵向运行，小车在大车的轨道上沿厂房横向运行，
小车上安装带有吊钩的起重卷扬机，用以起吊重物。

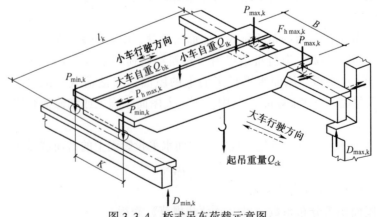

图 3.3.4　桥式吊车荷载示意图

吊车按生产工艺要求和本身构造特点有不同的型号与规格。不同类型的吊车当起重量和跨度均相同时，作用在厂房结构上的荷载是不同的。所以，设计时应以吊车制造厂的产品规格为依据确定吊车荷载。

《起重机设计规范》（GB 3811—2008）规定，吊车工作级别分为 A1～A8 八级和轻、中、重、超重级四个工作制。吊车工作级别越高，表示其工作繁重程度越高，利用次数越多。

桥式吊车在工作时，作用于横向排架结构上的荷载有吊车竖向荷载、吊车横向水平荷载 [图 3.3.6（a）]，作用在纵向排架结构上的荷载为吊车纵向水平荷载。

（1）吊车竖向荷载 D_{max} 与 D_{min}。吊车竖向荷载是指吊车在满载运行时，可能作用在厂房横向排架柱上的最大压力。当小车吊有额定最大起重量运行至大车一侧极限位置时，该侧大车的每个轮压达到最大轮压 P_{max}，另一侧大车的每个轮压为最小轮压 P_{min}，如图 3.3.4 所示。P_{max} 和 P_{min} 可由吊车产品说明书中查得，对于常规吊车，可直接由表 3.3.1 查得。显然，P_{max} 和 P_{min} 与吊车的大车重量 G、吊车的额定起重量 Q 及小车重量 g 的重力荷载之间满足下列平衡关系：

$$n(P_{max} + P_{min}) = G + Q + g \tag{3.3.2}$$

式中　n——吊车每侧的轮子数。

表 3.3.1　50～500/50 kN 一般用途电动桥式起重机
基本参数和尺寸系列　　　　　　　　　　　　　　（ZQ1-62）

起重量 Q/kN	跨度 L_k/m	尺寸				吊车级别 A4 和 A5			
		宽度 B/mm	轮距 K/mm	轨顶以上高度 H/mm	轨顶中心至端部距离 B_1/mm	最大轮压 P_{max}/kN	最小轮压 P_{min}/kN	起重机总重量 G/kN	小车总重量 g/kN
50	16.5	4 650	4 400	1 870	230	76	31	164	20（单闸）21（双闸）
	19.5	5 150	4 400			85	35	190	
	22.5					90	42	214	
	25.5	6 400	5 250			100	47	244	
	28.5					105	63	285	
100	16.5	5 650	4 400	2 140	230	115	25	180	38（单闸）39（双闸）
	19.5	5 550				120	32	203	
	22.5					125	47	224	
	25.5	6 400	5 250	2 190		135	50	270	
	28.5					140	66	315	
150	16.5	5 650	4 400	2 050	230	165	34	241	53（单闸）55（双闸）
	19.5	5 550		2140	260	170	48	255	
	22.5					185	58	316	
	25.5	6 400	5 250			195	60	380	
	28.5					210	68	400	

起重量 Q/kN	跨度 L_k /m	尺寸				吊车级别 A4 和 A5			
		宽度 B /mm	轮距 K /mm	轨顶以上高度 H/mm	轨顶中心至端部距离 B_1/mm	最大轮压 P_{max} /kN	最小轮压 P_{min} /kN	起重机总重量 G/kN	小车总重量 g/kN
150/30	16.5	5 650	4 400	2 050	230	165	35	250	69（单闸） 74（双闸）
	19.5	5 550				175	43	285	
	22.5			2 150	260	185	50	321	
	25.5	6 400	5 250			195	60	360	
	28.5					210	68	405	
200/50	16.5	5 650	4 400	2 200	230	195	30	250	75（单闸） 78（双闸）
	19.5	5 550				205	35	280	
	22.5			2 300	260	215	45	320	
	25.5	6 400	5 250			230	53	305	
	28.5					240	65	410	
300/50	16.5	60 50	4 600		260	270	50	340	117（单闸） 118（双闸）
	19.5	6 150	4 800			280	65	365	
	22.5			2 600	300	290	70	420	
	25.5	6 650	5 250			310	78	475	
	28.5					320	88	515	
500/50	16.5	6 350	4 800	2 700		395	75	440	140（单闸） 145（双闸）
	19.5					415	75	480	
	22.5			2 750	300	425	85	520	
	25.5	6 800	5 250			445	85	560	
	28.5					460	95	610	

注：1. 表列尺寸和重量均为该标准制造的最大限制。

2. 起重机总重量根据带双闸小车和封闭式操纵室质量求得。

3. 本表未包括工作级别为 A6 和 A7 的吊车，需要时可查（ZQ1-62）系列。

吊车竖向荷载是指吊车运行时在厂房横向排架柱上产生的竖向最大压力 D_{max} 和最小压力 D_{min}，即排架柱每侧吊车梁的最大、最小支座反力。由于吊车工作时是运动的，所以需要用影响线的原理来计算吊车竖向荷载。

图 3.3.5 所示为两台并行吊车运行至最不利位置时吊车梁的反力影响线，即当最大轮压较大的一台吊车行至计算排架柱的轴线处，而另一台吊车与它紧靠并行时，为两台吊车的最不利轮压位置。根据影响线原理可得出 D_{max} 和 D_{min} 的标准值：

$$D_{max} = \sum P_{imax} y_i$$

$$D_{\min} = \sum P_{i\min} y_i \tag{3.3.3}$$

式中 $P_{i\max}$、$P_{i\min}$——第 i 台吊车的最大、最小轮压；

            y_i——与吊车轮压相对应的支座反力影响线的竖向坐标值，其中，$y_1 = 1$。

当厂房设有多台吊车时，《荷载规范》规定：计算排架考虑多台吊车竖向荷载时，对单跨厂房的每个排架，参与组合的吊车台数不宜多于2台；对多跨厂房的每个排架，不宜多于4台。

吊车竖向荷载 $D_{\max}$ 与 $D_{\min}$ 沿吊车梁的中心线作用在牛腿顶面，作用点位置对下柱截面形心的偏心距为 e_4，计算简图如图 3.3.6（b）所示。

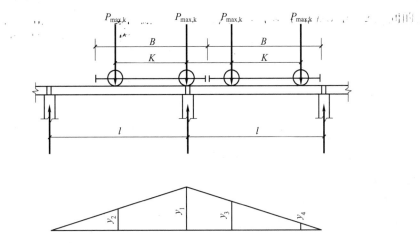

图 3.3.5　简支吊车竖梁的支座反力影响线

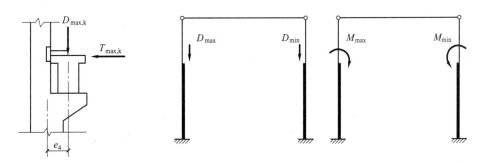

（a）吊车竖向荷载和横向水平荷载　　　　　（b）吊车竖向荷载作用下单跨排架的荷载计算简图

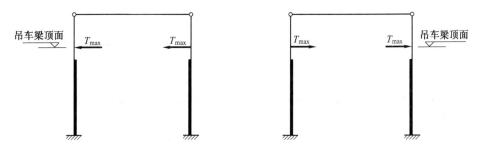

（c）吊车横向水平荷载作用下单跨排架的荷载计算简图

图 3.3.6　牛腿柱上吊车荷载示意图

（2）吊车横向水平荷载 T_{max}。吊车横向水平荷载是指载有额定最大起重量的小车，在启动或制动时，由于惯性而引起的作用在厂房排架柱上的力。它通过小车制动轮与桥架轨道之间的摩擦力传给大车，由大车轮通过吊车梁轨道传递给吊车梁，再由吊车梁传递给排架柱。

按《荷载规范》规定，对一般的四轮吊车，大车每一车轮引起的横向水平制动力

$$T = \frac{1}{4}\alpha(Q + g) \tag{3.3.4}$$

式中　横向水平制动力系数 α 按下列规定取值：

1）软钩吊车当额定起重量不大于 100 kN 时，应取 0.12；当额定起重量为 160~500 kN 时，应取 0.10；当额定起重量不小于 750 kN 时，应取 0.08。

2）硬钩吊车取 0.20。

作用在排架柱上的吊车横向水平荷载 T_{max} 是每个大车轮子的横向水平制动力 T 通过吊车梁传递给柱的可能的最大横向反力。T_{max} 的计算与 D_{max} 类似，与吊车台数和吊车作用位置有关，可利用影响线求得

$$T_{max} = \sum T_i y_i \tag{3.3.5}$$

式中　T_i——第 i 个大车轮子的横向水平制动力。

《荷载规范》规定：考虑多台吊车水平荷载时，对单跨或多跨厂房的每个排架，参与组合的吊车台数不宜多于 2 台。

吊车横向水平荷载以集中力的形式作用在吊车梁顶面标高处，且其作用方向既可向左，又可向右，计算简图如图 3.3.6（c）所示。

（3）吊车纵向水平荷载。吊车纵向水平荷载是指吊车沿厂房纵向启动或制动时，由于吊车及起吊重物的惯性而产生的作用在纵向排架柱上的水平制动力。通过吊车制动轮与吊车轨道之间的摩擦，由吊车梁传递给纵向柱列及柱间支撑。荷载标准值 T_0 按作用在一边轨道上所有刹车轮的最大轮压之和的 10% 采用；荷载的作用点位于刹车轮与轨道的接触点，方向与轨道方向一致。

$$T_0 = nP_{max}/10 \tag{3.3.6}$$

式中　n——施加在一边轨道上所有刹车轮数之和，对于一般的四轮吊车，$n=1$。

当厂房纵向有柱间支撑时，全部吊车纵向水平荷载由柱间支撑承受；当无柱间支撑时，该荷载由同一伸缩缝区段内的全部柱子承担。

【例 3.3.1】　如图 3.3.7 所示，某单层单跨厂房，跨度为 18 m，柱距为 6 m，吊车台数为 2 台，起重量为 20/5 t，吊车工作制为 A5，求吊车荷载。

【解】

（1）查表 3.3.1 得到 $P_{max,k}=195$ kN 和 $P_{min,k}=30$ kN。

吊车最大宽度 $B=5\ 650$ mm，大车轮距 $K=4\ 400$ mm，小车重 $g_k=75$ kN。

（2）求 D_{max} 及 D_{min}。两台吊车相同，利用影响线可以确定柱子受到的反力：

$$\sum y_i = 1 + 0.267 + 0.792 + 0.058 = 2.117$$

多台吊车的折减系数：A5 级 $\beta = 0.9$。

$$D_{max} = 1.4 \times 0.9 \times 195 \times 2.117 \approx 520 \text{ kN}$$

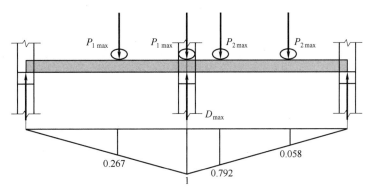

图 3.3.7　例题 3.3.1 轮压影响线

$$D_{min} = 1.4 \times 0.9 \times 30 \times 2.117 \approx 80 \text{ kN}$$

（3）求 T_{max}。

$$T_k = 0.1 \times (200 + 75)/4 = 6.875 \text{ kN}$$

则　　$T_{max} = 1.4 \times 6.875 \times 2.117 \approx 20.4 \text{ kN}$

4. 风荷载

建筑物受到的风荷载与建筑的形式、高度、结构自振周期、地理环境等有关。《荷载规范》规定，计算主要承重结构时，垂直于建筑物表面的风荷载标准值按下式计算：

$$w_k = \beta_z \mu_s \mu_z w_0 \tag{3.3.7}$$

式中　β_z——高度 z 处的风振系数，对高度小于 30 m 的房屋，取 $\beta_z = 1$；

μ_s——风荷载体型系数，可根据建筑物体型由《荷载规范》查得，其中正号表示压力，负号表示吸力，可由附录 2 查得；

μ_z——风压高度变化系数，可由附录 2 查得；

w_0——基本风压值，kN/m^2，是以当地比较空旷平坦地面上离地 10 m 处统计所得的 50 年一遇 10 min 平均最大风速为标准确定的风压值，可由《荷载规范》查得。

单层厂房横向排架承担的风荷载按计算单元考虑。为了简化计算，将沿厂房高度变化的风荷载分为以下两部分作用于排架，如图 3.3.8 所示。

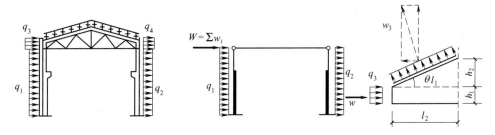

图 3.3.8　排架风荷载体系和计算简图

（1）柱顶以下的风荷载标准值沿高度取为均匀分布，其值分别为 q_1 和 q_2。此时 μ_z 按柱顶标高确定。

（2）柱顶以上的风荷载标准值取其水平分力之和，并以集中力 F_w 的形式作用于排架柱顶。此时 μ_z 的取值，对有天窗的可按天窗檐口标高确定；对无天窗的可按屋盖的平均标高或檐口标高确定。

由于风向是变化的，故在排架内力分析时，要考虑左风和右风两种情况。

3.3.3 排架内力分析

排架在各种单独作用荷载下的内力可用结构力学方法进行计算。在计算时，有不考虑厂房的整体空间作用和考虑厂房的整体空间作用两种情况。不考虑厂房整体空间作用时，等高排架（各柱的柱顶标高相同，或柱顶标高不同但柱顶有斜横梁相连，荷载作用下各柱柱顶水平位移相等的排架）内力分析一般采用剪力分配法；而不等高排架（各柱的柱顶标高不相同，荷载作用下各柱柱顶水平位移不相等的排架）一般采用力法。考虑厂房整体空间作用时，可通过引入空间作用分配系数进行计算。

3.3.3.1 等高排架的内力计算（剪力分配法）

等高排架的内力分析采用剪力分配法。在计算时，需要用到单阶超静定柱在任意荷载作用下的柱顶反力。因此，下面先讨论单阶超静定柱的计算问题。

1. 单阶一次超静定柱在任意荷载作用下的柱顶反力

单阶一次超静定柱为柱顶不动铰支、下端固定的单阶变截面柱，可利用力法对该类构件进行受力分析。假定 $\lambda = H_u/H$，$n = I_u/I_l$，可得变截面柱的柱顶支反力系数 R、柱顶位移系数 C_0 及在各种荷载作用下的柱顶反力系数 $C_1 \sim C_{11}$，可详见表3.3.2。

表3.3.2 单阶变截面柱的柱顶位移系数 C_0 和反力系数（$C_1 \sim C_{11}$）

序号	简图	R	$C_0 \sim C_{11}$
0		0	$X = \dfrac{H^3}{C_0 E I_l}$ $\qquad$ $C_0 = \dfrac{H^3}{1 + \lambda^3 \left(\dfrac{1}{n} - 1 \right)}$
1		$\dfrac{M}{H} C_1$	$C_1 = \dfrac{3}{2} \dfrac{1 - \lambda^3 \left(1 - \dfrac{1}{n} \right)}{1 + \lambda^3 \left(\dfrac{1}{n} - 1 \right)}$

续表

序号	简图	R	$C_0 \sim C_{11}$
2		$\dfrac{M}{H}C_2$	$C_2 = \dfrac{3}{2}\dfrac{1 + \lambda^2\left(\dfrac{1 - a^2}{n} - 1\right)}{1 + \lambda^3\left(\dfrac{1}{n} - 1\right)}$
3		$\dfrac{M}{H}C_3$	$C_3 = \dfrac{3}{2}\dfrac{1 - \lambda^2}{1 + \lambda^3\left(\dfrac{1}{n} - 1\right)}$
4		$\dfrac{M}{H}C_4$	$C_4 = \dfrac{3}{2}\dfrac{2b(1 - \lambda) - b^2(1 - \lambda)^2}{1 + \lambda^3\left(\dfrac{1}{n} - 1\right)}$
5		TC_5	$C_5 = \left\{ 2 - 3a\lambda + \lambda^3\left[\dfrac{(2 + a)(1 - a)^2}{n} - (2 - 3a)\right] \right\} \div 2\left[1 + \lambda^3\left(\dfrac{1}{n} - 1\right)\right]$

序号	简图	R	$C_0 \sim C_{11}$
6		TC_6	$C_6 = \dfrac{1 - 0.5\lambda(3 - \lambda^2)}{1 + \lambda^3\left(\dfrac{1}{n} - 1\right)}$
7		TC_7	$C_7 = \dfrac{b^2(1 - \lambda)^2[3 - b(1 - \lambda)]}{2\left[1 + \lambda^3\left(\dfrac{1}{n} - 1\right)\right]}$
8		qHC_8	$C_8 = \left[\dfrac{a^4}{n}\lambda^4 - \left(\dfrac{1}{n} - 1\right)(6a - 8) \cdot \right.$ $\left. a\lambda^4 - a\lambda(6a\lambda - 8)\right] \div 8\left[1 + \lambda^3\left(\dfrac{1}{n} - 1\right)\right]$
9		qHC_9	$C_9 = \dfrac{8\lambda - 6\lambda^2 + \lambda^4\left(\dfrac{3}{n} - 2\right)}{8\left[1 + \lambda^3\left(\dfrac{1}{n} - 1\right)\right]}$

序号	简图	R	$C_0 \sim C_{11}$
10		qHC_{10}	$C_{10} = \left\{ 3 - b^3(1-\lambda)^3 \cdot [4 - b(1-\lambda)] + 3\lambda^4\left(\dfrac{1}{n} - 1\right) \right\} \div 8\left[1 + \lambda^3\left(\dfrac{1}{n} - 1\right)\right]$
11		qHC_{11}	$C_{11} = \dfrac{3\left[1 + \lambda^4\left(\dfrac{1}{n} - 1\right)\right]}{8\left[1 + \lambda^3\left(\dfrac{1}{n} - 1\right)\right]}$

注：表中 $n = I_u/I_l$，$\lambda = H_u/H$，$1 - \lambda = H_l/H$。

2. 柱顶作用水平集中力时的剪力分配

如图 3.3.9 所示，在等高排架柱顶处作用一水平集中力 F，沿横梁与柱的连接处将各柱顶切开，各柱在切口处将作用一对相应的剪力 V_i。取横梁为隔离体，由静力平衡条件可得

$$F = V_1 + V_2 + \cdots + V_i + \cdots + V_n = \sum_{i=1}^{n} V_i \tag{3.3.8}$$

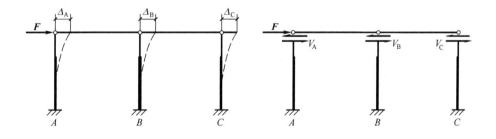

图 3.3.9　柱顶水平集中力作用下的等高排架内力分析

由于假定横梁为无轴向变形的刚性连杆，等高排架各柱顶侧移相等，即

$$\Delta = \Delta_1 = \Delta_2 = \cdots = \Delta_i = \cdots = \Delta_n \tag{3.3.9}$$

又根据形常数 δ_i 的物理意义，可得

$$V_i\delta_i = \Delta_i \tag{3.3.10}$$

由以上三个式子可得

$$V_i = \frac{1/\delta_i}{\sum 1/\delta_i} F = \eta_i F \qquad (3.3.11)$$

式中　　$1/\delta_i$——第 i 根排架柱的抗侧移刚度（或抗剪刚度），即悬臂柱柱顶产生单位侧移所需施加的水平力；

η_i——第 i 根排架柱的剪力分配系数，按下式计算：

$$\eta_i = \frac{1/\delta_i}{\sum 1/\delta_i} \qquad (3.3.12)$$

按式（3.3.11）求得各柱顶剪力后，可用平衡条件求得排架柱各截面的弯矩和剪力。由式（3.3.11）和式（3.3.12）可知：

（1）当排架结构柱顶作用水平集中力时，各柱的剪力可按其抗剪刚度与各柱抗剪刚度总和的比值进行分配，故该方法称为剪力分配法。

（2）剪力分配系数必须满足 $\sum \eta_i = 1$。

（3）各柱的柱顶剪力仅与 F 的大小有关，与其作用位置无关，但 F 的作用位置对横梁的内力有影响。

3. 任意水平荷载作用时的剪力分配

对于任意水平荷载作用下的等高排架（图 3.3.10，其中 $\eta_1 \sim \eta_3$ 分别代表三根柱子的剪力分配系数），为利用剪力分配法求解内力，通常可按以下三个步骤进行：

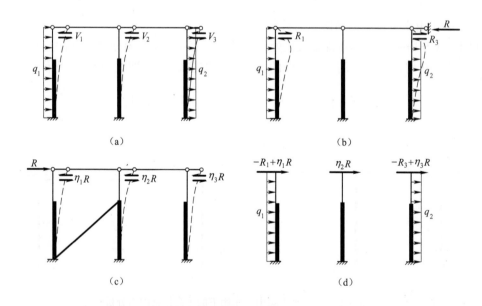

图 3.3.10　任意荷载作用下等高排架的内力分析

（1）对承受任意荷载作用的排架 [图 3.3.10(a)]，先在排架柱顶附加一个不动铰支座以阻止其侧移，则各柱为单阶一次超静定柱。应用柱顶反力系数可求得各柱反力 R_i 及相应的柱端剪力。柱顶假想的不动铰支座总反力 $R = \sum R_i$ [图 3.3.10(b)]。

（2）去除假想的附加不动铰支座，将其支座总反力反向作用于排架柱顶，应用剪力分配法可求出柱顶水平力 R 作用下各柱顶剪力 [图 3.3.10（c）]。

（3）将上两步计算的结果叠加，即可得出在任意荷载作用下产生的柱顶剪力，然后求出各柱的内力 [图 3.3.10（d）]。

【例题 3.3.2】　等高排架结构在风荷载作用下的内力计算例题。

3.3.3.2　不等高排架内力分析

不等高排架在任意荷载作用下，各跨柱顶的侧移不等。一般采用力法进行内力分析。图 3.3.11 所示为一两跨不等高排架，现以此为例来说明分析方法。

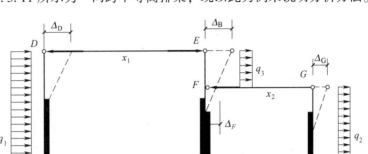

图 3.3.11　不等高排架的内力分析

将低跨和高跨处的横梁截开，代之以相应的基本未知力 x_1 和 x_2。由每根梁切断点相对位移为零的变形协调条件，可得下列力法方程：

$$\left.\begin{array}{l} \delta_{11}x_1 + \delta_{12}x_2 + \Delta_{1P} = 0 \\ \delta_{21}x_1 + \delta_{22}x_2 + \Delta_{2P} = 0 \end{array}\right\} \tag{3.3.13}$$

式中　　δ_{11}、δ_{12}、δ_{21}、δ_{22}——基本结构的柔度系数；

　　　　Δ_{1P}、Δ_{2P}——载常数。

解该力法方程，即可求得 x_1 和 x_2。这样，两跨不等高排架各柱的内力就可以利用平衡条件求得。

3.3.4　考虑空间作用的基本概念

1. 厂房整体空间作用的概念

图 3.3.12 给出了单跨厂房在柱顶水平荷载作用下，由于结构或荷载情况的不同所产生的 4 种柱顶水平位移情况。其中，图 3.3.12（a）各榀排架柱顶均受有水平集中力 R，且厂房两端无山墙时，每一榀排架都相当于一个独立的平面排架，柱顶侧移值均相等；图 3.3.12（b）各榀排架柱顶均受有水平集中力 R，但厂房两端有山墙时，山墙则通过屋盖等纵向联系构件对其他各榀排架有不同程度的约束作用，使各榀排架柱顶水平位移呈曲线分布；图 3.3.12（c）仅其中一榀排架柱顶作用水平集中力 R，厂房两端无山墙时，则直接受荷排架通过屋盖等纵向联系构件，受到非直接受荷排架的约束，使其柱顶的水平位移减小，且非直接受荷排架柱顶位移随着与荷载作用位置的距离的增大而减小；图 3.3.12（d）仅其中一榀排架柱顶作用水平集中力 R，且厂房两端有山墙时，则直接受荷载排架受到非受荷排

架和山墙两种约束，排架的柱顶水平位移将更小，山墙处对应的排架侧移为 0。

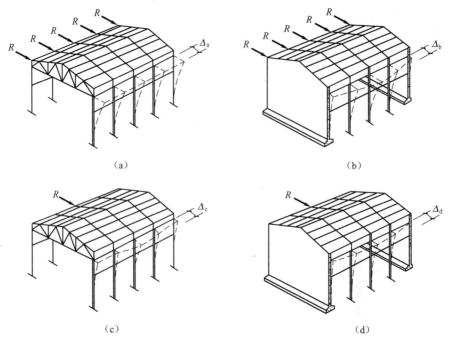

图 3.3.12 厂房空间作用分析

由上述分析可知，当结构布置或荷载分布不均匀时，由于屋盖等纵向联系构件将各榀排架或山墙联系在一起，使各榀排架或山墙的受力及变形都不再是单独的，而是相互制约的。这种排架与排架，排架与山墙之间的相互制约作用，称为厂房的整体空间作用。

单层厂房整体空间作用的程度主要取决于屋盖的水平刚度、荷载类型、山墙刚度和间距等因素。

2. 吊车荷载作用下考虑厂房整体空间作用的排架内力分析

根据试验资料及理论分析，给出吊车荷载作用下单层单跨的空间工作分配系数，见表 3.3.3。

表 3.3.3 单跨厂房空间作用分配系数

厂 房 情 况		吊车起重量/t	厂房长度/m	
			≤60	>60
有檩屋盖	两端无山墙或一端有山墙	≤30	0.90	0.85
	两端有山墙	≤30	0.85	
			厂房跨度/m			
无檩屋盖	两端无山墙或一端有山墙	≤75	12~27	>27	12~27	>27
			0.90	0.85	0.85	0.80
	两端有山墙	≤75	0.80			

3.3.5　内力组合

通过排架结构的内力分析，可以求得所有可能荷载单独作用于排架上的排架柱内力。接下来需要按照荷载同时出现的可能性对这些内力值进行组合，以获得排架柱控制截面的最不利内力，作为构件设计的依据。

1. 排架柱的控制截面

排架柱在荷载作用下，其内力沿高度是变化的，故依据内力图来配筋会增加施工的麻烦。一般情况下，对柱的配筋分两段进行，即整个上柱段配筋相同，整个下柱的配筋相同。这样，只需找出上、下柱产生最大内力的截面，即可以进行柱的配筋。

按照以上分析结果，对于带牛腿的排架柱，其控制截面可分别取为上柱柱底、下柱牛腿顶面和基础顶面。

2. 荷载效应组合

《荷载规范》规定，对于一般排架结构，荷载效应组合的设计值应从下列组合中取最不利值确定：

$$\left.\begin{aligned}
S &= 1.2S_{Gk} + \gamma_{Q_1}S_{Q_1k} \\
S &= 1.2S_{Gk} + 0.9\sum_{i=1}^{n}\gamma_{Q_i}S_{Q_ik} \\
S &= 1.35S_{Gk} + 0.9\sum_{i=1}^{n}\gamma_{Q_i}\Psi_{c_i}S_{Q_ik}
\end{aligned}\right\} \tag{3.3.14}$$

式中　S_{Gk} ——按永久荷载标准值 G_k 计算的荷载效应值；

　　　S_{Q_ik} ——按可变荷载标准值 Q_i 计算的荷载效应值，其中 S_{Q_1k} 为可变荷载效应中起控制作用的；

　　　γ_{Q_i} ——第 i 个可变荷载的分项系数；

　　　Ψ_{c_i} ——可变荷载的组合值；

　　　n ——参与组合的可变荷载个数。

3. 柱的内力最不利组合

单层工业厂房柱是偏心受压构件，截面内力有 $\pm M$、N、$\pm V$，一般应考虑如下四种内力组合：

（1）$+ M_{max}$ 与相应的 N、V。

（2）$- M_{max}$ 与相应的 N、V。

（3）N_{max} 与相应的 M、V。

（4）N_{min} 与相应的 M、V。

以上四项组合有时还不一定能控制柱的配筋。例如，对于大偏心受压截面，有时 N 值虽比原拟取值小，但对应的 M 值却较大，这时截面配筋可能会大些。但一般情况下，以上四项组合能满足工程设计要求。

4. 内力组合时应注意的问题

（1）恒荷载参与每一种组合。

（2）对于吊车竖向荷载，同一柱的同一侧牛腿上有 D_{max} 或 D_{min} 作用，只能选一种参与组合。

（3）吊车横向水平荷载同时作用在同一跨的两个柱子上，向左或向右，只能选一个方向。

（4）有吊车横向水平荷载应同时考虑吊车竖向荷载作用。

（5）风荷载向左或向右，只能选其中一种参与组合。

（6）当多台吊车参与组合时，吊车竖向荷载和水平荷载作用下的内力应乘表 3.3.4 规定的折减系数。

表 3.3.4　多台吊车的参与组合系数

参与组合的吊车台数	吊车工作级别	
	A1~A5	A6~A8
2	0.90	0.95
3	0.85	0.90
4	0.80	0.85

3.3.6　排架柱的 P-Δ 二阶效应

轴向压力对偏心受压构件侧移产生附加弯矩和附加曲率的二阶荷载效应，称为 P-Δ 二阶效应。

《混凝土结构设计规范》建议采用近似的弯矩增大系数法来计算二阶弯矩效应，弯矩增大系数 $\eta_{\mathrm{s}} = 1 + \dfrac{P\Delta}{M_0}$（$M_0$ 为水平力使柱产生的一阶弹性弯矩），则考虑二阶效应的弯矩

$$M = \eta_{\mathrm{s}} M_0$$

$$\eta_{\mathrm{s}} = 1 + \frac{1}{1\,500 e_{\mathrm{i}}/h_0}\left(\frac{l_0}{h}\right)^2 \zeta_{\mathrm{c}}$$

对排架柱

$$\zeta_{\mathrm{c}} = \frac{0.5 f_{\mathrm{c}} A}{N}$$

$$e_{\mathrm{i}} = e_0 + e_{\mathrm{a}}$$

式中　ζ_{c}——截面曲率修正系数，$\leqslant 1.0$；

$\quad\quad e_{\mathrm{i}}$——初始偏心距；

$\quad\quad e_0$——轴向压力对截面重心的偏心距，$e_0 = \dfrac{M_0}{N}$；

$\quad\quad e_{\mathrm{a}}$——附加偏心距；

$\quad\quad l_0$——排架柱的计算长度，可查表 3.4.1。

3.4　排架柱设计

3.4.1　柱的形式

单层厂房柱的形式通常分为单肢柱和双肢柱两大类。单肢柱常用的截面形式有矩形截

面、I 字形截面等，双肢柱有平腹杆双肢柱、斜腹杆双肢柱等，如图 3.4.1 所示。

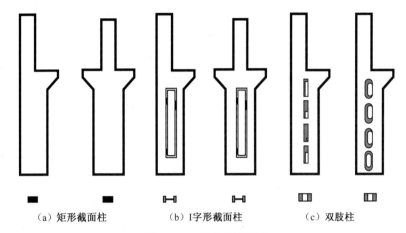

（a）矩形截面柱　　　　（b）I 字形截面柱　　　　（c）双肢柱

图 3.4.1　柱的截面形式

　　矩形截面柱构造简单，施工方便，但自重大，适用于轴心受压或截面较小的偏心受压柱。I 字型截面柱省去了受力较小的部分腹部混凝土，减轻了柱自重，形状合理，施工方便，是目前被广泛采用的一种柱型。

　　双肢柱由两根肢杆及腹杆组成，适用于吊车吨位较大的厂房，其截面高度较大，吊车竖向荷载一般通过肢杆轴线，可省去牛腿，简化构造，但其整体刚度不如 I 字形截面柱。

3.4.2　柱的截面设计

　　排架柱的截面尺寸不仅要满足截面承载能力的要求，还要具有足够的刚度，以保证厂房在正常使用过程中不出现过大的变形。柱的截面尺寸一般根据工程经验和实测试验资料来进行控制，与柱的高度以及吊车吨位等因素有关（可参考表 3.4.1）。

表 3.4.1　采用刚性屋盖的单层厂房排架柱、露天吊车柱和栈桥柱计算长度

柱的类型		排架方向	垂直排架方向	
			有柱间支撑	无柱间支撑
无吊车厂房柱	单跨	$1.5H$	$1.0H$	$1.2H$
	两跨及以上	$1.25H$	$1.0H$	$1.2H$
有吊车厂房柱	上柱	$2.0H_u$	$1.25H_u$	$1.5H_u$
	下柱	$1.0H_l$	$0.8H_l$	$1.0H_l$
露天吊车柱和栈桥柱		$2.0H_l$	$1.0H_l$	—

　　注：1. H 为从基础顶面算起的柱全高，H_u 为从装配式吊车梁底部或从现浇吊车梁顶面算起的柱上部高度，$H_l = H - H_u$。

　　　　2. 有吊车厂房排架柱，当计算中不考虑吊车荷载时，可按无吊车厂房柱取值，但上柱仍按有吊车采用。

　　　　3. 有吊车厂房排架柱的上柱在排架方向的计算长度，仍适用于 $H_u/H_l \geqslant 0.3$ 的情况，否则，取 $2.5H_u$。

　　单层厂房排架柱各控制截面的不利内力组合值（M、N、V）是柱配筋计算的依据。由

于截面上同时作用有弯矩和轴力，且弯矩有正、负两种情况，故排架柱一般按照对称配筋偏心受压截面进行弯矩作用平面内的受压承载力计算，还应按轴心受压截面进行平面外受压承载力计算。对柱进行偏压承载力计算时，需要考虑偏心距增大系数。柱的最小截面尺寸，根据刚度要求可按表 3.4.2 取值。

表 3.4.2　6 m 柱距实腹柱截面尺寸

项　目	简　图	分　　　项		截面高度 h	截面宽度 b
无吊车厂房		单跨		$\geq H/18$	$\geq H/30$，并 ≥ 300 mm
		多跨		$\geq H/20$	
有吊车厂房		$Q \leqslant 10$ t		$\geq H_k/14$	$\geq H_l/20$，并 ≥ 400 mm
		$Q = 15 \sim 20$ t	$H_k \leqslant 10$ m	$\geq H_k/11$	
			10 m$<H_k \leqslant 12$ m	$H_k/12$	
		$Q = 30$ t	$H_k \leqslant 10$ m	$\geq H_k/9$	
			$H_k > 12$ m	$H_k/10$	
		$Q = 50$ t	$H_k \leqslant 11$ m	$\geq H_k/9$	
			$H_k \geqslant 13$ m	$H_k/11$	
		$Q = 75 \sim 100$ t	$H_k \leqslant 12$ m	$\geq H_k/9$	
			$H_k \geqslant 14$ m	$H_k/8$	
露天栈桥		$Q \leqslant 10$ t		$H_k/10$	$\geq H_l/25$，并 ≥ 500 mm 管柱 $r \geq H_l/70$ $D \geqslant 400$ mm
		$Q = 15 \sim 30$ t	$H_k \leqslant 12$ m	$H_k/9$	
		$Q = 50$ t	$H_k \leqslant 12$ m	$H_k/8$	

注：1. 表中 Q 为吊车起吊质量，H 为基础顶至柱顶的总高度，H_k 为基础顶至吊车梁顶的高度，H_l 为基础顶至吊车梁底的高度。

2. 表中有吊车厂房的柱截面高度系按吊车工作级别为 A6～A8 考虑的，如吊车工作级别为 A1～A5，应乘系数 0.95。

3. 当厂房柱距为 12 m 时，柱的截面尺寸宜乘系数 1.1。

　　一般情况下，矩形截面和 I 字形截面柱可直接按照构造要求配置抗剪箍筋，不进行受剪承载力计算。

3.4.3　牛腿设计

　　牛腿是单层工业厂房柱的重要组成部分，用于支承屋架、托架、连梁、吊车梁等构件。牛腿按照其承受的竖向荷载作用点至牛腿根部的水平距离 a 与牛腿有效高度 h_0 之比，分为长牛腿和短牛腿。$a/h_0 > 1.0$ 时为长牛腿，否则为短牛腿。长牛腿可按悬臂梁进行设计。下面介绍短牛腿的设计。

1. 牛腿的应力状态

　　对牛腿进行加载试验，结果表明，在混凝土开裂前，牛腿处于弹性阶段，其主拉应力迹线集中分布在牛腿顶部一个较窄的区域内，而主压应力迹线密集分布于竖向力作用点到牛腿根部之间的范围内，在牛腿和上柱相交处有应力集中现象，如图 3.4.2 所示。牛腿的应力状态对牛腿设计提供了重要依据。

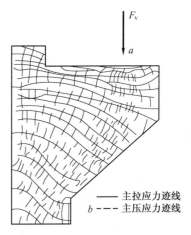

2. 牛腿的破坏形态

对牛腿进一步加载，在混凝土出现裂缝后，牛腿主要有以下几种破坏形态：

（1）剪切破坏。当 $a/h_0 \leqslant 0.1$，即牛腿的截面尺寸较小或牛腿中箍筋配置过少时，可能发生图 3.4.3（a）所示的剪切破坏。

（2）斜压破坏。当 $a/h_0 = 0.1 \sim 0.75$，竖向力作用点与牛腿根部之间的主压应力超过混凝土的抗压强度时，将发生斜压破坏，如图 3.4.3（b）所示。

图 3.4.2　牛腿的应力状态

（3）弯压破坏。当 $a/h_0 > 0.75$ 或牛腿顶部的纵向受力钢筋配置不满足要求时，可能发生弯压破坏，如图 3.4.3（c）所示。

（4）局部受压破坏。当牛腿的宽度过小或支承垫板尺寸较小时，在竖向力作用下，可能发生局部受压破坏。

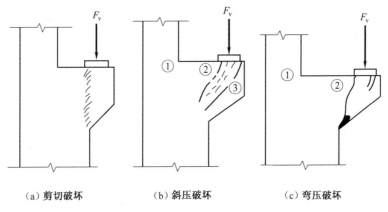

（a）剪切破坏　　　（b）斜压破坏　　　（c）弯压破坏

图 3.4.3　牛腿的破坏形式

3. 截面尺寸确定

牛腿的截面尺寸如图 3.4.4 所示，一般以不出现斜裂缝为控制条件，即应符合下式要求。

$$F_{vk} = \beta \left(1 - 0.5 \frac{F_{hk}}{F_{vk}} \right) \frac{f_{tk} b h_0}{0.5 + \dfrac{a}{h_0}} \tag{3.4.1}$$

式中　F_{vk}——作用于牛腿顶部按荷载效应标准组合计算的竖向力值；

　　　F_{hk}——作用于牛腿顶部按荷载效应标准组合计算的水平拉力值；

　　　β——裂缝控制系数，对支撑吊车梁的牛腿，取 $\beta = 0.65$；对其他牛腿，取 $\beta = 0.80$；

　　　a——竖向力的作用点至下柱边缘的水平距离，此时应考虑安装偏差 20 mm；当考虑安装偏差后的竖向力作用点仍位于下柱截面以内时，取 $a = 0$；

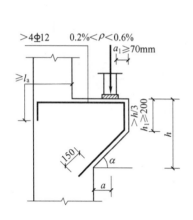 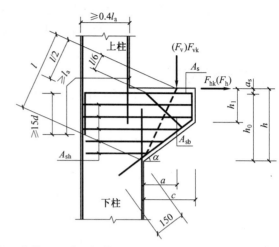

图 3.4.4 牛腿的截面尺寸和钢筋配置

b——牛腿宽度；

h_0——牛腿与下柱交接处的垂直截面的有效高度，$h_0 = h_1 - a_s + c \cdot \tan \alpha$，$\alpha$ 为牛腿底面的倾斜角，当 $\alpha > 45°$ 时，取 $\alpha = 45°$，c 为下柱边缘到牛腿外缘的水平长度。

4. 承载力计算

根据牛腿的应力状态和破坏形态，牛腿的工作状态相当于图 3.4.5 所示的三角形桁架，顶部纵向受力钢筋为其水平拉杆，竖向力作用点与牛腿根部之间的受压混凝土为其斜向压杆。

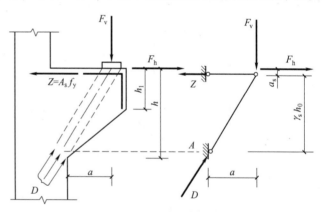

图 3.4.5 牛腿的计算简图

牛腿的纵向受力钢筋总截面面积 A_s，由承受竖向力所需的受拉钢筋截面面积和承受水平拉力所需的钢筋截面面积组成，其计算公式为

$$A_s \geqslant \frac{F_v a}{0.85 f_y h_0} + 1.2 \frac{F_h}{f_y} \qquad (3.4.2)$$

式中　F_v——作用在牛腿顶部的竖向力设计值；

　　　F_h——作用在牛腿顶部的水平拉力设计值；

　　　a——竖向力作用点至下柱边缘的水平距离。规范规定：当 $a < 0.3 h_0$ 时，取 $a = 0.3 h_0$。

牛腿的斜截面受剪承载力主要与混凝土强度等级和水平箍筋有关。试验研究与设计经验表明，若牛腿的截面尺寸符合公式（3.4.2）及构造要求，同时按构造要求配置水平箍筋及弯起筋，即可保证斜截面受剪承载力要求，不必再进行计算。

5. 牛腿的局部受压承载力验算

为了防止牛腿发生局部受压破坏，在牛腿顶部的局部受压面上，由竖向力 F_{vk} 引起的局部压应力不应超过 $0.75 f_c$，即满足下式要求：

$$\frac{F_{vk}}{A} \leqslant 0.75 f_c \tag{3.4.3}$$

式中　A——局部受压面积。$A = ab$，其中 a、b 分别为垫块的长度和宽度。

6. 牛腿的构造要求

（1）沿牛腿顶面布置的纵筋宜采用 HRB400 或 HRB500 级钢筋。全部纵筋及弯起筋宜沿牛腿外边缘向下伸入柱内 150 mm 后截断，如图 3.4.4 所示。

（2）承受纵向力所需的纵筋的配筋率不应小于 0.2% 及 $0.45 f_t / f_y$，也不宜大于 0.6%；其数量不宜少于 4 根，直径不宜小于 12 mm。

（3）当牛腿的剪跨比 $a/h_0 \geqslant 0.3$ 时，宜设置弯起钢筋。弯起钢筋宜用变形钢筋，并宜使其与集中荷载作用点到牛腿斜边下端点连线的交点位于牛腿上部 $l/6$ 至 $l/2$ 之间的范围（l 为连线长度），以保证充分发挥其作用。弯起钢筋的截面面积 A_{sb} 不宜小于承受竖向力的受拉钢筋截面面积的 1/2，数量不少于 2 根，直径不宜小于 12 mm。

3.4.4　柱的吊装验算

排架柱在施工吊装过程中的受力状态与使用阶段不同，而且此时混凝土的强度可能还未达到设计强度，因此还应根据柱在吊装阶段的受力特点和材料实际强度，对柱进行承载力和裂缝宽度验算。

柱的吊装有平吊和翻身吊两种方式。平吊比翻身吊施工简单，故在满足承载力和裂缝宽度要求的条件下，宜优先采用平吊。根据平吊和翻身吊时的吊点位置计算时一般取上柱底、牛腿根部和下柱跨中三个控制截面（图 3.4.6）。当承载力或裂缝宽度验算不满足要求时，应优先采用调整或增加吊点的方法，以及临时加固措施来解决。当变截面处配筋不足时，可在局部加配短钢筋。

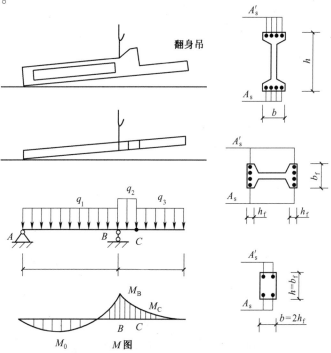

图 3.4.6　柱的吊装方式及计算简图

3.5 基础设计

单层工业厂房因其排架结构形式，通常采用柱下独立基础（扩展基础）。由于柱下独立基础是课程"基础工程"的主讲内容，本节仅依据《建筑地基基础设计规范》做简单介绍。

排架结构通常为预制装配式建筑结构，故基础为带杯口的锥形或阶形基础，设计内容包括如下几方面：

（1）基础底面尺寸的确定。

（2）基础高度的确定。

（3）基础配筋计算。

3.5.1 基础底面尺寸

基础底面尺寸可依据基地压力的要求进行估算。

1. 轴心受压基础

在轴心荷载作用下，基底压力为均匀分布，如图 3.5.1 所示，设计时应满足：

$$p_k = \frac{N_k + G_k}{A} \leqslant f_a \tag{3.5.1}$$

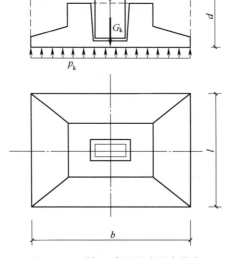

图 3.5.1 轴心受压基础压力分布

假定基础的埋置深度为 d，基础及其上填土的平均重度为 γ_0，则 $G_k = \gamma_0 dA$，可得基础底面面积为：

$$A = \frac{N_k}{f_a - \gamma_0 d} \tag{3.5.2}$$

当基础底面为正方形时，则 $b = l = \sqrt{A}$；当基础底面为长宽较接近的矩形时，则可先假定一个边长再求另一边长。

2. 偏心受压基础

在偏心荷载作用下，基地压力为线性分布，如图 3.5.2 所示。

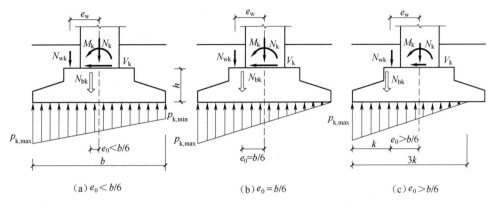

(a) $e_0 < b/6$　　　　　(b) $e_0 = b/6$　　　　　(c) $e_0 > b/6$

图 3.5.2　偏心受压基础压力分布

设计时应满足：

$$p_{k\max} = \frac{F_k + G_k}{A} + \frac{M_k}{W} \leqslant 1.2f_a \tag{3.5.3}$$

式中　W——基础底面的抵抗矩。

偏心受压的柱下独立基础的底面尺寸采取试算法，具体步骤如下：

（1）按轴心荷载作用下初步估算基础的底面面积。

（2）考虑基础底面弯矩的影响，将基础底面积适当增加（20~40）%，初步选定基础底面的边长 l 和 b。

（3）计算偏心荷载作用下基础底面的压力值。

（4）验算是否满足要求；如不满足，应调整基础底面的尺寸重新验算，直至满足为止。

3.5.2　基础高度

柱下杯形基础的高度应满足尺寸构造要求（详见图 3.5.3 和第 3.5.4 小节）。设计时，一般先根据有关尺寸构造要求和工程经验初步确定基础的高度，然后验算其受冲切的承载力。

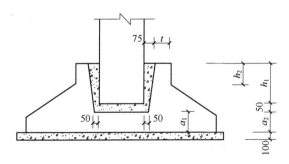

图 3.5.3　杯形基础的尺寸构造

在地基净反力 p_n 的作用下，当基础高度 h 较小时，柱与基础交接处和阶形基础变阶处将产生约 45° 的斜裂缝而破坏，此时，柱下将形成冲切破坏锥体 [图 3.5.4（a）]，该现象称冲切破坏，破坏面为锥形斜截面［图 3.5.4（b）］。因此，需对柱与基础交接处、基础变阶处进行抗冲切验算。

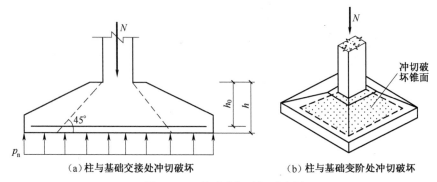

（a）柱与基础交接处冲切破坏　　　　　　（b）柱与基础变阶处冲切破坏

图 3.5.4　基础冲切破坏示意图

对矩形截面柱的矩形基础，柱与基础交接处（图 3.5.5）以及基础变阶处的受冲切承载力应按下列公式验算：

$$F_l \leqslant 0.7\beta_{hp}f_t a_m h_0 \tag{3.5.4}$$

式中　$F_l = p_j A_l$，$a_m = (a_t + a_b)/2$

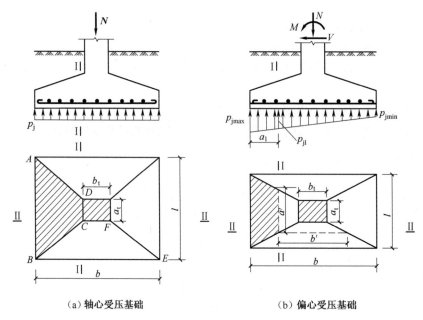

（a）轴心受压基础　　　　　　　　　（b）偏心受压基础

图 3.5.5　锥形基础的受冲切承载力截面位置和底板配筋计算示意

3.5.3　基础配筋计算

独立基础底板的受力状态可看作在地基土反力作用下支承于柱上倒置的变截面悬臂板。基础底板配筋计算采用地基土净反力 p_j，控制截面一般取柱与基础的交接处和变阶处（阶形基础）。将基础底板划分为四个区块（图 3.5.5），每个区块都可看作是固定于柱边的悬臂板，且区块之间无联系。

如图 3.5.5 所示，当台阶的宽高比小于或等于 2.5 和偏心距小于或等于 1/6 基础宽度时，任意截面处相应于基本组合的弯矩设计值可按下列公式计算：

$$M_{\mathrm{I}} = \frac{1}{12}a_1^2\left[(2l+a')\left(p_{\mathrm{jmax}}+p-\frac{2G}{A}\right)+(p_{\mathrm{jmax}}-p)l\right] \tag{3.5.5}$$

$$M_{\mathrm{II}} = \frac{1}{48}(l-a')(2b+b')\left(p_{\mathrm{jmax}}+p_{\mathrm{jmin}}-\frac{2G}{A}\right) \tag{3.5.6}$$

由于沿长边方向的钢筋一般置于沿短边方向钢筋的下面，截面 Ⅰ—Ⅰ 的有效高度为 $h_{0\mathrm{I}}$（当有基础垫层，$a_{\mathrm{sI}}=40\mathrm{mm}$，无垫层时，取 $a_{\mathrm{sI}}=70\mathrm{mm}$。），若假定基础底板两个方向受力钢筋直径均为 d，则截面 Ⅱ—Ⅱ 的有效高度为 $h_{0\mathrm{I}}-d$。则沿长、短边方向的受力钢筋截面面积分别为：

$$A_{\mathrm{sI}} = \frac{M_{\mathrm{I}}}{0.9f_{\mathrm{y}}h_{0\mathrm{I}}} \tag{3.5.7}$$

$$A_{\mathrm{sII}} = \frac{M_{\mathrm{II}}}{0.9f_{\mathrm{y}}(h_{0\mathrm{I}}-d)} \tag{3.5.8}$$

3.5.4 柱下独立基础构造要求

柱下独立基础构造要求有如下几点。

（1）基础形状：独立基础的底面一般为矩形，长宽比宜小于 2。基础的截面形状一般可采用对称的阶梯形或锥形。

（2）底板配筋：基础底板受力钢筋的最小直径不宜小于 10 mm，间距不宜大于 200 mm，也不宜小于 100 mm。当基础底面边长大于或等于 2.5 m 时，底板受力钢筋的长度可取边长的 0.9 倍，并宜交错布置。

（3）混凝土强度等级：基础的混凝土强度等级不宜低于 C20。垫层的混凝土强度等级应为 C10。

（4）杯口深度：杯口的深度等于柱的插入深度 h_1+50 mm（h_1 可由表 3.5.1 查得）。为了保证预制柱能嵌固在基础中，柱伸入杯口应有足够的深度 h_1；h_1 应满足柱内受力钢筋锚固长度的要求，并应考虑吊装安装时柱的稳定性。

表 3.5.1　柱的插入深度 h_1　　　　　　　　单位：mm

矩形或工字形柱				双肢柱
$h<500$	$500 \leqslant h<800$	$800 \leqslant h<1\,000$	$h>1\,000$	
$(1\sim1.2)\,h$	h	$0.9h$	$0.8h$	$(1/3\sim2/3)\,h_{\mathrm{a}}$
		$\geqslant 800$	$\geqslant 1\,000$	$(1.5\sim1.8)\,h_{\mathrm{b}}$

注：1. h 为柱截面长边尺寸；h_{a} 为双肢柱整个截面长边尺寸；h_{b} 为双肢柱整个截面短边尺寸。

2. 柱轴压或小偏心受压时，h_1 可适当减小，偏心距大于 $2h$ 时，h_1 应适当加大。

（5）杯口尺寸：杯口应大于柱截面边长，其顶部每边留出 75 mm，底部每边留出 50 mm，以便预制柱安装时进行就位、校正，并二次浇筑细石混凝土。

（6）杯底厚度：杯底应具有足够的厚度 a_1，以防预制柱在安装时发生杯底冲切破坏，详见表 3.5.2。

（7）锥形基础的边缘高度：一般取 $a_2 \geqslant 200$ mm，且 $a_2 \geqslant a_1$ 和 $a_2 \geqslant h_c/4$（h_c 为预制柱的截面高度）；当锥形基础的斜坡处为非支模制作时，坡度角不宜大于 25°，最大不得大于 35°。

表 3.5.2　基础的杯底厚度和杯壁厚度　　　　　　　　　单位：mm

柱截面长边尺寸 h	杯底厚度 a_1	杯壁厚度 t
$h<500$	$\geqslant 150$	$150 \sim 200$
$500 \leqslant h<800$	$\geqslant 200$	$\geqslant 200$
$800 \leqslant h<1\,000$	$\geqslant 200$	$\geqslant 300$
$1\,000 \leqslant h<1\,500$	$\geqslant 250$	$\geqslant 350$
$1\,500 \leqslant h<2\,000$	$\geqslant 300$	$\geqslant 400$

3.6　单层工业厂房设计例题

3.6.1　设计资料

某金工车间为单跨等高厂房，跨度为 24 m，柱距为 6 m，车间总长 48 m，不设天窗；设有 2 台 20 t/5 t 软钩吊车，工作级别为 A5 级，轨顶标高为 +9.00 m；采用钢屋盖、预制钢筋混凝土柱、预制钢筋混凝土吊车梁和柱下独立基础；为非上人屋面；室内地坪标高为 ±0.000，室外地坪标高为 −0.150，基础顶面离室外地坪为 1.0 m；纵向维护墙为支承在基础梁上的自承重空心砖砌体墙，厚 240 mm，双面粉刷，排架柱外侧伸出拉结筋与其相连。

当地基本风压 $w_0 = 0.40$ kN/m²，地面粗糙度为 B 类；基本雪压为 0.3 kN/m²，雪荷载的准永久系数 $\psi_q = 0.5$；地基承载力特征值 $f_{ak} = 165$ kN/m²。不考虑抗震设防。

3.6.2　构件选型

1. 屋盖

采用图 3.6.1 所示的 24 m 钢桁架，桁架端部高度为 1.2 m，中央高度为 2.4 m，屋面坡度为 1/12。钢檩条为 6 m，屋面板采用彩色钢板，厚为 4 mm。

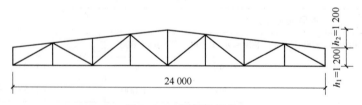

图 3.6.1　钢桁架屋盖

2. 预制钢筋混凝土吊车梁和轨道连接

采用标准图集 15G 323-1~2，中间跨 DL-9Z，边跨 DL-9B，梁高 $h_b = 1.2$ m。轨道连接采用标准图集 17G 325。

3. 预制钢筋混凝土柱

轨道顶面至吊车梁顶面的距离 $h_a = 0.2$ m，故

牛腿顶面标高 = 轨顶标高 $-h_b-h_a$ = 9-1.2-0.2 = +7.600 m

查表 3.3.1，吊车轨顶至吊车顶部的高度为 2.3 m，考虑屋架下弦至吊车顶部所需空隙高度为 220 mm，故

$$柱顶面标高 = 9+2.3+0.22 = +11.520 \text{ m}$$

基础顶面至室外地坪的距离为 1.0 m，则

基础顶面至室内地坪的高度为 1.0+0.15 = 1.15 m，故

柱高 H = 11.52+1.15 = 12.67 m，上柱柱高 H_u = 11.52-7.6 = 3.92 m，下柱柱高 H_l = 12.67-3.92 = 8.75 m。

参考表 3.4.2，选择柱截面形状和尺寸为

上柱：矩形截面 $b \times h$ = 400 mm×400 mm；

下柱：I 形截面 $b_f \times h \times b \times h_f$ = 400 mm×900 mm×100 mm×150 mm。

4. 柱下独立基础

采用锥形杯口基础。

3.6.3　结构计算简图

1. 定位轴线

查表 3.3.1 可得，轨道中心线至吊车端部的距离 B_1 = 260 mm；

吊车桥架至上柱内边缘距离一般取 $B_2 \geq 80$ mm；

封闭的纵向定位轴线至上柱内边缘距离 B_3 = 400 mm。

$B_1+B_2+B_3$ = 260+80+400 = 740 mm<750 mm，故取封闭的定位轴线Ⓐ、Ⓑ分别与左、右外纵墙内皮重合。

2. 计算简图

该厂房结构布置均匀，荷载沿纵向分布均匀，故可任取一榀排架作为计算单元，宽度 B = 6 m。计算简图如图 3.6.2 所示。

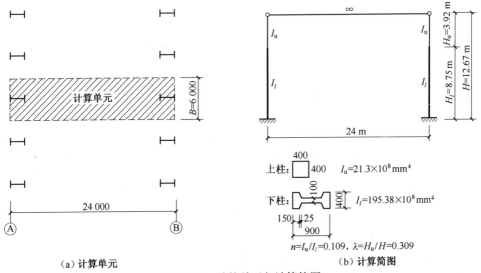

（a）计算单元　　　　　（b）计算简图

图 3.6.2　计算单元与计算简图

3.6.4 荷载计算

3.6.4.1 屋盖荷载

近似取屋盖恒荷载标准值为 $1.2\ kN/m^2$，故由屋盖传给排架柱的集中恒荷载设计值为

$$F_1 = 1.2 \times 1.2 \times 12 \times 6 = 103.68\ kN$$

查《建筑结构荷载规范》，屋面均布活荷载标准值为 $0.5\ kN/m^2$，比屋面雪荷载标准值 $0.3\ kN/m^2$ 大，故只取屋面活荷载。则由屋盖传给排架柱的集中活荷载设计值为

$$F_6 = 1.4 \times 0.5 \times 12 \times 6 = 50.4\ kN$$

屋盖恒荷载、活荷载均作用于上柱中心线外侧 $e_0 = 50\ mm$ 处。

3.6.4.2 柱和吊车梁等恒荷载

上柱自重标准值为 $4.0\ kN/m$，故作用在牛腿顶面截面处的上柱恒荷载设计值为

$$F_2 = 1.2 \times 3.92 \times 4 \approx 18.82\ kN$$

下柱自重标准值为 $4.69\ kN/m$，故作用在基础顶面截面处的下柱恒荷载设计值为

$$F_3 = 1.2 \times 8.75 \times 4.69 \approx 49.25\ kN$$

吊车梁自重标准值为 $39.5\ kN/$根，轨道连接自重标准值为 $0.8\ kN/m$，故作用在牛腿顶面截面处的吊车梁和轨道连接的恒荷载设计值为

$$F_4 = 1.2 \times (39.5 + 6 \times 0.8) = 53.16\ kN$$

以上各恒荷载的作用位置如图 3.6.3 所示。

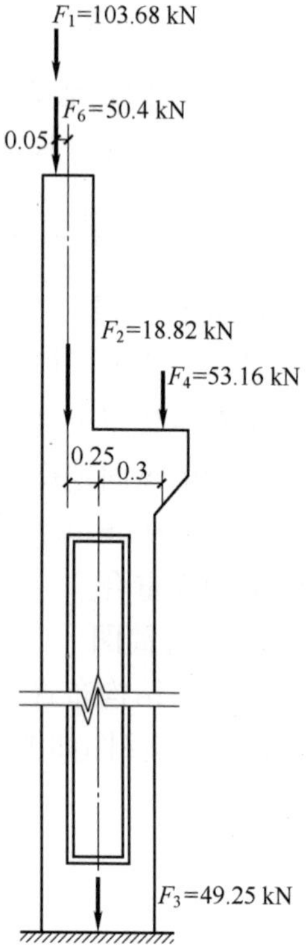

3.6.4.3 吊车荷载

吊车跨度 $L_k = 24 - 2 \times 0.75 = 22.5\ m$，则查表 3.3.1 得吊车最大、最小轮压标准值 $P_{max,k}$、$P_{min,k}$，小车自重标准值 $G_{2,k}$ 和吊车额定起重量相对应的重力标准值 $G_{3,k}$ 为

$$P_{max,k} = 215\ kN,\quad P_{min,k} = 45\ kN,$$
$$G_{2,k} = 75\ kN,\quad G_{3,k} = 200\ kN$$

由表 3.3.1 可得，吊车宽度 B 和轮距 K 为

$$B = 5.55\ m,\quad K = 4.40\ m$$

1. 吊车竖向荷载设计值 D_{max}，D_{min}

由图 3.6.4 所示的吊车梁支座反力影响线可知：

$$D_{max,k} = \beta p_{max,k} \sum y_i = 0.9 \times 215 \times (1 + 0.808 + 0.267 + 0.075)$$
$$\approx 416.03\ kN$$

$$D_{max} = \gamma_Q D_{max,k} = 1.4 \times 416.03 \approx 582.44\ kN$$

则 $\quad D_{min} = D_{max} \dfrac{p_{min,k}}{p_{max,k}} \approx 121.9\ kN$

2. 吊车横向水平荷载设计值 T_{max}

由式（3.3.4）可得

$F_1 = 103.68\ kN$

$F_6 = 50.4\ kN$

0.05

$F_2 = 18.82\ kN$

$F_4 = 53.16\ kN$

0.25 0.3

$F_3 = 49.25\ kN$

图 3.6.3　恒荷载作用位置

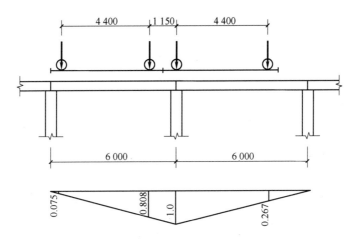

图 3.6.4　吊车梁支座反力影响线

$$T_k = \frac{1}{4}\alpha(G_{2,k} + G_{3,k}) = \frac{1}{4} \times 0.1 \times (75 + 200) = 6.875 \text{ kN}$$

$$T_{max} = D_{max}\frac{T_k}{p_{max,k}} = 18.62 \text{ kN}$$

3.6.4.4　风荷载

1. 作用在柱顶处的集中风荷载设计值 $\overline{W}$

檐口离室外地坪高度为 0.15+11.52+1.2（屋架端部高度）= 12.87 m。

查《荷载规范》得，离地面 10 m 时，$\mu_z = 1.0$；离地面 15 m 时，$\mu_z = 1.14$，利用线性插入法得 $\mu_z = 1 + \dfrac{1.14 - 1.0}{15 - 10} \times (12.87 - 10) \approx 1.08$。

由图 3.6.1 知，$h_1 = h_2 = 1.2$ m，则

$$\begin{aligned}
\overline{W_K} &= [(0.8 + 0.5)h_1 + (0.5 - 0.6)h_2]\mu_z\omega_0 B \\
&= [(0.8 + 0.5) \times 1.2 + (0.5 - 0.6) \times 1.2] \times 1.08 \times 0.4 \times 6 \approx 3.73 \text{ kN}
\end{aligned}$$

$$\overline{W} = \gamma_Q \overline{W_K} = 1.4 \times 3.73 \approx 5.22 \text{ kN}$$

2. 沿排架高度作用的均布风荷载设计值 q_1、q_2

柱顶离室外地坪高度为 0.15+11.52 = 11.67 m，则

$$\mu_z = 1 + \frac{1.14 - 1.0}{15 - 10} \times (11.67 - 10) \approx 1.05$$

$$q_1 = \gamma_Q \mu_s \mu_z \omega_0 B = 1.4 \times 0.8 \times 1.05 \times 0.4 \times 6 \approx 2.82 \text{ kN/m}$$

$$q_2 = \gamma_Q \mu_s \mu_z \omega_0 B = 1.4 \times 0.5 \times 1.05 \times 0.4 \times 6 \approx 1.76 \text{ kN/m}$$

3.6.5　内力计算

3.6.5.1　屋盖荷载作用下的内力分析

1. 集中恒荷载 F_1

$$M_1 = F_1 \cdot e_0 = 103.68 \times 0.05 \approx 5.18 \text{ kN} \cdot \text{m}$$

$$n = \frac{I_u}{I_l} = 0.109, \quad \lambda = \frac{H_u}{H} = 0.309$$

查表 3.3.2 得，柱顶弯矩作用下的系数 $C_1 = 2.15$，则

$$R = \frac{M_1}{H}C_1 = \frac{5.18}{12.67} \times 2.15 \approx 0.88 \text{ kN}$$

2. 集中活荷载 F_6

$$M_6 = F_6 \cdot e_0 = 50.4 \times 0.05 = 2.52 \text{ kN} \cdot \text{m}$$

$$R = \frac{M_6}{H}C_1 = \frac{2.52}{12.67} \times 2.15 \approx 0.43 \text{ kN}$$

在 F_1、F_6 作用下，排架柱内力图如图 3.6.5 所示。弯矩以使排架柱外侧受拉为正；柱底剪力以向左为正。

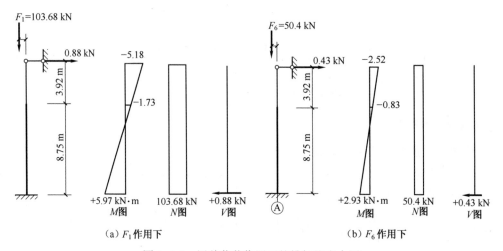

图 3.6.5　屋盖荷载作用下的排架柱内力图

3.6.5.2　柱自重、吊车梁及轨道连接等自重作用下的内力分析

柱自重、吊车梁及轨道连接等自重作用下，排架柱产生的弯矩和轴力如图 3.6.6 所示。

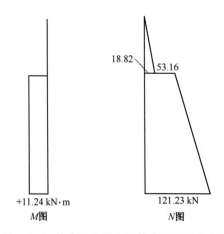

图 3.6.6　柱自重及吊车梁等作用下的内力图

3.6.5.3　吊车荷载作用下的内力分析

1. $D_{\max}$ 作用在 A 柱、$D_{\min}$ 作用在 B 柱时，A 柱的内力分析

$$M_{\max} = D_{\max} \cdot e = 582.44 \times (0.75 - 0.45) \approx 174.73 \text{ kN} \cdot \text{m}$$

$$M_{\min} = D_{\min} \cdot e = 121.91 \times (0.75 - 0.45) \approx 36.57 \text{ kN} \cdot \text{m}$$

式中　偏心距 e 为吊车轨道中心线至下部柱截面形心的水平距离。A 柱顶的不动铰支座反力，查表 3.3.2 得

$$C_3 = 1.5 \times \frac{1 - \lambda^2}{1 + \lambda^3 \left(\dfrac{1}{n} + 1\right)} = 1.5 \times \frac{1 - 0.309^2}{1 + 0.309^3 \times \left(\dfrac{1}{0.109} + 1\right)} \approx 1.04$$

则 A 柱顶不动铰支座反力

$$R_A = \frac{M_{\max}}{H} C_3 = \frac{174.73}{12.67} \times 1.04 \approx 14.34 \text{ kN}(\leftarrow)$$

B 柱顶不动铰支座反力

$$R_B = \frac{M_{\min}}{H} C_3 = \frac{36.57}{12.67} \times 1.04 \approx 3.00 \text{ kN}(\rightarrow)$$

故排架柱顶总支座反力 $R = 11.34(\leftarrow)$。

A 柱顶水平剪力

$$V_A = R_A - \frac{1}{2}R = 14.34 - 5.67 = 8.67 \text{ kN}(\leftarrow)$$

B 柱顶水平剪力

$$V_B = R_B + \frac{1}{2}R = 3.00 + 5.67 = 8.67 \text{ kN}(\rightarrow)$$

此时，A 柱内力图如图 3.6.7（a）所示。

2. $D_{\min}$ 作用在 A 柱、$D_{\max}$ 作用在 B 柱时，A 柱的内力分析

此时，A 柱柱顶剪力与情况 1 时相同。内力图如图 3.6.7（b）所示。

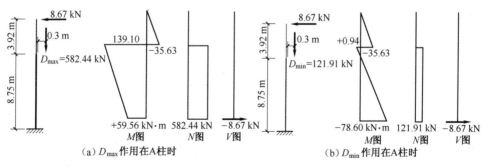

图 3.6.7　吊车竖向荷载作用下的 A 柱内力图

3. 在 $T_{\max}$ 作用下的内力分析

$T_{\max}$ 至牛腿顶面的距离为 $9 - 7.6 = 1.4$ m；

$T_{\max}$ 至柱底的距离为 $9 + 0.15 + 1.0 = 10.15$ m。

因 A、B 柱相同，受力也相同，故柱顶水平位移相同，没有柱顶水平剪力，故 A 柱内力如图 3.6.8 所示。

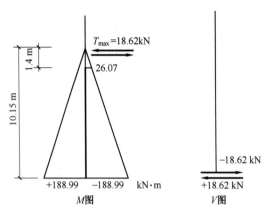

图 3.6.8　T_{max} 作用下 A 柱的内力图

4. 风荷载作用下，A 柱的内力分析

左风时，在 q_1、q_2 作用下的柱顶不动铰支座反力，由表 3.3.2 查得

$$C_{11} = \frac{3 \times \left[1 + \lambda^4 \left(\dfrac{1}{n} - 1 \right) \right]}{8 \times \left[1 + \lambda^3 \left(\dfrac{1}{n} - 1 \right) \right]} = \frac{3 \times \left[1 + 0.309^4 \times \left(\dfrac{1}{0.109} - 1 \right) \right]}{8 \times \left[1 + 0.309^3 \times \left(\dfrac{1}{0.109} - 1 \right) \right]} \approx 0.325$$

则柱顶不动铰支座反力

$$R_A = q_1 H C_{11} = 2.82 \times 12.67 \times 0.325 \approx 11.61 \text{ kN}(\leftarrow)$$
$$R_B = q_2 H C_{11} = 1.76 \times 12.67 \times 0.325 \approx 7.25 \text{ kN}(\leftarrow)$$

A 柱顶水平剪力

$$V_A = R_A + \frac{1}{2}(\overline{W} - R_A - R_B)$$
$$= -11.61 + \frac{1}{2} \times (5.22 + 11.61 + 7.25) \approx 0.43 \text{ kN}(\rightarrow)$$

B 柱顶水平剪力

$$V_B = R_B + \frac{1}{2}(\overline{W} - R_A - R_B)$$
$$= -7.25 + \frac{1}{2} \times (5.22 + 11.61 + 7.25) \approx 4.79 \text{ kN}(\rightarrow)$$

则左风、右风作用下，A 柱内力图如图 3.6.9 所示。

3.6.6　内力组合

A 柱控制截面上柱柱底 Ⅰ—Ⅰ、牛腿顶面 Ⅱ—Ⅱ、下柱柱底 Ⅲ—Ⅲ 的内力组合列于表 3.6.1。其中：

（1）Ⅰ—Ⅰ 在以 $+M_{max}$ 及相应的 N 为目标进行恒荷载 +0.9×（任意两种或两种以上活荷载）的内力组合时，由于"有 T 必有 D"，其中由 T_{max} 产生的是 +26.07 kN·m，而在 D_{max} 和 D_{min} 作用下产生的是 −35.63 kN·m，组合起来得到的是负弯矩，与目标 $+M_{max}$ 不符，故不予组合。

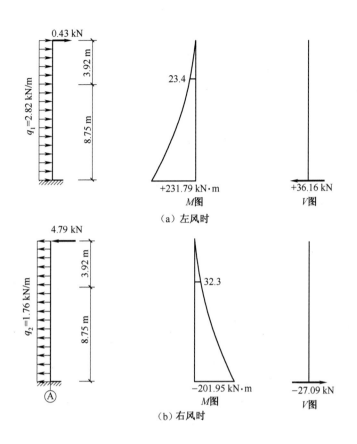

图 3.6.9　风荷载作用下 A 柱内力图

（2）Ⅰ—Ⅰ在以 N_{max} 及相应的 M 为目标进行恒荷载+0.9×（任意两种或两种以上活荷载）的内力组合时，应在得到 N_{max} 的同时使 M 尽可能大，因此采用①+②+0.9×（③+④+⑥+⑧）。

（3）D_{max}、D_{min}、T_{max} 和风荷载对截面Ⅰ—Ⅰ都不产生轴向力 N，因此对截面进行以 N_{max} 及相应的 M 为目标的恒荷载+任一活荷载的内力组合时，采用①+②+③。

（4）在恒荷载+任一种活荷载的内力组合中，通常采用恒荷载+风荷载，但在以 N_{max} 为目标时或者对Ⅱ—Ⅱ截面以+M_{max} 为内力组合目标时，则常改用恒荷载+D_{max}。

（5）对Ⅱ—Ⅱ截面，+M_{max} = 179.18 kN·m 及相应的 N = 681.04 kN，此时 e_0 = 0.26 m，大于 $0.3h_0 = 0.3 \times 0.86 = 0.258$ m，且考虑到 P-Δ 二阶效应后弯矩会增大，故是大偏心，因此取它为最不利内力组合；对Ⅲ—Ⅲ截面，N_{min} = 224.91 kN 及相应的 M = +249 kN·m，e_0 = 1.107 m，偏心距很大，故也取为最不利内力组合。

（6）Ⅲ—Ⅲ截面的-M_{max} 及相应的 N、V 组合，用于基础设计。

3.6.7　排架柱设计

预制排架柱，强度等级为 C30，纵向受力钢筋为 HRB400，对称配筋。

表 3.6.1　排架 A 柱的内力组合

（单位：kN；kN·m）

荷载类型	恒荷载				活荷载			
荷载编号	①屋面恒荷载	②柱、吊车梁自重	③屋面均布荷载	④D_{max} 在 A 柱	⑤D_{min} 在 A 柱	⑥T_{max}	⑦左风	⑧右风

控制截面	内力组合	恒荷载（恒荷载+0.9（任意两种或两种以上活荷载）） 组合项目	M	N，V	活荷载（恒荷载+任一种活荷载） 组合项目	M	N，V
I—I	$+M_{max}$ 及相应的 N				①+②+⑦	$+M_{max}=-1.73+0+23.4=+21.7$	$N=103.68+18.82+0=122.5$
	$-M_{max}$ 及相应的 N	①+②+0.9× （③+④+⑥+⑧）	$-M_{max}=-1.73+0+0.9×$ $(-0.83-35.63-26.07-32.3)≈-87.1$	$N=103.68+18.82+0.9×$ $(50.4+0+0+0)≈167.86$			
	N_{max} 及相应的 M	①+②+0.9× （③+④+⑥+⑧）	$M=-1.73+0+0.9×$ $(-0.83-35.63-26.07-32.3)≈-87.1$	$N_{max}=103.68+18.82+0.9×$ $(50.4+0+0+0)≈167.86$	①+②+③	$M=-1.73+0-0.83=-2.56$	$N_{max}=103.68+18.82+50.4=172.9$
	N_{min} 及相应的 M	①+②+0.9× （④+⑥+⑧）	$M=-1.73+0+0.9×$ $(-35.63-26.07-32.3)≈-86.3$	$N_{min}=103.68+18.82+0.9×$ $(0+0+0)≈122.5$	①+②+⑧	$M=-1.73+0-32.3=-34.03$	$N_{min}=103.68+18.82+0=122.5$

续表

荷载类型	荷载编号	恒荷载		活荷载					
		①屋面恒荷载	②柱、吊车梁自重	③屋面均布活荷载	④D_{max} 在 A 柱	⑤D_{min} 在 A 柱	⑥T_{max}	⑦左风	⑧右风
	$+M_{max}$ 及相应的 N	(①+②)+0.9× (④+⑥+⑦)	$+M_{max}=-1.73+11.24+$ $0.9×(139.1+26.07+$ $23.35)≈+179.18$		$N=103.68+53.16+0.9×$ $(582.44+0+0)≈681.04$	①+②+④	$+M_{max}=-1.73+11.24+$ $139.1=+148.61$	$N=103.68+53.16+$ $582.44=739.28$	
	$-M_{max}$ 及相应的 N	(①+②)+0.9× (③+⑤+⑥+⑧)	$-M_{max}=-1.73+11.24+$ $0.9×(-0.83+0.94-26.07-$ $32.3)≈-42.92$	$N=103.68+53.16+$ $0.9×(50.4+121.91+$ $0+0)≈311.92$		①+②+⑧	$-M_{max}=-1.73+$ $11.24-32.3=-22.79$	$N=103.68+53.16+$ $0=156.84$	
II—II	N_{max} 及相应的 M	(①+②)+0.9× (③+④+⑥+⑦)	$M=-1.73+11.24+0.9×$ $(-0.83+139.1-26.07+$ $23.35)≈178.4$	$N=103.68+53.16+$ $0.9×(50.4+582.44+$ $0+0)≈726.4$		①+②+④	$M=-1.73+11.24+$ $139.1=+148.61$	$N_{max}=103.68+53.16+$ $582.44=739.28$	
	N_{min} 及相应的 M					①+②+⑦	$M=-1.73+11.24+$ $23.35=+32.86$	$N_{min}=103.68+53.16+$ $0=156.84$	

荷载类型	恒荷载		活荷载					
荷载编号	①屋面恒荷载	②柱、吊车梁自重	③屋面均布活荷载	④D_{max}在A柱	⑤D_{min}在A柱	⑥T_{max}	⑦左风	⑧右风
$+M_{max}$ 及相应的 N	①+②+0.9× (③+④+⑥+⑦)	$+M_{max}=5.97+11.24+0.9\times$ (2.93+59.56+188.99+ 231.79) ≈+452.15	$N=103.68+121.23+0.9\times$ (50.4+582.44+ 0+0) ≈794.47 $V=+0.88+0+0.9\times$ (+0.43−8.67+18.62+ 36.16) =+42.77		$+M_{max}=5.97+11.24+$ 231.79=+249		$N=103.68+121.23+0$ =224.91 $V=+0.88+0+36.16$ =+37.04	
$-M_{max}$ 及相应的 N	①+②+0.9× (⑤+⑥+⑧)	$-M_{max}=5.97+11.24+0.9\times$ (−78.6−188.99− 201.95) ≈−405.38	$N=103.68+121.23+0.9\times$ (121.91+0+0) ≈334.63 $V=+0.88+0+0.9\times$ (−8.67−18.62−27.09) =−48.1		$-M_{max}=5.97+11.24-$ 201.95=−184.74		$N=103.68+121.23+0$ =224.91 $V=+0.88+0-27.09$ =−26.21	
Ⅲ—Ⅲ N_{max} 及相应的 M	①+②+0.9× (③+④+⑥+⑦)	$M=5.97+11.24+0.9\times$ (2.93+59.56+188.99+ 231.79) ≈+452.15	$N=103.68+121.23+0.9\times$ (50.4+582.44+ 0+0) ≈794.47 $V=+0.88+0+0.9\times$ (+0.43−8.67+18.62+ 36.16) =+42.77		$M=5.97+11.24+$ 59.56=+76.77		$N_{max}=103.68+121.23+$ 582.44=807.35 $V=+0.88+0-8.67$ =−7.79	
N_{min} 及相应的 M	①+②+⑦				$M=5.97+11.24+$ 231.79=+249		$N_{min}=103.68+121.23+0$ =225 $V=+0.88+0+36.16$ =+37.04	

3.6.7.1　上柱配筋计算

由内力组合表 3.6.1 可知，控制截面 Ⅰ—Ⅰ 的内力设计值为 $M = 87.1$ kN·m，$N = 167.86$ kN。

1. 考虑 P-Δ 二阶效应

$e_0 = M/N = 87.1/167.86 \approx 519$ mm，$e_a = 20$ mm，则 $e_i = e_0 + e_a = 539$ mm

$A = bh = 400 \times 400 = 160\ 000$ mm²

$$\zeta_c = \frac{0.5f_c A}{N} = \frac{0.5 \times 14.3 \times 400 \times 400}{167.86 \times 10^3} \approx 6.82 > 1.0，取 \zeta_c = 1.0$$

查表 3.4.2，$l_0 = 2H_u = 2 \times 3.92 = 7.84$ m。

$$\eta_s = 1 + \frac{1}{1\ 500 \dfrac{e_i}{h_0}} \left(\frac{l_0}{h}\right)^2 \zeta_c = 1 + \frac{1}{1\ 500 \times \dfrac{539}{360}} \times \left(\frac{7.84}{0.4}\right)^2 \times 1 \approx 1.19$$

2. 截面设计

假设上柱为大偏心受压，则

$$x = \frac{N}{\alpha_1 f_c b} = \frac{167.86 \times 10^3}{1 \times 14.3 \times 400} \approx 29.35 \text{ mm} < 2a'_s = 80 \text{ mm}$$

取 $x = 2a'_s = 80$ mm，$e' = \eta_s e_i - \dfrac{h}{2} + a'_s = 1.17 \times 539 - 200 + 40 = 470.6$ mm。

$$A_s = A'_s = \frac{Ne'}{f_y(h_0 - a'_s)} = \frac{167.86 \times 10^3 \times 470.6}{360 \times (360 - 40)} \approx 686 \text{ mm}^2$$

选用 3Φ18，$A_s = A'_s = 763$ mm²，故截面一侧钢筋截面面积 763 mm² $> \rho_{min}bh = 0.2\% \times 400 \times 400 = 320$ mm²；同时柱截面总配筋 $2 \times 763 = 1\ 526$ mm² $> 0.5\% \times 400 \times 400 = 800$ mm²。

3. 垂直于排架方向的截面承载力验算

由表 3.4.2 可知，垂直于排架方向的上柱计算长度

$$l_0 = 1.25H_u = 1.25 \times 3.92 = 4.9 \text{ m}$$

$$\frac{l_0}{b} = \frac{4.9}{0.4} = 12.25$$

则稳定系数 $\varphi = 0.95$。

$$\begin{aligned} N_u &= 0.9\varphi(f_c A + f'_y A'_s) \\ &= 0.9 \times 0.95 \times (14.3 \times 400 \times 400 + 360 \times 1\ 526) \\ &\approx 2\ 425.95 \text{ kN} > N = 167.86 \text{ kN} \end{aligned}$$

故承载力满足要求。

3.6.7.2　下柱配筋计算

对于控制截面 Ⅲ—Ⅲ，查内力组合表可知其有两组不利内力。

（1）$M = 452.15$ kN·m，$N = 794.47$ kN。

（2）$M = 249$ kN·m，$N = 225$ kN。

1. 取（1）组内力进行计算

$e_0 = M/N = 452.15/794.47 = 569$ mm，$e_a = h/30 = 900/30 = 30$ mm

则 $\qquad e_i = e_0 + e_a = 599$ mm

$$A = bh + 2\,(b_f - b)\,h_f = 100 \times 900 + 2 \times (400 - 100) \times (150 - 12.5) = 172\,500 \text{ mm}^2$$

$$\zeta_c = \frac{0.5 f_c A}{N} = \frac{0.5 \times 14.3 \times 172\,500}{794.47 \times 10^3} \approx 1.55 > 1.0$$

取 $\zeta_c = 1.0$。

$$\eta_s = 1 + \frac{1}{1\,500 \dfrac{e_i}{h_0}} \left(\frac{l_0}{h}\right)^2 \zeta_c = 1 + \frac{1}{1\,500 \times \dfrac{599}{860}} \times \left(\frac{8.75}{0.9}\right)^2 \times 1 \approx 1.09$$

假设下柱为大偏心受压，且中和轴在翼缘内，则

$$x = \frac{N}{\alpha_1 f_c b_f'} = \frac{794.47 \times 10^3}{1 \times 14.3 \times 400} \approx 139 \text{ mm} > 2a_s' = 80 \text{ mm}, \quad \text{且} 139 \text{ mm} < h_f' = 162.5 \text{ mm}, \quad \text{则}$$

假设成立。

$$e' = \eta_s e_i - \frac{h}{2} + a_s' = 1.09 \times 599 - 450 + 40 \approx 243 \text{ mm}$$

$$A_s = A_s' = \frac{Ne' - \alpha_1 f_c b_f' \cdot x \left(\dfrac{x}{2} - a_s'\right)}{f_y(h_0 - a_s')}$$

$$= \frac{794.47 \times 10^3 \times 243 - 1 \times 14.3 \times 400 \times 131 \times \left(\dfrac{131}{2} - 40\right)}{360 \times (860 - 40)} \approx 589.27 \text{ mm}^2$$

选用 4C18，$A_s = A_s' = 1\,018$ mm^2。

2. 取（2）组内力进行计算

$e_0 = M/N = 249/225 \approx 1\,107$ mm，$e_a = h/30 = 900/30 = 30$ mm，则 $e_i = e_0 + e_a = 1\,137$ mm。

$$\zeta_c = \frac{0.5 f_c A}{N} = \frac{0.5 \times 14.3 \times 172\,500}{225 \times 10^3} \approx 5.48 > 1.0$$

取 $\zeta_c = 1.0$。

$$\eta_s = 1 + \frac{1}{1\,500 \dfrac{e_i}{h_0}} \left(\frac{l_0}{h}\right)^2 \zeta_c = 1 + \frac{1}{1\,500 \times \dfrac{1\,137}{860}} \times \left(\frac{8.75}{0.9}\right)^2 \times 1 \approx 1.05$$

$$x = \frac{N}{\alpha_1 f_c b_f'} = \frac{225 \times 10^3}{1.0 \times 14.3 \times 400} \approx 39.33 \text{ mm} < 2a_s' = 80 \text{ mm}$$

取 $x = 2a_s' = 80$ mm。

$$e' = \eta_s e_i - \frac{h}{2} + a_s' = 1.05 \times 1\,137 - 450 + 40 = 783.8 \text{ mm}$$

$$A_s = A_s' = \frac{Ne'}{f_y(h_0 - a_s')} = \frac{225 \times 10^3 \times 783.8}{360 \times (860 - 40)} \approx 598 \text{ mm}^2$$

则选用 4Φ18。

3. 垂直于排架方向的承载力验算

由表 3.4.2 可知，由柱间支撑时垂直于排架方向的下柱计算长度为

$0.8H_l = 0.8×8.75 = 7 \text{ m}$

$$\frac{l_0}{b_f} = \frac{7}{0.4} = 17.5, \quad \varphi = 0.825$$

$N_u = 0.9\varphi(f_cA + f_y'A_s') = 0.9 × 0.825 × (14.3 × 1.875 × 10^5 + 360 × 2 × 1\,018) ≈ 2535.05 \text{ kN}$

大于（1）组轴向力 $N = 794.47$ kN，满足。

3.6.7.3　箍筋配置

非地震区单层工业厂房排架柱箍筋一般按构造要求配置。本题对上柱、下柱均选配直径为 8 mm，间距为 200 mm；牛腿处箍筋加密，间距为 100 mm。

3.6.7.4　排架柱的裂缝宽度验算

裂缝宽度应按内力的准永久组合值进行验算。内力组合表中给出的是内力的设计值，因此要将其改为内力的准永久组合值，即把内力设计值乘以准永久组合值系数、再除以活荷载分项系数。其中，风荷载、不上人屋面活荷载的准永久组合值系数为 0，故不考虑风荷载，将屋面活荷载改为雪荷载，即乘以 30/50。

1. 上柱裂缝宽度验算

控制截面 Ⅰ—Ⅰ 的准永久组合值：

$$M_q = -1.73 + 0 + \left[\frac{0.5}{1.4} × \frac{30}{50} × (-0.83) - \frac{0.6}{1.4} × (35.63 - 26.07)\right]$$

$$= -6 \text{ kN} \cdot \text{m}$$

$$N_q = 103.68 + 18.82 + \left(\frac{0.5}{1.4} × \frac{30}{50} × 50.4\right) = 133.3 \text{ kN}$$

$$\rho_{te} = \frac{A_s}{A_{te}} = \frac{763}{0.5 × 400 × 400} = 0.009\,6 < 0.01, \text{ 取 } 0.01$$

$$e_0 = \frac{M_q}{N_q} = \frac{6 × 10^6}{133.3 × 10^3} = 45 \text{ mm}$$

$$y_s = \frac{h}{2} - a_s = 200 - 40 = 160 \text{ mm}$$

$$\eta_s = 1 + \frac{1}{4\,000 × \dfrac{e_0}{h_0}}\left(\frac{l_0}{h}\right)^2 = 1 + \frac{1}{4\,000 × \dfrac{45}{360}} × \left(\frac{2 × 3.92}{0.4}\right) = 1.04$$

$e = \eta_s e_0 + y_s = 1.04 × 45 + 160 = 206.8 \text{ mm}$

$\gamma_f' = 0$

$$z = \left[0.87 - 0.12(1 - \gamma_f')\left(\frac{h_0}{e}\right)^2\right]h_0$$

$$= \left[0.87 - 0.12 × \left(\frac{360}{206.8}\right)^2\right] × 360 = 182.3 \text{ mm}$$

$$\sigma_{sq} = \frac{N_q(e - z)}{A_s z} = \frac{133.3 × 10^3 × (206.8 - 182.3)}{763 × 182.3} = 23.5 \text{ N/mm}^2$$

纵向受拉筋外边缘至受拉边距离为 28 mm。

$$\varPsi = 1.1 - 0.65 \frac{f_{tk}}{\rho_{te}\sigma_{sq}} = 1.1 - 0.65 \times \frac{2.01}{0.01 \times 23.5} < 0$$

取 $\varPsi = 0.2$。

$$W_{max} = \alpha_{cr}\varPsi \frac{\delta_{sq}}{E_s}\left(1.9c_s + 0.08\frac{d_{eq}}{\rho_{te}}\right)$$

$$= 1.9 \times 0.2 \times \frac{23.5}{2.0 \times 10^5} \times \left(1.9 \times 28 + 0.08 \times \frac{18}{0.01}\right)$$

$$= 0.009 \text{ mm} < 0.3 \text{ mm，满足}$$

2. 下柱裂缝宽度验算

控制截面Ⅲ—Ⅲ的准永久组合值（$+M_{max}$及相应的 N）：

$$M_q = 5.97 + 11.24 + \left[\frac{0.5}{1.4} \times \frac{30}{50} \times 2.93 + \frac{0.6}{1.4} \times (59.56 + 188.99)\right]$$

$$= 124.2 \text{ kN} \cdot \text{m}$$

$$N_q = 103.68 + 121.23 + \left(\frac{0.5}{1.4} \times \frac{30}{50} \times 50.4 + \frac{0.6}{1.4} \times 582.44\right) = 443.72 \text{ kN}$$

$$\rho_{te} = \frac{A_s}{0.5bh + (b_f - b)h_f} = \frac{1018}{0.5 \times 100 \times 900 + (400 - 100) \times 162.5} = 0.011$$

$$e_0 = \frac{M_q}{N_q} = \frac{124.2 \times 10^6}{443.72 \times 10^3} = 280 \text{ mm}$$

$$y_s = \frac{h}{2} - a_s = 450 - 40 = 410 \text{ mm}$$

$$\frac{l_0}{h} = \frac{8.75}{0.9} = 9.72 < 14$$

故取 $\eta_s = 1.0$。

$$e = \eta_s e_0 + y_s = 1.0 \times 280 + 410 = 690 \text{ mm}$$

$$\gamma'_f = \frac{(b'_f - b)h'_f}{bh} = \frac{(400 - 100) \times 162.5}{100 \times 900} = 0.542$$

$$z = \left[0.87 - 0.12(1 - \gamma'_f)\left(\frac{h_0}{e}\right)^2\right]h_0$$

$$= \left[0.87 - 0.12 \times (1 - 0.542) \times \left(\frac{860}{690}\right)^2\right] \times 860 = 675 \text{ mm}$$

$$\sigma_{sq} = \frac{N_q(e - z)}{A_s z} = \frac{443.72 \times 10^3 \times (690 - 675)}{1\,018 \times 675} = 9.7 \text{ N/mm}^2$$

$$\varPsi = 1.1 - 0.65 \frac{f_{tk}}{\rho_{te}\sigma_{sq}} = 1.1 - 0.65 \times \frac{2.01}{0.011 \times 9.7} < 0.2$$

取 $\varPsi = 0.2$。

$$W_{max} = \alpha_{cr}\varPsi \frac{\sigma_{sq}}{E_s}\left(1.9c_s + 0.08\frac{d_{eq}}{\rho_{te}}\right)$$

$$= 1.9 \times 0.2 \times \frac{9.7}{2.0 \times 10^5} \times \left(1.9 \times 28 + 0.08 \times \frac{18}{0.01} \right)$$

$$= 0.004 \text{ mm} < 0.3 \text{ mm}$$

满足要求。

3.6.7.5　牛腿设计

根据吊车梁支承位置、吊车梁尺寸及构造要求，确定牛腿的尺寸如图 3.6.10 所示。牛腿截面宽度为 400 mm，截面高度为 600 mm，截面有效高度为 560 mm。

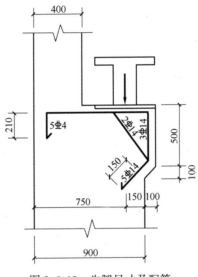

图 3.6.10　牛腿尺寸及配筋

1. 按裂缝控制要求验算牛腿截面高度

作用在牛腿顶面的竖向力标准值

$$F_{vk} = D_{max,k} + F_{4,k} = 416.03 + \frac{53.16}{1.2} = 460.33 \text{ kN}$$

牛腿顶面没有水平荷载，即 $F_{hk} = 0$（T_{max} 作用在上柱轨顶标高处）。

设裂缝控制系数 $\beta = 0.65$，$a = -150 + 20 = -130 \text{ mm} < 0$，故取 $a = 0$。

$$\beta \left(1 - 0.5 \frac{F_{hk}}{F_{vk}} \right) \frac{f_{tk} b h_0}{0.5 + \dfrac{a}{h_0}} = 0.65 \times \frac{2.01 \times 400 \times 560}{0.5} = 585.3 \text{ kN} > F_{vk}$$

满足要求。

2. 牛腿配筋

由于 $a = -130 \text{ mm}$，$F_h = 0$，故牛腿可按构造要求配筋。

水平纵向受拉筋截面面积 $A_s \geqslant \rho_{min} bh = 0.002 \times 400 \times 600 = 480 \text{ mm}^2$，选配 5Φ14 mm（$A_w = 769 \text{ mm}$），其中 2 根是弯起筋。

3.6.7.6　排架柱吊装验算

1. 计算简图

由表 3.5.1 知，排架柱插入基础杯口内的高度 $h_1 = 0.9 \times 900 = 810 \text{ mm}$，取 $h_1 = 850 \text{ mm}$，

故柱总长为 3.92+8.75+0.85＝13.52 m。采用就地翻身起吊，吊点设在牛腿下部，因此起吊时的支点有 2 个：柱底和牛腿底，上柱和牛腿是悬臂的，计算简图如图 3.6.11 所示。

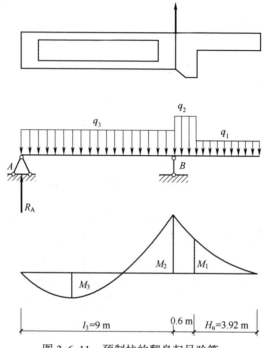

图 3.6.11　预制柱的翻身起吊验算

2. 荷载计算

吊装时，应考虑动力系数 $\mu = 1.5$，柱自重的重力荷载分项系数取 1.35。

$$q_1 = \mu\gamma_G q_{1k} = 1.5 \times 1.35 \times 4.0 = 8.1 \text{ kN/m}$$

$$q_2 = \mu\gamma_G q_{2k} = 1.5 \times 1.35 \times (0.4 \times 1.0 \times 25) = 20.25 \text{ kN/m}$$

$$q_3 = \mu\gamma_G q_{3k} = 1.5 \times 1.35 \times 4.69 = 9.5 \text{ kN/m}$$

3. 弯矩计算

$$M_1 = \frac{1}{2}q_1 H_u^2 = \frac{1}{2} \times 8.1 \times 3.92^2 = 62.23 \text{ kN} \cdot \text{m}$$

$$M_2 = q_1 H_u\left(\frac{H_u}{2} + 0.6\right) + \frac{1}{2}q_2 \times 0.6^2$$

$$= 8.1 \times 3.92 \times \left(\frac{3.92}{2} + 0.6\right) + \frac{1}{2} \times 20.25 \times 0.6^2 = 81.29 \text{ kN} \cdot \text{m}$$

利用静力平衡条件，求得 $M_3 = 59.84$ kN · m。

4. 截面受弯承载力及裂缝宽度验算

下柱：

承载力验算

$$M_u = f_y' A_s'(h_0 - a_s') = 360 \times 763 \times (360 - 40)$$

$$= 87.9 > \gamma_0 M_1 = 0.9 \times 62.23 = 56.01，满足$$

裂缝宽度验算

$$M_k = 62.23/1.35 = 46.1 \text{ kN} \cdot \text{m}$$

$$\sigma_{sk} = \frac{M_k}{0.87h_0A_s} = \frac{46.1 \times 10^6}{0.87 \times 360 \times 763} = 193 \text{ N/mm}^2$$

$$\rho_{te} = \frac{A_s}{0.5bh} = \frac{763}{0.5 \times 400^2} = 0.009\ 6 < 0.01,\ \text{取} 0.01$$

$$\Psi = 1.1 - 0.65\frac{f_{tk}}{\rho_{te}\sigma_{sk}} = 1.1 - 0.65 \times \frac{2.01}{0.01 \times 193} = 0.42$$

$$W_{max} = \alpha_{cr}\Psi\frac{\sigma_{sk}}{E_s}\left(1.9c_s + 0.08\frac{d_{eq}}{\rho_{te}}\right)$$

$$= 1.9 \times 0.42 \times \frac{193}{2.0 \times 10^5} \times \left(1.9 \times 28 + 0.08 \times \frac{18}{0.01}\right) = 0.15 \text{ mm} < 0.3,\ \text{满足要求}$$

上柱：

承载力验算

$$M_u = f'_y A'_s(h_0 - a'_s) = 360 \times 1\ 018 \times (860 - 40)$$

$$= 300.5 > \gamma_0 M_2 = 0.9 \times 81.29 = 73.16,\ \text{满足}$$

裂缝宽度验算

$$M_k = 81.29/1.35 = 60.21 \text{ kN} \cdot \text{m}$$

$$\sigma_{sk} = \frac{M_k}{0.87h_0A_s} = \frac{60.21 \times 10^6}{0.87 \times 860 \times 1\ 018} = 79.05 \text{ N/mm}^2$$

$$\rho_{te} = 0.011(\text{见前面计算})$$

$$\Psi = 1.1 - 0.65\frac{f_{tk}}{\rho_{te}\sigma_{sk}} = 1.1 - 0.65 \times \frac{2.01}{0.011 \times 79.05} < 0,\ \text{取} 0.2$$

$$W_{max} = \alpha_{cr}\Psi\frac{\sigma_{sk}}{E_s}\left(1.9c_s + 0.08\frac{d_{eq}}{\rho_{te}}\right)$$

$$= 1.9 \times 0.2 \times \frac{79.06}{2.0 \times 10^5} \times \left(1.9 \times 28 + 0.08 \times \frac{18}{0.01}\right) = 0.028 \text{ mm} < 0.3,\ \text{满足}$$

3.6.7.7 排架柱施工图绘制

按照上述结构分析与计算，排架柱的模板图、配筋图，如图 3.6.12 所示。

3.6.8 锥形杯口基础设计

3.6.8.1 作用在基础底面的内力

1. 基础梁和围护墙的重力荷载

每个基础承受的围护墙宽度为计算单元宽度为 6 m，墙高为 11.52+1.2（柱顶至檐口）+1.15−0.45（基础梁高）= 13.42 m。墙上有上、下钢框玻璃窗，窗宽 3.6 m，上、下窗高分别为 1.8 m、4.8 m，钢窗自重 0.45 kN/m²，每根基础梁自重标准值为 16.7 kN/m²，内、外 20 mm 厚水泥石灰砂浆粉刷 2×0.36 kN/m²，空心砖重度为 16 kN/m³。故由墙体和基础梁传来的重力荷载标准值 N_{wk} 和设计值 N_w 计算如下：

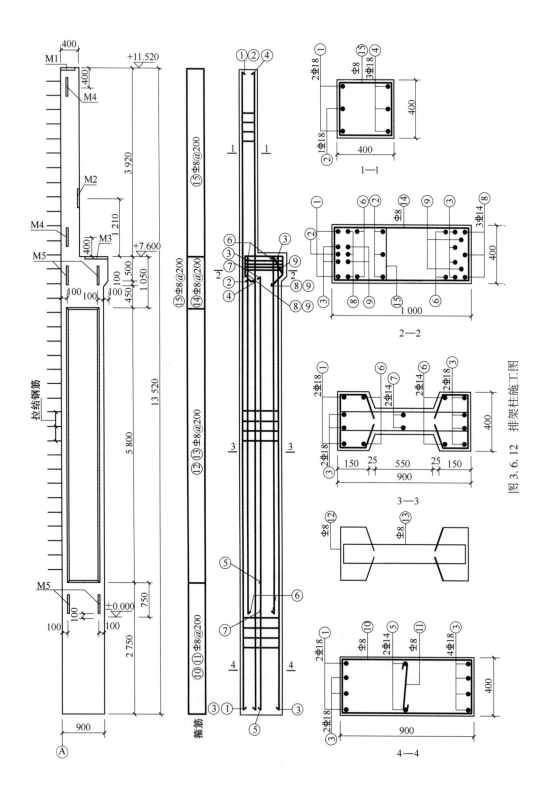

图 3.6.12 排架柱施工图

基础梁自重 16.7kN

围护墙自重

$(2\times0.36+16\times0.24)\times[6\times13.42-(1.8+4.8)\times3.6]\approx258.83kN$

钢窗自重 $0.45\times3.6\times(4.8+1.8)\approx10.69kN$

$N_{wk}=286.22$ kN

$N_w=1.2\times286.22\approx343.46$ kN

如图 3.6.13 所示，N_{wk} 或 N_w 对基础的偏心距 $e_w=120+450=570$ mm。

则竖向力对基础底面的偏心弯矩为

$M_{wk}=N_{wk}e_w=286.22\times0.57\approx163.15$ kN·m（逆时针）

$M_w=1.2\times163.15\approx195.78$ kN·m（逆时针）

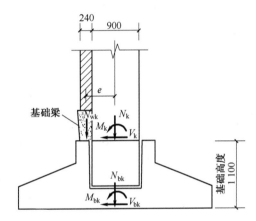

图 3.6.13 基础梁和维护墙对基础的重力荷载

2. 柱传来的第①组内力

由表 3.6.1 的内力组合表知，控制截面的内力组合 $-M_{max}$ 及相应的 N、V 为

$-M_{max}=-405.38$ kN·m（逆时针）

$N=334.63$ kN（↓）

$V=+48.1$ kN（←，组合表中剪力是基础对柱的，此处为柱对基础）

对基础底面产生的内力设计值为

$M_{b1}=-405.38-48.1\times1.1$（基础高度）$\approx-458.3$ kN·m（逆时针）

$N_{b1}=334.63$ kN（↓）

$V_{b1}=48.1$ kN（←）

则这组内力标准值为

$$M_{k,max}=\frac{1}{1.2}\times(5.97+11.24)-\frac{1}{1.4}\times201.95-\frac{0.7}{1.4}\times(78.6+188.99)$$

$$\approx-263.85\ \text{kN·m（逆时针）}$$

$$N_k=\frac{1}{1.2}\times(103.68+121.23)+\frac{1}{1.4}\times121.91\approx274.5\ \text{kN（↓）}$$

$$V_k=\frac{1}{1.2}\times0.88-\frac{1}{1.4}\times27.07-\frac{0.7}{1.4}\times(8.67+18.62)=32.25\ \text{kN（←）}$$

对基础底面产生的内力标准值为

$$M_{bk1} = -263.85 - 35.96 \times 1.1 \approx -303.27 \ kN \cdot m (逆时针)$$

$$N_{bk1} = 274.5 \ kN (\downarrow)$$

$$N_{bk1} = 32.25 \ kN (\leftarrow)$$

3. 柱传来的第②组内力

$$+ M_{max} = +452.15 \ kN \cdot m (逆时针)$$

$$N = 794.7 \ kN (\downarrow)$$

$$V = +42.39 \ kN (\rightarrow)$$

对基础底面产生的内力设计值为

$$+ M_{b2} = +452.15 + 42.39 \times 1.1 \approx 498.78 \ kN \cdot m (顺时针)$$

$$N_{b2} = 794.7 \ kN (\downarrow)$$

$$+ V_{b2} = +42.77 \ kN (\rightarrow)$$

则这组内力标准值为

$$M_{k,max} = \frac{1}{1.2} \times (5.97 + 11.24) + \frac{1}{1.4} \times 231.79 + \frac{0.7}{1.4} \times (2.93 + 59.56 + 188.99)$$

$$\approx 305.50 \ kN \cdot m (顺时针)$$

$$N_k = \frac{1}{1.2} \times (103.68 + 121.23) + \frac{1}{1.4} \times 582.44 + \frac{0.7}{1.4} \times 50.4 \approx 628.66 \ kN (\downarrow)$$

$$V_k = \frac{1}{1.2} \times 0.88 + \frac{1}{1.4} \times 36.16 + \frac{0.7}{1.4} \times (0.43 - 8.67 + 18.62) = 31.75 \ kN (\rightarrow)$$

则这组内力标准值为

$$M_{bk2} = 325.02 + 30.68 \times 1.1 = 358.77 \ kN \cdot m (顺时针)$$

$$N_{bk2} = 628.66 \ kN (\downarrow)$$

$$V_{bk2} = 31.75 \ kN (\rightarrow)$$

对基础底面产生的内力标准值为

$$M_{bk2} = 325.02 + 30.68 \times 1.1 = 358.77 \ kN \cdot m (顺时针)$$

$$N_{bk2} = 628.66 \ kN (\downarrow)$$

$$V_{bk2} = 31.75 \ kN (\rightarrow)$$

3.6.8.2 基础尺寸初估

1. 基础高度和杯口尺寸

已知柱插入杯口深度为 850 mm，故杯口深度为 850+50＝900 mm。杯口顶部尺寸：宽为 400+2×75＝550 mm，长为 900+2×75＝1 050 mm；杯口底部尺寸：宽为 400+2×50＝500 mm，长为 900+2×50＝1 000 mm。

依据表 3.5.2，杯壁厚 t＝300 mm，杯底厚 a_1＝200 mm。

综上，初步确定基础高度为 850+50+200＝1 100 mm。

2. 基础底面尺寸

基础埋深为 d＝0.15+1.0+1.10＝2.25 m，取基础底面以上土的平均重度为 γ_m＝20 kN/m³，则深度修正后的地基承载力特征值为

$$f_a = f_{ak} + \eta_d \gamma_m (d - 0.5) = 165 + 1.0 \times 20 \times (2.25 - 0.5) = 200 \ kN/m^2$$

由内力组合表知，控制截面Ⅲ—Ⅲ的最大轴向力标准值为

$$N_{k, max} = \frac{1}{1.2} \times (103.65 + 121.23) + \frac{1}{1.4} \times 582.44 + \frac{0.7}{1.4} \times 50.4 \approx$$

$628.63 \text{ kN} \cdot \text{m}$

按轴心受压估算基础底面尺寸为

$$A = \frac{N_{k, max} + N_{wk}}{f_a - \gamma_m d} = \frac{286.22 + 628.63}{200 - 20 \times 2.25} = 5.9 \text{ m}^2$$

考虑到偏心等影响，将基础放大 30%，取 $l = 2.6$ m，$b = 3.4$ m，基础底面面积 $A = 2.6 \times 3.4 = 8.84$ m²。

基础底面抗弯抵抗矩为

$$\overline{W} = \frac{lb^2}{6} = \frac{2.6 \times 3.4^2}{6} \approx 5.01 \text{ m}^2$$

3.6.8.3 地基承载力验算

基础及基础上方土的重力标准值

$$G_k = 2.6 \times 3.4 \times 1.15 \times 20 = 203.32 \text{ kN}$$

1. 按第①组内力标准值验算

轴向力　　$N_{wk} + N_{bk1} + G_k = 286.22 + 274.5 + 203.32 = 764.04$ kN

弯矩　　$N_{wk} e_w + M_{bk1} = 163.15 + 303.27 = 466.42$ kN·m

偏心距　　$e = \dfrac{466.42}{764.04} \approx 0.61 > \dfrac{3.4}{6} \approx 0.567$

则基础底面有一部分出现拉应力。

$$a = \frac{b}{2} - e = 1.7 - 0.61 = 1.09$$

$$p_{k, max} = \frac{2(N_{wk} + N_{bk1} + G_k)}{3al} = \frac{2 \times 755.34}{3 \times 1.09 \times 2.6} \approx 177.69 \text{ kN/m}^2 < 1.2 f_a, \text{ 满足}$$

要求。

$$p_k = \frac{p_{k, max} + p_{k, min}}{2} = \frac{177.69 + 0}{2} \approx 88.84 \text{ kN/m}^2 < f_a, \text{ 满足要求。}$$

2. 按第②组内力标准值验算

轴向力　　$N_{wk} + N_{bk2} + G_k = 286.22 + 628.66 + 203.32 = 1\,118.2$ kN

弯矩　　$M_{bk2} - N_{wk} e_w = 358.77 - 163.15 = 195.62$ kN·m

$$p_{k, max} = \frac{1\,118.2}{8.84} \pm \frac{195.62}{5.01} = \frac{165.54}{87.45} \approx 1.89 < 1.2 f_a, \text{ 满足要求。}$$

$$p_k = \frac{p_{k, max} + p_{k, min}}{2} = \frac{165.54 + 98.05}{2} = 126.50 \text{ kN/m}^2 < f_a, \text{ 满足要求。}$$

3.6.8.4 基础冲切承载力验算

只考虑杯口顶面由排架柱传到基础底面的内力设计值，显然这时第②组内力最不利。$N_b = 794.47$ kN，$M_b = 498.78$ kN·m，故

$$p_{s,\ max} = \frac{N_{b2}}{A} + \frac{M_{b2}}{\overline{W}} = \frac{794.47}{8.84} + \frac{498.78}{5.01} \approx 189.43 \ \text{kN/m}^2$$

因此，由柱边作出 45°斜线与杯壁相交，这说明不可能从柱边发生冲切破坏，故仅需对台阶以下进行受冲切承载力验算。故，冲切锥体的有效高度 $h_0 = 750-40 = 710 \ \text{mm}$，最不利一侧上边长 a_t 和下边长 a_b 分别为

$$a_t = 400+2\times275 = 950 \ \text{mm}$$

$$a_b = 2\times(200+750)+2\times710 = 2\ 370 \ \text{mm}$$

$$a_m = (a_t+a_b)\ /2 = 1\ 660 \ \text{mm}$$

由图 3.6.14 所示考虑冲切荷载时取用的基础底面多边形面积，冲切验算如下：

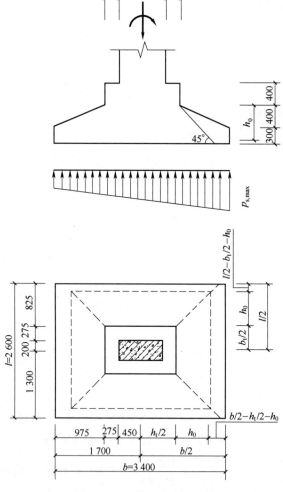

图 3.6.14　基础受冲切验算

$$A_l = \left(\frac{b}{2} - \frac{h_t}{2} - h_0\right)l - \left(\frac{l}{2} - \frac{b_t}{2} - h_0\right)^2$$

$$= \left(\frac{3\ 400}{2} - 750 - 710\right)\times 2\ 600 - \left(1\ 300 - \frac{200+275}{2} - 710\right)^2$$

$$\approx 49.97 \times 10^4 \text{ mm}^2 \approx 0.5 \text{ m}^2$$

$$F_l = p_{s,\,max} A_l = 189.43 \times 0.5 \approx 94.72 \text{ kN}$$

$$\beta_{hp} = 1 - \frac{1\,100 - 800}{2\,000} \times 0.1 = 0.985$$

$$0.7\beta_{hp} f_t a_m h_0 = 0.7 \times 0.985 \times 1.10 \times 1\,660 \times 710 = 893.9 \text{ kN} > F_l，满足要求。$$

3.6.8.5　基础底板配筋计算（按地基净反力设计值）

1. 沿排架方向，即基础长边 b 方向

由计算可知，第①组内力最不利，再考虑由基础梁和围护墙传来的内力设计值，故作用在基础底面的弯矩设计值和轴向力设计值为

$$M_b = M_w + M_{b1} = 195.77 + 458.3 = 645.1 \text{ kN} \cdot \text{m}（逆时针）$$

$$N_b = N_w + N_{b1} = 343.46 + 334.63 = 678.09 \text{ kN}$$

$$e = \frac{M_b}{N_b} = 0.965 \text{ m} > \frac{b}{6}，故基础底面有一部分出现拉应力。$$

$$a = \frac{b}{2} - e = \frac{3.4}{2} - 0.965 = 0.735 \text{ m}$$

$$p_{s,\,max} = \frac{2N_b}{3al} = \frac{2 \times 678.09}{3 \times 0.735 \times 2.6} = 236.56 \text{ kN/m}^2$$

设应力为 0 的截面至 $p_{s,\,max}$ 截面的距离为 x：$x = \dfrac{2N_b}{p_{s,\,max}} = \dfrac{2 \times 678.09}{236.56 \times 2.6} \approx 2.205 \text{ m}$。

此截面在柱中心线右侧 $2.205 - b/2 = 0.505$ 处。柱边截面离柱中心线左侧为 0.45 m，变阶截面离柱中心线 0.725 m，故

柱边截面处地基净反力　　　$p_{s,\,I} = \dfrac{0.45 + 0.505}{2.205} \times 236.56 \approx 102.45 \text{ kN/m}^2$

变阶截面处地基净反力　　　$p_{s,\,II} = \dfrac{0.725 + 0.505}{2.205} \times 236.56 \approx 131.96 \text{ kN/m}^2$

图 3.6.15 所示为地基净反力设计值。

沿基础长边方向，对柱边截面 I—I 处的弯矩

$$M_I = \frac{a_1^2}{12}\left[(2l + a')(p_{s,max} + p_{s,I}) + (p_{s,max} - p_{s,I})l \right]$$

$$= \frac{1.25^2}{12} \times \left[(2 \times 2.6 + 0.4) \times (236.56 + 102.45) + (236.56 - 102.45) \times 2.6 \right]$$

$$\approx 292.60 \text{ kN} \cdot \text{m}$$

变阶处截面 II—II 的弯矩

$$M_{II} = \frac{0.975^2}{12} \times \left[(2 \times 2.6 + 0.95) \times (236.56 + 131.98) + \right.$$

$$(236.56 - 131.98) \times 2.6 \left. \right] = 201.09 \text{ kN} \cdot \text{m} < M_I$$

故按 M_I 进行配筋计算。

采用 HRB335 级钢筋，$f_y = 300$ N/mm^2，保护层厚度取为 40 mm，故 $h_{01} = 1\,060$ mm。则

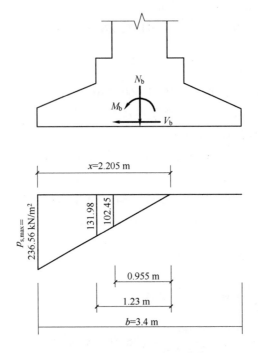

图 3.6.15　地基净反力设计值

$$A_{s\,I} = \frac{M_I}{0.9 f_y h_{01}} = \frac{201.79 \times 10^6}{0.9 \times 300 \times 1\,060} \approx 705.1 \text{ mm}^2$$

采用 16Φ12，$A_s = 1\,808$ mm^2。

2. 垂直排架方向，即基础短边 l 方向

按轴心受压考虑，计算从略。

基础施工图如图 3.6.16 所示。

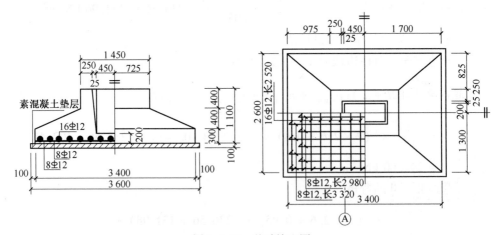

图 3.6.16　基础施工图

本 章 小 结

（1）钢筋混凝土单层工业厂房主要有两种结构类型：排架结构和刚架结构。

（2）排架结构是由屋架（或屋面梁）、柱、基础等构件组成的，柱与屋架铰接，与基础刚接。

（3）刚架结构的主要特点是梁与柱刚接，柱与基础通常为铰接。

（4）钢筋混凝土单层工业厂房由屋面板、屋架、吊车梁、连系梁、柱、基础等构件组成。

（5）厂房承重柱（或承重墙）的纵向和横向定位轴线，在平面上排列所形成的网格称为柱网。柱网布置就是确定纵向定位轴线之间（跨度）和横向定位轴线之间（柱距）的尺寸。

（6）变形缝包括伸缩缝、沉降缝和防震缝三种。

（7）厂房支撑体系包括屋盖支撑和柱间支撑。

（8）圈梁的作用是将墙体同厂房柱箍在一起，以加强厂房的整体刚度，防止由于地基的不均匀沉降或较大振动荷载引起对厂房的不利影响。

（9）吊车荷载包括竖向荷载、横向水平荷载及纵向水平荷载。

（10）柱顶以上风荷载以集中力形式作用于柱顶，柱顶以下风荷载为均布荷载。

（11）等高排架的内力计算，在柱顶集中力作用下采用剪力分配法，任意荷载作用下需先添加一个侧向支座，利用表 3.3.2 求出柱顶反力，再将反力的合力反向施加于柱顶。

（12）不等高排架的内力计算，采用力法。

（13）柱的设计一般包括确定柱截面尺寸、截面配筋设计、构造、吊装验算、裂缝验算、施工图绘制等。当有吊车时还需要进行牛腿设计。

（14）排架结构厂房一般采用柱下独立基础，且预留杯口，又可分为锥形和阶形两种形式。

 思 考 题

1. 简述混凝土单层工业厂房的一般设计步骤。

2. 混凝土单层工业厂房中有哪些支撑？它的作用是什么？

3. 作用在横向平面排架上的荷载有哪些？试画出各单项荷载作用下排架的计算简图。

4. 什么叫厂房的空间作用？

5. 简述柱牛腿的三种主要破坏形态，牛腿设计有哪些内容。

6. 简述柱下独立基础的设计内容。

 习 题

一、选择题

1. 单层厂房装配式钢筋混凝土两铰刚架的特点是（ ）。

A. 柱与基础铰接，刚架顶节点铰接

B. 柱与基础铰接，刚架顶节点刚接

C. 柱与基础刚接，刚架顶节点铰接

D. 柱与基础刚接，刚架顶节点刚接

2. 单层工业厂房抗风柱上端与屋架的连接，应做到（　　　）。

　　A. 水平方向、竖向均可靠连接

　　B. 水平方向可靠连接、竖向脱开

　　C. 水平方向、竖向均脱开

　　D. 水平方向脱开、竖向可靠连接

3. 单层厂房排架结构由屋架（或屋面架）、柱和基础组成，（　　　）。

　　A. 柱与屋架、基础铰接

　　B. 柱与屋架、基础刚接

　　C. 柱与屋架刚接、与基础铰接

　　D. 柱与屋架铰接、与基础刚接

4. 等高排架是指排架中各柱（　　　）。

　　A. 柱顶标高相等的排架　　　　　　B. 柱顶位移相等的排架

　　C. 柱底标高相等的排架　　　　　　D. 柱顶剪力相等的排架

5. 单层厂房排架柱内力组合时，一般不属于控制截面的是（　　　）

　　A. 上柱柱顶截面　　　　　　　　　B. 上柱柱底截面

　　C. 下柱柱顶截面　　　　　　　　　D. 下柱柱底截面

二、计算题

1. 某单层单跨工业厂房，跨度为 18 m，柱距为 6 m，厂房内设有 2 台 150/30 kN 的 A4 级双钩桥式吊车。试计算作用在排架柱上的 D_{max}、D_{min}、T_{max}。

2. 两跨等高排架的尺寸及荷载如习题 3.1 图所示，A、B、C 三根柱的截面抗弯刚度相等，弯矩设计值作用在 A 柱的上柱底端，试计算 A 柱的柱脚截面的弯矩设计值。（ $R = \dfrac{M}{H}C_3$，$C_3 = 0.35$）

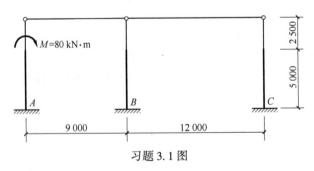

习题 3.1 图

第4章

多层、高层建筑结构

教学目标：

1. 了解框架结构的特点和适用范围；
2. 熟悉框架结构的布置原则和构件截面尺寸及框架计算简图的确定；
3. 掌握框架结构在水平、竖向荷载作用下的内力计算方法及内力组合原则；
4. 熟悉框架结构构件的截面设计和构造要求；
5. 熟悉框架结构在水平荷载作用下的侧移验算；
6. 了解剪力墙、框架−剪力墙和筒体等高层结构体系的特点与布置。

4.1 多层、高层建筑常用的结构体系

多层与高层是一个相对概念，对于两者的界限，国际上至今尚无统一标准，对不同国家、不同地区、不同时期均有不同规定。我国《民用建筑设计通则》（GB 50352—2005）将住宅建筑按层数划分为：1~3层为低层住宅，4~6层为多层住宅；除住宅建筑外的民用建筑高度不大于24 m为单层或多层建筑。《高层建筑混凝土结构技术规程》（JGJ 3—2010），将10层和10层以上或高度超过28 m的钢筋混凝土房屋称为高层建筑。

结构构件受力与传力的结构组成方式称为结构体系。目前，钢筋混凝土多层及高层建筑常用的结构体系有框架、框架-剪力墙、剪力墙和筒体等。

扫一扫

4.1.1 框架结构体系

由梁和柱为主要受力构件组成的承受竖向与水平作用的结构称为框架结构（图4.1.1）。框架结构体系的最大特点是承重结构和围护、分隔构件完全分开，墙体只起围护、分隔作用。框架结构建筑平面布置灵活［图4.1.2（a）］，空间划分方便，易于满足生产工艺和使用要求，构件便于标准化，具有较高的承载力和较好的整体性，因此广泛应用于多层工业厂房及多层、高层办公楼、医院、旅馆、教学楼、住宅等。但框架结构在水平荷载作用下表现出抗侧移刚度小、水平位移大的特点，属于柔性结构，故随着房屋层数的增加、水平荷载逐渐增大，就会因侧移过大而不能满足要求；或形成肥梁胖柱的不经济现象。因此，框架结构的适用高度为6~15层，非地震区也可建到15~20层，房屋高度不宜超过50 m。

4.1.2 剪力墙结构体系

利用建筑物的墙体作为竖向承重和抵抗侧力的结构构件的体系称为剪力墙结构［图4.1.2（b）］。因墙体既承担竖向荷载，又抵抗由水平荷载产生的剪力，故名剪力墙。一般

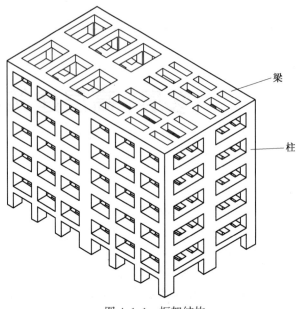

图 4.1.1 框架结构

情况下，剪力墙结构楼盖内不设梁，楼板直接支承在墙上。

剪力墙结构体系属于刚性结构，其位移曲线呈弯曲型。剪力墙体系的强度和刚度都比较高，有一定的延性，传力直接、均匀，整体性好，抗倒塌能力强，是一种良好的结构体系，可建高度大于框架或框架-剪力墙体系。此外，剪力墙结构房屋无凸出墙面的梁柱，整齐美观，特别适合居住建筑；同时可使用大模板、隧道模、台模、滑升模板等先进施工方法，利于缩短工期、节省人力。但剪力墙体系的房间划分受到较大限制，因而一般用于住宅、旅馆等开间要求较小的建筑，适用高度为 15～50 层。当高层剪力墙结构的底部要求有较大空间时，可将底部一层或几层部分剪力墙设计为框支剪力墙，形成部分框支剪力墙体系。部分框支剪力墙结构属竖向不规则结构体系，框架和剪力墙连接部位刚度突变，上、下层不同结构的内力和变形需通过转换层传递，故底部被取消的剪力墙数目不应过多。该结构体系抗侧移刚度被削弱，抗震性能较差，设防烈度为 9° 的地区不应采用。

4.1.3 框架-剪力墙体系

为了弥补框架结构随房屋层数增加水平荷载迅速增大而抗侧移刚度不足的缺点，可在框架结构中增设钢筋混凝土剪力墙，形成框架和剪力墙协同工作共同承受竖向与水平力的体系——框架-剪力墙体系 ［图 4.1.2（c）］（以下简称框-剪体系）。剪力墙可以是单片墙体，也可以是电梯井、楼梯井、管道井组成的封闭式井筒。

框架-剪力墙体系的侧向刚度比框架结构大，大部分水平力由剪力墙承担，而竖向荷载主要由框架承受，因而用于高层房屋比框架结构更为经济合理；同时由于它只在部分位置上有剪力墙，保持了框架结构易于分割空间、立面易于变化等优点；此外，这种体系的抗震性能也较好。所以，框-剪体系在多层及高层办公楼、旅馆等建筑中得到了广泛应用。框架-剪力墙体系的适用高度为 15～25 层，一般不宜超过 30 层。

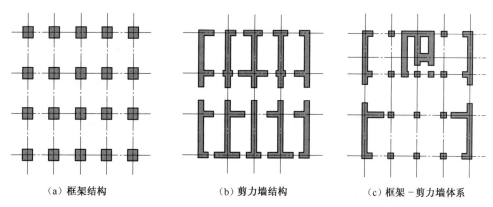

（a）框架结构　　　　　（b）剪力墙结构　　　　　（c）框架－剪力墙体系

图 4.1.2　多层、高层常用的几种结构体系平面布置

4.1.4　筒体结构体系

随着房屋楼层数、高度的增加和抗震设防要求的提高，上述基于平面工作状态的框架、剪力墙所组成的高层建筑结构体系便不能满足要求了。在这种情况下，应使剪力墙构成空间薄壁筒体，成为竖向悬壁箱形梁，或使框架的柱子密集排列，使梁的刚度加强成为框筒。以一个或多个筒体作为主要抵抗水平力的结构称为筒体结构。筒体体系具有很大的刚度和强度，各构件受力比较合理，抗风、抗震能力很强，多应用于大跨度、大空间或超高层建筑。根据房屋高度及其所受水平力的不同，筒体体系可以布置成核心筒结构、框筒结构、筒中筒结构、框架－核心筒结构、成束筒结构和多重筒结构等形式。

框架－核心筒结构是利用房屋中部的电梯间、楼梯间、设备间的等墙体做成剪力墙内筒，又称框架－筒体结构，适用于房屋平面为正方形、圆形、三角形、Y 字形或接近正方形的矩形平面的塔式高楼，如图 4.1.3 所示。

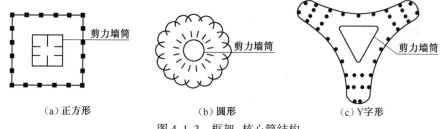

（a）正方形　　　　　　　（b）圆形　　　　　　（c）Y字形

图 4.1.3　框架－核心筒结构

框筒结构是指在结构内部布置只承受竖向荷载，水平荷载或作用全部由外框筒承担的梁柱受力体系。它适用于房屋的平面接近于正方形或圆形的塔式建筑中，如图 4.1.4（a）所示。

筒中筒和成束筒两种结构体系都具有更大的抗水平力的能力。图 4.1.4（b）所示筒中筒结构的房屋即由剪力墙内筒和外框筒两个筒体组合而成，故称为筒中筒体系。成束筒体系则是指由几个连在一起的框筒组合而成的，代表性建筑有美国芝加哥的西尔斯大厦。

上述 4 种结构体系是目前建筑工程中比较常用的几种结构形式，适用的最大高度见表 4.1.1。除此之外，还有悬挂结构、巨型框架结构、巨型桁架结构、悬挑结构等竖向承重结

扫一扫

扫一扫

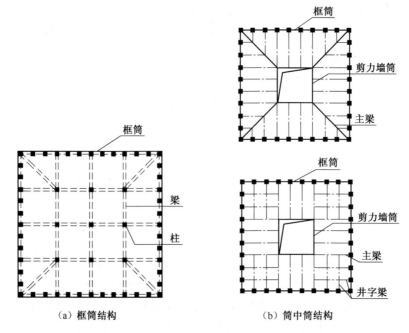

图 4.1.4　框筒和筒中筒结构

构体系，但目前应用较少。

表 4.1.1　钢筋混凝土房屋的最大适用高度　　　　　　　　单位：m

结构体系		非抗震设计	设防烈度			
			6 度	7 度	8 度	9 度
框架结构		70	60	55	45	25
框架-剪力墙结构		140	130	120	100	50
剪力墙结构	全部落地剪力墙结构	150	140	120	100	60
	部分框支剪力墙结构	130	120	100	80	不应采用
筒体结构	框架-核心筒结构	160	150	130	100	70
	筒中筒结构	200	180	150	120	80

注：房屋高度指室外地坪到主要屋面板板顶的高度（不包括局部突出屋顶部分）。

4.2　框　架　结　构

4.2.1　概述

1. 框架结构的类型

框架结构房屋按跨数可分为单跨和多跨；按层数可分为单层和多层；按立面构成可分为对称和不对称；按所用材料分为钢框架、混凝土框架、胶合木结构框架或钢与钢筋混凝土混合框架等。其中，混凝土框架和钢框架在工程中最常用。混凝土框架按施工工艺的不同又可细分为现浇整体式、装配式和装配整体式。

2. 框架结构的组成及特点

框架结构是由梁、柱受力构件通过节点连接而成的一种结构形式，是目前多层建筑中最常见的一种竖向承重结构体系，具有空间分隔灵活、自重轻、节省材料等优点，可适用于需要较大空间的建筑结构。框架结构的梁、柱构件易于标准化、定型化，便于采用装配整体式施工工艺，以缩短施工工期。现浇混凝土框架结构的整体性、刚度较好，设计处理好也能达到较好的抗震效果，而且可以把梁或柱浇注成各种需要的截面形状。

框架结构体系也存在缺点，如节点应力集中显著；侧向刚度小，水平位移较大；装配式框架吊装次数多，接头工作量大，工序多，浪费人力，且施工受季节、环境影响较大。

3. 应用范围

鉴于上述框架结构的主要特点，该结构体系被广泛应用于住宅、学校、办公楼、图书馆、餐厅等建筑中。此外，还可根据需要对混凝土梁或板施加预应力，以适用于更大的结构跨度。

4.2.2 框架结构布置

框架结构布置包括平面布置、立面布置和构件选型三个方面。对于建筑剖面不复杂的结构，只需进行结构平面布置；对于剖面复杂的结构，除平面布置外还需进行结构的竖向布置。进行结构布置时，应遵循以下一般原则。

（1）结构的平面和立面布置宜尽量简单、规则、整齐，构件类型少。

（2）尽量统一开间和进深尺寸，统一层高，简化设计。

（3）结构的竖向布置要做到刚度均匀且连续，避免刚度突变。

（4）限制结构高宽比，不宜大于 5。

（5）妥善处理温度、地基不均匀沉降及地震等因素对建筑的影响。

（6）经济合理。

按照以上结构布置原则，框架的结构布置包括如下内容。

4.2.2.1 平面布置

框架平面布置包括柱网、承重框架、变形缝的布置。

1. 柱网布置

柱网布置就是确定柱在平面图上的位置，柱网尺寸决定了房屋的进深和开间尺寸。民用建筑的柱距一般为 3.3~7.2 mm。按照生产工艺的需求，柱网布置形式有如图 4.2.1 所示的 3 种形式。

2. 承重框架布置

按照竖向荷载传递路径的不同，承重框架的布置方案可分为横向框架承重、纵向框架承重和纵横向框架混合承重。

（1）横向框架承重方案［图 4.2.2（a）］。这种方案横向框架跨数少，主梁的横向布置有利于提高横向刚度；而纵向框架跨数多，刚度大，只需按构造要求配置连系梁连接各榀横向框架。该方案横向抗侧移刚度大，室内采光、通风好，多层框架结构房屋常采用这种结构布置形式。

（2）纵向框架承重方案［4.2.2（b）］。这种框架承重方案的特点是楼板支承于纵向

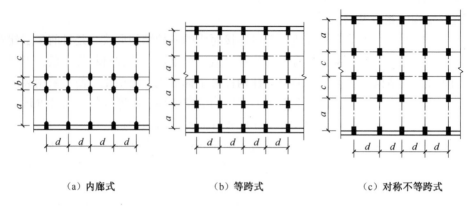

（a）内廊式　　　　　　　　（b）等跨式　　　　　　（c）对称不等跨式

图 4.2.1　柱网布置形式

框架梁上，沿横向布置连系梁。横梁高度一般较小，室内净高较大，便于管线沿纵向架设，且纵向框架可在一定程度上调整房屋纵向的不均匀沉降。但该方案的最大缺点是横向抗侧移刚度小，因而在工程中应用很少。

（3）纵横向框架承重体系［4.2.2（c）］。该承重方案的特点是两个方向的梁都要承担楼板传来的竖向荷载，梁的截面均较大，房屋双向刚度均较大。故当房屋柱网平面尺寸接近正方形或当楼面上有较大活荷载时，常采用这种承重方案。纵横向框架承重方案具有较好的整体工作性能，框架柱为双向偏心受压构件。此种承重结构体系，地震区房屋结构采用的较多。

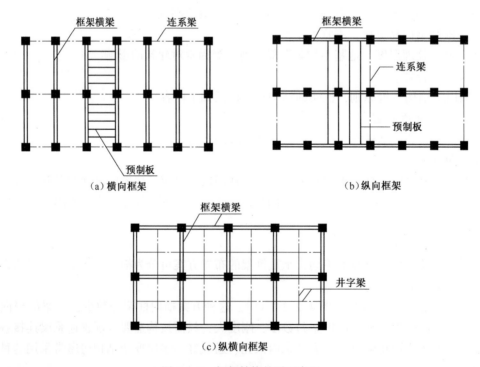

（a）横向框架　　　　　　　　　　　　　（b）纵向框架

（c）纵横向框架

图 4.2.2　框架结构的平面布置

扫一扫

3. 变形缝布置

在多层及高层建筑结构中，应尽量少设缝或不设缝或一缝多用。当建筑物平面狭长，或平面形状复杂、不对称，或各部分刚度、高度、重量相差较大时，则必须设缝。

（1）伸缩缝。伸缩缝的设置主要与结构的长度有关。《混凝土结构设计规范》（GB 50010—2010）对钢筋混凝土结构伸缩缝的最大间距做了规定，见表 4.2.1；当结构单元的长度超过《混凝土结构设计规范》允许值时，应采取相应的构造措施。

表 4.2.1　钢筋混凝土结构伸缩缝最大间距　　　　　　　　　　单位：m

结 构 类 型		室内或土中	露天
排架结构	装配式	100	70
框架结构	装配式	75	50
	现浇式	55	35
剪力墙结构	装配式	65	40
	现浇式	45	30
挡土墙、地下室墙壁等类结构	装配式	40	30
	现浇式	30	20

（2）沉降缝。沉降缝的设置主要与基础受到的上部荷载及场地地质条件有关。当上部荷载或地质条件差异较大应设沉降缝：从基础底部断开，并贯穿建筑物全高，使两侧各为独立的单元，可以各自垂直自由沉降。伸缩缝与沉降缝的宽度一般大于 50 mm，通常在以下的部位需设置沉降缝：

1）建筑物平面的转折部位。

2）建筑的高度和荷载差异较大处。

3）过长建筑物的适当部位。

4）地基土的压缩性有着显著差异。

5）建筑物基础类型不同以及分期建造房屋的交界处。

（3）防震缝。防震缝，即在地震烈度≥8 度的地区，为防止建筑物各部分由于地震引起房屋破坏所设置的垂直缝。其设置主要与建筑平面形状、高差、刚度、质量分布等因素有关。设置防震缝后，应使各结构单元简单规则，刚度和质量分布均匀，以避免地震作用下的扭转效应。为避免各单元之间互相碰撞，防震缝宽度不得小于 100 mm，基础可不断开，但自基础顶面往上结构均要断开。

出现以下几种情况需设置防震缝：

1）房屋立面高差在 6 m 以上。

2）房屋有错层，并且楼板高差较大。

3）各组成部分的刚度截然不同。

规定：在地震设防区，当建筑物需设置伸缩缝或沉降缝时，应统一按防震缝对待。

4.2.2.2　立面布置

立面布置即是确定结构层高和结构沿竖向的变化情况。在满足建筑功能要求的同时，应尽可能使结构的竖向规则、简单。

1. 层高

民用建筑涉及国民经济的各行各业，建筑种类繁多，功能要求各异，对层高的要求也各不相同，一般根据建筑使用功能确定。工业建筑的层高是由生产工艺要求确定的，通常为3.6~5.4 m。

2. 结构沿竖向的变化

目前，工程结构沿竖向的变化情况常见的有：①沿竖向基本不变化，这是常用且受力合理的形式；②底层大空间，这种形式也比较常见，如住宅楼底层为商场；③顶层大空间，如一些综合写字楼，顶层常设计成会议室、餐饮场所等；④其他，如建筑上部逐层收进或挑出等情况。

为了使结构受力合理、传力途径简单直接，在平面上，框架梁宜拉通、对直；在竖向上，框架柱宜上下对中，梁柱轴线宜在同一竖向平面内。若梁、柱轴线不能重合在同一平面内时，梁、柱轴线间的偏心距不宜大于柱截面在该方向边长的1/4；若不能满足该要求，可增设梁的水平加腋。

4.2.2.3 构件选型及截面尺寸初估

构件选型即确定框架结构中主要构件的形式和尺寸。其中，楼、屋盖结构的选型可参见第2章中梁板结构的相关内容。

1. 框架梁

框架梁的截面一般为矩形，当与楼盖整体现浇时，楼板的一部分可作为梁的翼缘，使梁截面成为T形或L形；当采用预制板楼盖时，为减小楼盖结构高度和增加建筑净空，梁的截面常取为十字形或花篮形，亦或采用叠合梁，其中的预制梁为T形截面，在与预制板安装就位后再浇筑部分混凝土，使后浇混凝土与预制梁成为整体而共同工作，其截面形式如图4.2.3（c）所示。

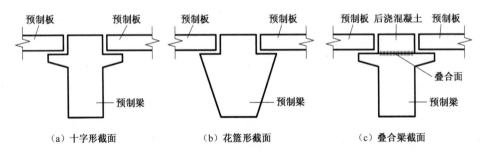

（a）十字形截面　　　　　（b）花篮形截面　　　　　（c）叠合梁截面

图4.2.3　预制梁和叠合梁的截面形式

为满足承载力和刚度要求，框架梁的截面高度和宽度可按下式确定：

$$\left. \begin{array}{l} h_{\mathrm{b}} = \left(\dfrac{1}{14} \sim \dfrac{1}{8}\right) l_0 \\[2mm] b_{\mathrm{b}} = \left(\dfrac{1}{4} \sim \dfrac{1}{2}\right) h_{\mathrm{b}} \end{array} \right\} \tag{4.2.1}$$

高层建筑中，层高会适当减小，为获得较大的使用空间，有时将框架梁设计成扁梁。扁梁的截面尺寸可按下式进行估算：

$$h_{\mathrm{b}} = \left(\frac{1}{25} \sim \frac{1}{18} \right) l_0 \left.\right\}$$
$$b_{\mathrm{b}} = (1 \sim 3) h_{\mathrm{b}} \qquad\qquad\qquad (4.2.2)$$

框架的变形与其自身刚度有关，故要计算各构件截面的抗弯刚度。在计算框架梁截面惯性矩时，要考虑楼面板与梁连接使梁的惯性矩增加的有利影响。为简化起见，框架梁的惯性矩可按图 4.2.4 中的经验公式计算。

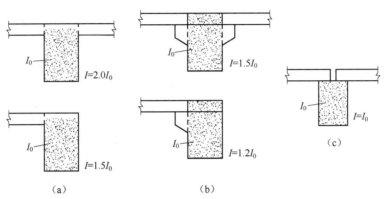

图 4.2.4　框架梁惯性矩的简便计算

2. 框架柱

框架柱的截面一般为矩形或正方形，在多层建筑中，其截面尺寸可按下式进行估算：

$$b_{\mathrm{c}} = \left(\frac{1}{18} \sim \frac{1}{12} \right) H_i \left.\right\}$$
$$h_{\mathrm{c}} = (1 \sim 2) b_{\mathrm{b}} \qquad\qquad\qquad (4.2.3)$$

而高层建筑中，由式（4.2.3）估算的柱截面尺寸可能偏小，要按下式进行估算：

$$\frac{N}{b_{\mathrm{c}} h_{\mathrm{c}} f_{\mathrm{c}}} = 1.0 \qquad\qquad\qquad (4.2.4)$$

式中　H_i——第 i 层层高；

$\quad$ N——柱中轴向力，可由下式近似计算：

$$N = (1.1 \sim 1.2) N_{\mathrm{v}} \qquad\qquad\qquad (4.2.5)$$

$\quad$ N_{v}——柱支撑的楼面荷载面积上竖向荷载产生的轴向力设计值。计算该值时，可近似将楼面板沿轴线之间的中线划分，恒荷载和活荷载的分项系数均取 1.25，或近似取 12~14 kN/m² 进行计算。

除以上截面形式外，框架柱截面有时也可根据建筑上的需要设计成圆形、八角形、T 形等。其中，圆柱的截面直径不宜小于 350 mm。

4.2.3　框架结构的计算简图

4.2.3.1　计算单元的确定

框架结构体系房屋是由横向框架和纵向框架组成的空间结构。一般情况下，横向和纵向框架都是均匀布置的，各榀框架的刚度基本相同；作用在房屋上的荷载，如恒荷载、雪荷载、风荷载一般也是均匀分布的。因此，在荷载作用下，不论是横向还是纵向，各榀框架将产生大致相同的内力，相互之间不会产生大的约束力，故可单独取出一榀框架作为计算单元（图 4.2.5）。若为纵横向框架承重时，应根据结构的不同特点进行分析，并对荷载进行适当简化。

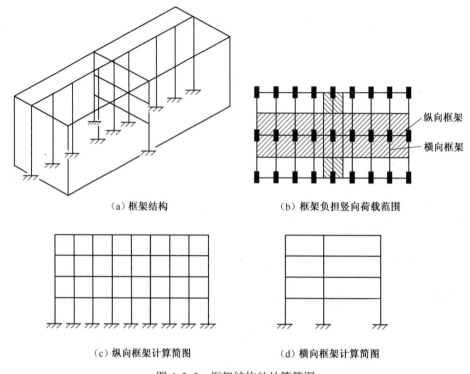

（a）框架结构 　　　（b）框架负担竖向荷载范围

（c）纵向框架计算简图 　　　（d）横向框架计算简图

图 4.2.5　框架结构的计算简图

4.2.3.2　节点的简化

框架节点一般总是三向受力的，但当按平面框架进行结构分析时，则节点也相应地简化（图 4.2.6）。框架节点根据施工方案和构造措施的不同，可简化为刚接节点、铰接节点和半铰节点。对于现浇整体式框架各节点均视为刚接点。

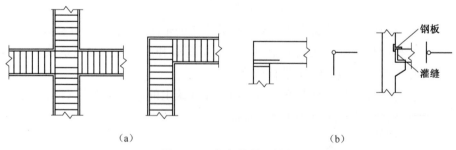

（a） 　　　　　　　　　　（b）

图 4.2.6　框架结构的简化

框架支座可分为固定支座和铰支座。现浇钢筋混凝土柱与基础一般设计成刚接，相应的支座为固定支座 ［图 4.2.7（a）］；当为预制杯形基础时，则应视构造措施的不同分别简化为固定支座 ［图 4.2.7（b）］ 和铰支座 ［图 4.2.7（c）］。

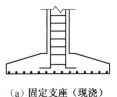　　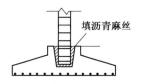

（a）固定支座（现浇）　　　（b）固定支座（预制杯形基础）　　　（c）铰支座（预制杯形基础）

图 4.2.7　框架结构支座

4.2.3.3　框架结构尺寸的确定

确定框架结构计算简图时，还需确定结构中各构件的尺寸。梁的跨度取柱轴线之间的间距；每层柱的高度取层高，底层层高由基础顶面算至楼盖顶面，其他各层则取相邻两楼盖顶面之间的距离。

4.2.3.4　荷载计算

作用在框架结构上的荷载包括永久荷载和可变荷载，按其作用方向的不同可以分为水平荷载和竖向荷载。

1. 水平荷载

水平荷载作用（风或地震作用）一般均简化为作用于节点上的水平集中力。多层框架风荷载的计算方法与工业厂房排架结构类似，可详见第 3 章相关内容。

2. 竖向荷载

框架结构所承受的竖向荷载包括永久荷载、楼（屋）面可变荷载。永久荷载包括结构构件自重、结构表面的粉灰重、土压力、预加应力等，可按设计尺寸和材料自重标准值计算。材料自重标准值可由《建筑结构荷载规范》（GB 50009—2012）（以下简称《荷载规范》）查用。楼（屋）面可变荷载的计算与梁板结构基本相同，各种可变荷载的标准值可由《荷载规范》中查得。考虑到作用于多层建筑物上的楼面活荷载很少能以规范所给的标准值同时布满所有楼面，故可考虑楼面活荷载的折减：一般情况下，对于楼面梁，当其从属面积大于 25 m² 时，折减系数为 0.9；对于墙、柱、基础，则需根据计算截面以上楼层数的多少取不同的折减系数，详见表 4.2.2。特殊情况或重要建筑的活荷载折减系数可查用《荷载规范》。

表 4.2.2　活荷载按楼层数的折减系数

墙、柱、基础计算截面以上层数	1	2~3	4~5	6~8	9~20	>20
计算截面以上各楼层活荷载总和的折减系数	1.00 (0.9)	0.85	0.70	0.65	0.60	0.55

注：当楼面梁的从属面积超过 25 m² 时，采用括号内的系数。

4.2.4　框架结构的内力近似计算方法

框架结构的内力计算可采用结构力学的力矩分配法，但随着超静定次数的增加，该方法不适合手算。为简化计算，工程中常采用分层法、反弯点法等近似计算方法；此外，为提高计算效率，可采用结构力学求解器等电算软件。下面对分层法、反弯点法、D 值法的分析方法进行简单介绍。

4.2.4.1 竖向荷载作用下框架结构的内力分析——分层法

在采用分层法对框架结构进行内力分析前，需采取以下两点基本假定：

（1）忽略水平侧移。

（2）每层梁上的荷载对其他各层梁的影响很小，可忽略不计。即每层梁上的荷载仅在该层梁及与该层梁相连的柱上分配和传递。

根据以上假设，可将一个 n 层的框架分解为 n 个单层框架，第 i 个框架仅包含第 i 层的梁和与这些梁相连接的柱，且这些柱的远端假定为固接。原框架的内力值即为这 n 个框架内力值的叠加。图 4.2.8 所示为一个三层框架按分层法分解的情况。

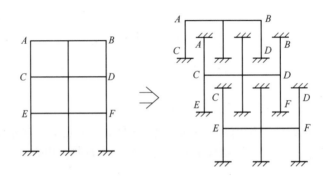

图 4.2.8　分层法计算示意图

采用分层法计算框架的内力时，假定的柱远端为固定端约束，这与实际情况有出入。为减小计算误差，需进行适当修正：除底层外，其余各层柱的线刚度应乘 0.9 的修正系数，且其传递系数改为 1/3，如图 4.2.9 所示。

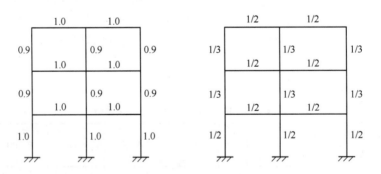

图 4.2.9　框架各杆的线刚度修正系数与传递系数

用分层法计算得到的弯矩图在节点处可能会出现不平衡情况。为提高计算精度，可把不平衡弯矩再分配一次，但只分配不传递。这时的弯矩分配已不是分层法意义上的弯矩分配，因为除基础处固定外，其余各杆的远端均为一定程度的弹性约束。

进行截面设计时，需考虑荷载的最不利组合。因为结构恒荷载始终参与荷载组合，故只需在各层进行最不利活荷载布置即可。为简化计算，一般情况下可把活荷载在各跨同时满布，但求得的梁跨中弯矩比实际情况小，因此对跨中弯矩乘 1.1~1.2 的增大系数。

4.2.4.2　水平荷载作用下框架结构的内力分析——反弯点法和 *D* 值法

1. 反弯点法

由前面的知识可知，多层框架所承受的水平荷载均可简化为节点水平集中力。由力学原理可知，节点集中力作用下的框架梁、柱的弯矩图均成直线形，弯矩为零的截面即为构件的反弯点（图 4.2.10）。显然，只要确定各柱的剪力和反弯点的位置，就可以求得各柱端的弯矩，进而利用节点的平衡条件求得梁端弯矩及构件其他控制截面内力。

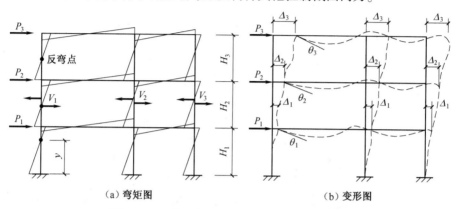

（a）弯矩图　　　　　　　　　　　　　　（b）变形图

图 4.2.10　水平荷载下的框架弯矩图和变形图

（1）反弯点位置的确定。对于层数不多、柱截面较小、梁柱线刚度比大于 3 的框架，可作如下假定并从中确定反弯点位置：

1）在确定各柱剪力时，假定梁刚度无穷大，即同层各柱具有相同侧移。

2）底层柱的反弯点在距基础顶面 2/3 柱高处，其他层柱反弯点在柱高中点处。

3）各柱反弯点位置固定不变。

（2）柱侧移刚度 *d* 的确定。侧移刚度 *d* 表示柱上下两端产生单位侧移时柱中产生的剪力。根据基本假定，各柱端转角为零，依据结构力学的两端无转角但有单位水平位移时杆件的杆端剪力方程，柱的侧移刚度 *d* 可写成

$$d = \frac{V}{\Delta} = \frac{12i_c}{h^2}, \quad i_c = \frac{EI}{h} \tag{4.2.6}$$

（3）同层各柱剪力的确定。设第 *i* 层上各柱剪力分别为 V_1，V_2，…，V_j，…，根据该层剪力平衡，有

$$V_1 + V_2 + \cdots + V_j + \cdots = \sum P_i$$

其中，$\sum P_i$ 代表第 *i* 层的总剪力，数值为第 *i* 层及以上各层所受水平外力的总和。

根据基本假定，可得

$$\Delta = \frac{\sum P_i}{d_1 + d_2 + \cdots + d_j + \cdots} = \frac{\sum P_i}{\sum d} \tag{4.2.7}$$

于是得第 *i* 层第 *j* 根柱的剪力

$$V_j = \frac{d}{\sum d} \sum P_i \tag{4.2.8}$$

（4）柱端弯矩的确定。根据各柱分配的剪力及反弯点位置，可确定柱端弯矩。

底层柱：

上端
$$M_{j上} = V_j \frac{h_j}{3} \qquad (4.2.9)$$

下端
$$M_{j下} = V_j \frac{2h_j}{3} \qquad (4.2.10)$$

其他层柱：

上、下端
$$M_{j上} = M_{j下} = V_j \frac{h_j}{2} \qquad (4.2.11)$$

（5）梁端弯矩的确定（图4.2.11）。柱端弯矩确定以后，根据节点平衡条件可确定梁的弯矩。

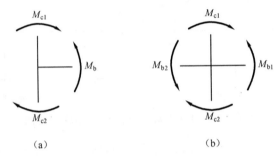

图 4.2.11　梁端弯矩

对于边柱节点
$$M_b = M_{c1} + M_{c2} \qquad (4.2.12)$$

对于中柱节点
$$M_{b1} = \frac{i_{b1}}{(i_{b1} + i_{b2})} \cdot (M_{c1} + M_{c2}) \qquad (4.2.13)$$

$$M_{b2} = \frac{i_{b2}}{(i_{b1} + i_{b2})} \cdot (M_{c1} + M_{c2}) \qquad (4.2.14)$$

按照上述的计算步骤，就可以逐层求得各柱的剪力、杆端弯矩，进而求得梁端弯矩，绘制出整榀框架的弯矩图。这种方法计算简单，但仅适用于梁的线刚度与柱的线刚度比不小于3的情况，多用于框架结构的初步设计中。

2. D 值法

前述反弯点法假定梁柱线刚度比大于3，这对于层数较多的框架是不合理的；框架变形后节点必有转角，既会影响柱中剪力，也会影响柱的反弯点位置，即反弯点高度不应是定值。因此，D 值法主要对柱的抗侧移刚度及反弯点位置进行改进，故又称改进的反弯点法，该方法对框架结构的内力分析更准确。

（1）柱抗侧刚度的修正。由力学知识可知，柱的抗侧移刚度取决于柱两端的支承情况和两端被嵌固的程度。在实际工程中，框架柱两端的约束并非铰接或固接，而是介于两者之间。为使计算结果更加准确，需对由力学理论解得的侧移刚度值进行修正。修正后的柱抗侧刚度 D 可由下式表示：

$$D = \alpha_c \frac{12i_c}{h_i^2} \qquad (4.2.15)$$

式中 α_c——考虑柱上、下端节点弹性约束的修正系数，可由表 4.2.3 中公式计算。

表 4.2.3 柱抗侧移刚度修正系数

位置	边柱	中柱	α_c
一般层	$\overline{K} = \dfrac{i_1 + i_2}{2i_c}$	$\overline{K} = \dfrac{i_1 + i_2 + i_3 + i_4}{2i_c}$	$\alpha_c = \dfrac{\overline{K}}{2 + \overline{K}}$
底层	$\overline{K} = \dfrac{i_1 + i_2}{2i_c}$	$\overline{K} = \dfrac{i_1 + i_2 + i_3 + i_4}{2i_c}$	$\alpha_c = \dfrac{0.5\overline{K}}{1 + 2\overline{K}}$
	$\overline{K} = \dfrac{i_1}{i_c}$	$\overline{K} = \dfrac{i_1 + i_2}{i_c}$	$\alpha_c = \dfrac{0.5\overline{K}}{1 + 2\overline{K}}$

（2）反弯点高度的修正。求得柱的抗侧刚度 D 后，即可按与反弯点法类似的推导得出第 i 层第 k 柱的剪力。随后，要求柱的弯矩，还需知道柱的反弯点位置，如图 4.2.12 所示。

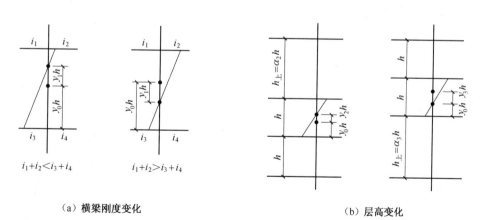

（a）横梁刚度变化　　　　　　　　　（b）层高变化

图 4.2.12 柱反弯点高度的影响因素

柱的反弯点高度取决于框架的层数、柱子所在的位置、上下层梁的刚度比值、上下层层高与本层高度比值及荷载的作用形式等。综合这些因素后，柱的反弯点高度比可按下式计算：

$$y = y_0 + y_1 + y_2 + y_3 \qquad (4.2.16)$$

式中　y_0——标准反弯点高度比，是在等高、等跨、各层梁和柱线刚度都不改变的情况下求得的；

　　　y_1——因上、下层梁刚度比变化的修正值；

　　　y_2——因上层层高变化的修正值；

　　　y_3——因下层层高变化的修正值。

y_0、y_1、y_2、y_3 的取值可由表4.2.4~表4.2.6查得，其中 $K = \dfrac{\sum i_b}{2i_c}$（$i_b$、$i_c$ 分别为梁、柱的线刚度）。

表4.2.4　规则框架承受均布水平荷载作用时标准反弯点高度比 y_0

n	j	K													
		0.1	0.2	0.3	0.4	0.5	0.6	0.7	0.8	0.9	1.0	2.0	3.0	4.0	5.0
1	1	0.80	0.75	0.70	0.65	0.65	0.60	0.60	0.60	0.60	0.55	0.55	0.55	0.55	0.55
2	2	0.45	0.40	0.35	0.35	0.35	0.35	0.40	0.40	0.40	0.40	0.45	0.45	0.45	0.45
	1	0.95	0.80	0.75	0.70	0.65	0.65	0.65	0.60	0.60	0.60	0.55	0.55	0.55	0.50
3	3	0.15	0.20	0.20	0.25	0.30	0.30	0.35	0.35	0.35	0.35	0.40	0.45	0.45	0.45
	2	0.55	0.50	0.45	0.45	0.45	0.45	0.45	0.45	0.45	0.45	0.50	0.50	0.50	0.50
	1	1.00	0.85	0.80	0.75	0.70	0.70	0.65	0.65	0.65	0.60	0.55	0.55	0.55	0.55
4	4	-0.05	0.05	0.15	0.20	0.25	0.30	0.30	0.30	0.30	0.30	0.40	0.40	0.40	0.40
	3	0.25	0.30	0.30	0.35	0.35	0.40	0.40	0.40	0.40	0.40	0.45	0.50	0.50	0.50
	2	0.65	0.55	0.50	0.50	0.45	0.45	0.45	0.45	0.45	0.45	0.50	0.50	0.50	0.50
	1	1.10	0.90	0.80	0.75	0.70	0.70	0.65	0.65	0.65	0.60	0.55	0.55	0.55	0.55
5	5	-0.20	0.00	0.15	0.20	0.25	0.30	0.30	0.30	0.30	0.30	0.40	0.45	0.45	0.45
	4	0.10	0.20	0.25	0.30	0.35	0.35	0.40	0.40	0.40	0.40	0.45	0.45	0.50	0.50
	3	0.40	0.40	0.40	0.40	0.40	0.45	0.45	0.45	0.45	0.45	0.50	0.50	0.50	0.50
	2	0.65	0.55	0.50	0.50	0.50	0.50	0.50	0.50	0.50	0.50	0.50	0.50	0.50	0.50
	1	1.20	0.95	0.80	0.75	0.75	0.70	0.70	0.65	0.65	0.65	0.55	0.55	0.55	0.55
6	6	-0.30	0.00	0.10	0.20	0.25	0.25	0.30	0.30	0.30	0.30	0.40	0.45	0.45	0.45
	5	0.00	0.20	0.25	0.30	0.35	0.35	0.40	0.40	0.40	0.40	0.45	0.45	0.50	0.50
	4	0.20	0.30	0.35	0.35	0.40	0.40	0.40	0.45	0.45	0.45	0.45	0.50	0.50	0.50
	3	0.40	0.40	0.40	0.45	0.45	0.45	0.45	0.45	0.45	0.45	0.50	0.50	0.50	0.50
	2	0.70	0.60	0.55	0.50	0.50	0.50	0.50	0.50	0.50	0.50	0.50	0.50	0.50	0.50
	1	1.20	0.95	0.85	0.80	0.75	0.70	0.70	0.65	0.65	0.65	0.55	0.55	0.55	0.55

续表

n	j	K													
		0.1	0.2	0.3	0.4	0.5	0.6	0.7	0.8	0.9	1.0	2.0	3.0	4.0	5.0
7	7	−0.35	−0.05	0.10	0.20	0.20	0.25	0.30	0.30	0.35	0.35	0.40	0.45	0.45	0.45
	6	−0.10	0.15	0.25	0.30	0.35	0.35	0.35	0.40	0.40	0.40	0.45	0.45	0.50	0.50
	5	0.10	0.25	0.30	0.35	0.40	0.40	0.40	0.45	0.45	0.45	0.45	0.50	0.50	0.50
	4	0.30	0.35	0.40	0.40	0.40	0.45	0.45	0.45	0.45	0.45	0.50	0.50	0.50	0.50
	3	0.50	0.45	0.45	0.45	0.45	0.45	0.45	0.45	0.45	0.45	0.50	0.50	0.50	0.50
	2	0.75	0.60	0.55	0.50	0.50	0.50	0.50	0.50	0.50	0.50	0.50	0.50	0.50	0.50
	1	1.20	0.95	0.85	0.80	0.75	0.70	0.70	0.65	0.65	0.65	0.55	0.55	0.55	0.55
8	8	−0.35	−0.15	0.10	0.15	0.25	0.25	0.30	0.30	0.35	0.35	0.40	0.45	0.45	0.45
	7	−0.10	0.15	0.25	0.30	0.35	0.35	0.40	0.40	0.40	0.40	0.45	0.50	0.50	0.50
	6	0.05	0.25	0.30	0.35	0.40	0.40	0.40	0.45	0.45	0.45	0.45	0.50	0.50	0.50
	5	0.20	0.30	0.35	0.40	0.40	0.45	0.45	0.45	0.45	0.45	0.50	0.50	0.50	0.50
	4	0.35	0.40	0.40	0.45	0.45	0.45	0.45	0.45	0.45	0.45	0.50	0.50	0.50	0.50
	3	0.50	0.45	0.45	0.45	0.45	0.45	0.45	0.45	0.50	0.50	0.50	0.50	0.50	0.50
	2	0.75	0.60	0.55	0.55	0.50	0.50	0.50	0.50	0.50	0.50	0.50	0.50	0.50	0.50
	1	1.20	1.00	0.85	0.80	0.75	0.70	0.70	0.65	0.65	0.65	0.55	0.55	0.55	0.55
9	9	−0.40	−0.05	0.10	0.20	0.25	0.25	0.30	0.30	0.35	0.35	0.45	0.45	0.45	0.45
	8	−0.15	0.15	0.25	0.30	0.35	0.35	0.35	0.40	0.40	0.40	0.45	0.45	0.50	0.50
	7	0.05	0.25	0.30	0.35	0.40	0.40	0.40	0.45	0.45	0.45	0.45	0.50	0.50	0.50
	6	0.15	0.30	0.35	0.40	0.40	0.45	0.45	0.45	0.45	0.45	0.50	0.50	0.50	0.50
	5	0.25	0.35	0.40	0.40	0.45	0.45	0.45	0.45	0.45	0.45	0.50	0.50	0.50	0.50
	4	0.40	0.40	0.40	0.45	0.45	0.45	0.45	0.45	0.45	0.45	0.50	0.50	0.50	0.50
	3	0.55	0.45	0.45	0.45	0.45	0.45	0.45	0.45	0.50	0.50	0.50	0.50	0.50	0.50
	2	0.80	0.65	0.55	0.55	0.50	0.50	0.50	0.50	0.50	0.50	0.50	0.50	0.50	0.50
	1	1.20	1.00	0.85	0.80	0.75	0.70	0.70	0.65	0.65	0.65	0.55	0.55	0.55	0.55
10	10	−0.40	−0.05	0.10	0.20	0.25	0.30	0.30	0.30	0.35	0.35	0.40	0.45	0.45	0.45
	9	−0.15	0.15	0.25	0.30	0.35	0.35	0.40	0.40	0.40	0.40	0.45	0.45	0.50	0.50
	8	0.00	0.25	0.30	0.35	0.40	0.40	0.40	0.45	0.45	0.45	0.45	0.50	0.50	0.50
	7	0.10	0.30	0.35	0.40	0.40	0.45	0.45	0.45	0.45	0.45	0.50	0.50	0.50	0.50
	6	0.20	0.35	0.40	0.40	0.45	0.45	0.45	0.45	0.45	0.45	0.50	0.50	0.50	0.50
	5	0.30	0.40	0.40	0.45	0.45	0.45	0.45	0.45	0.45	0.50	0.50	0.50	0.50	0.50
	4	0.40	0.40	0.45	0.45	0.45	0.45	0.45	0.45	0.45	0.50	0.50	0.50	0.50	0.50
	3	0.55	0.50	0.45	0.45	0.45	0.50	0.50	0.50	0.50	0.50	0.50	0.50	0.50	0.50
	2	0.80	0.65	0.55	0.55	0.55	0.50	0.50	0.50	0.50	0.50	0.50	0.50	0.50	0.50
	1	1.30	1.00	0.85	0.80	0.75	0.70	0.70	0.65	0.65	0.65	0.60	0.55	0.55	0.55

n	j	K 0.1	0.2	0.3	0.4	0.5	0.6	0.7	0.8	0.9	1.0	2.0	3.0	4.0	5.0
11	11	−0.40	0.05	0.10	0.20	0.25	0.30	0.30	0.30	0.35	0.35	0.40	0.45	0.45	0.45
	10	−0.15	0.15	0.25	0.30	0.35	0.35	0.40	0.40	0.40	0.40	0.45	0.45	0.50	0.50
	9	0.00	0.25	0.30	0.35	0.40	0.40	0.40	0.45	0.45	0.45	0.45	0.50	0.50	0.50
	8	0.10	0.30	0.35	0.40	0.40	0.45	0.45	0.45	0.45	0.45	0.50	0.50	0.50	0.50
	7	0.20	0.35	0.40	0.45	0.45	0.45	0.45	0.45	0.45	0.45	0.50	0.50	0.50	0.50
	6	0.25	0.35	0.40	0.45	0.45	0.45	0.45	0.45	0.45	0.45	0.50	0.50	0.50	0.50
	5	0.35	0.40	0.40	0.45	0.45	0.45	0.45	0.45	0.45	0.45	0.50	0.50	0.50	0.50
	4	0.40	0.45	0.45	0.45	0.45	0.45	0.45	0.50	0.50	0.50	0.50	0.50	0.50	0.50
	3	0.55	0.50	0.50	0.50	0.50	0.50	0.50	0.50	0.50	0.50	0.50	0.50	0.50	0.50
	2	0.80	0.65	0.60	0.55	0.55	0.50	0.50	0.50	0.50	0.50	0.50	0.50	0.50	0.50
	1	1.30	1.00	0.85	0.80	0.75	0.70	0.70	0.65	0.65	0.65	0.60	0.55	0.55	0.55
12 以上	↓1	−0.40	−0.05	0.10	0.20	0.25	0.30	0.30	0.30	0.35	0.35	0.40	0.45	0.45	0.45
	2	−0.15	0.15	0.25	0.30	0.35	0.35	0.40	0.40	0.40	0.40	0.45	0.45	0.50	0.50
	3	0.00	0.25	0.30	0.35	0.40	0.40	0.40	0.45	0.45	0.45	0.50	0.50	0.50	0.50
	4	0.10	0.30	0.35	0.40	0.40	0.45	0.45	0.45	0.45	0.45	0.50	0.50	0.50	0.50
	5	0.20	0.35	0.40	0.40	0.45	0.45	0.45	0.45	0.45	0.45	0.50	0.50	0.50	0.50
	6	0.25	0.35	0.40	0.45	0.45	0.45	0.45	0.45	0.45	0.50	0.50	0.50	0.50	0.50
	7	0.30	0.40	0.40	0.45	0.45	0.45	0.45	0.45	0.50	0.50	0.50	0.50	0.50	0.50
	8	0.35	0.40	0.45	0.45	0.45	0.45	0.45	0.50	0.50	0.50	0.50	0.50	0.50	0.50
	中间	0.40	0.40	0.45	0.45	0.45	0.45	0.50	0.50	0.50	0.50	0.50	0.50	0.50	0.50
	4	0.45	0.45	0.45	0.50	0.50	0.50	0.50	0.50	0.50	0.50	0.50	0.50	0.50	0.50
	3	0.60	0.50	0.50	0.50	0.50	0.50	0.50	0.50	0.50	0.50	0.50	0.50	0.50	0.50
	2	0.80	0.65	0.60	0.55	0.55	0.50	0.50	0.50	0.50	0.50	0.50	0.50	0.50	0.50
	1↑	1.30	1.00	0.85	0.80	0.75	0.70	0.70	0.65	0.65	0.65	0.65	0.55	0.55	0.55

表 4.2.5 上、下层横梁线刚度比对 y_0 的修正值 y_1

α_1	K 0.1	0.2	0.3	0.4	0.5	0.6	0.7	0.8	0.9	1.0	2.0	3.0	4.0	5.0
0.4	0.55	0.40	0.30	0.25	0.20	0.20	0.20	0.15	0.15	0.15	0.05	0.05	0.05	0.05
0.5	0.45	0.30	0.20	0.20	0.15	0.15	0.15	0.10	0.10	0.10	0.05	0.05	0.05	0.05
0.6	0.30	0.20	0.15	0.15	0.10	0.10	0.10	0.10	0.05	0.05	0.05	0.05	0	0
0.7	0.20	0.15	0.10	0.10	0.10	0.05	0.05	0.05	0.05	0.05	0	0	0	0
0.8	0.15	0.10	0.05	0.05	0.05	0.05	0.05	0.05	0.05	0	0	0	0	0
0.9	0.05	0.05	0.05	0.05	0	0	0	0	0	0	0	0	0	0

注：当 $i_1 + i_2 < i_3 + i_4$ 时，令 $\alpha_1 = (i_1 + i_2)/(i_3 + i_4)$；当 $i_3 + i_4 < i_1 + i_2$ 时，令 $\alpha_1 = (i_3 + i_4)/(i_1 + i_2)$，同时在查的 y_1 值前加负号。对于底层柱不考虑 α_1 值，所以不作此项修正。

表 4.2.6　上、下层高变化对 y_0 的修正值 y_2 和 y_3

α_1	α_3	K												
		0.1	0.2	0.3	0.4	0.5	0.6	0.7	0.8	0.9	1.0	2.0	3.0	4.0	5.0
2.0		0.25	0.15	0.15	0.10	0.10	0.10	0.10	0.10	0.05	0.05	0.05	0.05	0	0
1.8		0.20	0.15	0.10	0.10	0.10	0.05	0.05	0.05	0.05	0.05	0.05	0	0	0
1.6	0.4	0.15	0.10	0.10	0.05	0.05	0.05	0.05	0.05	0.05	0.05	0.05	0	0	0
1.4	0.6	0.10	0.05	0.05	0.05	0.05	0.05	0.05	0.05	0.05	0	0	0	0	0
1.2	0.8	0.05	0.05	0.05	0	0	0	0	0	0	0	0	0	0	0
1.0	1.0	0	0	0	0	0	0	0	0	0	0	0	0	0	0
0.8	1.2	-0.05	-0.05	-0.05	0	0	0	0	0	0	0	0	0	0	0
0.6	1.4	-0.10	-0.05	-0.05	-0.05	-0.05	-0.05	-0.05	0.05	-0.05	-0.05	0	0	0	0
0.4	1.6	-0.15	-0.10	-0.10	-0.05	-0.05	-0.05	-0.05	-0.05	-0.05	-0.05	0	0	0	0
	1.8	-0.20	-0.15	-0.10	-0.10	-0.10	-0.05	-0.05	-0.05	-0.05	-0.05	-0.05	0	0	0
	2.0	-0.25	-0.15	-0.15	-0.10	-0.10	-0.10	-0.10	-0.05	-0.05	-0.05	-0.05	-0.05	0	0

注：$\alpha_2 = h_上/h$，y_2 按 α_2 查表求得，上层较高时为正值，但对于最上层，不考虑 y_2 修正值。$\alpha_3 = h_上/h$，y_3 按 α_3 查表求得，对于最下层，不考虑 y_3 修正值。

4.2.5　框架水平侧移的近似计算

框架在水平荷载作用下的侧移由总体的剪切侧移和弯曲侧移组成。如图 4.2.13 所示，框架总体剪切变形是由梁、柱弯曲变形引起的，其侧移曲线与悬臂梁的剪切变形曲线一致；总体弯曲变形是由框架柱的轴向变形引起的，其侧移曲线与悬臂梁的弯曲变形一致。

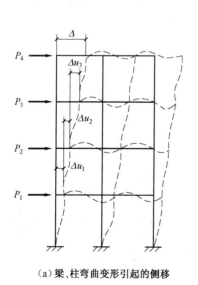

（a）梁、柱弯曲变形引起的侧移

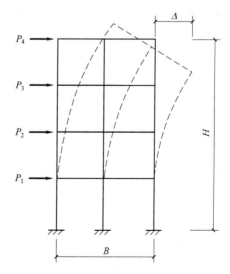

（b）柱轴向变形引起的侧移

图 4.2.13　框架在水平荷载作用下的侧移

对框架起控制作用的侧移包括两个部分：框架顶部的最大侧移和层间相对侧移。顶部侧移若过大，将影响使用；而层间相对侧移过大则会使填充墙出现裂缝。所以，对框架的侧移计算要通过这两个方面的限制以保证框架整体的正常工作。

据理论分析可知，对于房屋高度 $H<50$ m 或高宽比 $H/B<4$ 的框架，弯曲侧移很小，可忽略不计，即侧移只计算剪切侧移。采用 D 值法，令第 i 层第 j 根柱的抗侧移刚度为 D_{ij}，则第 i 层所有柱的总侧移刚度为 $\sum D_{ij}$。由此可得第 i 层柱上、下节点相对位移（层间相对位移）为

$$\Delta_i = \frac{V_i}{\sum_{j=1}^{m} D_{ij}} \qquad (4.2.17)$$

若设框架有 n 层，则框架顶点总侧移为各层层间的位移叠加之和，即

$$\Delta_n = \sum_{i=1}^{n} \Delta_i \qquad (4.2.18)$$

若框架结构的侧向刚度过小、水平位移过大，则会影响结构的正常使用；但如果框架侧向刚度过大、水平位移过小，虽能满足使用要求，但不符合经济性要求。故框架的侧移刚度宜大小适中，一般用结构的层间位移限值来控制。即框架结构楼层层间位移 Δ_i 与本层层高的比值应满足

$$\frac{\Delta_i}{h_i} \leqslant \left[\frac{\Delta_i}{h_i}\right] \qquad (4.2.19)$$

式中　Δ_i ——按弹性方法计算的楼层最大层间位移；

$\quad\quad h_i$ ——第 i 层层高；

$\quad\quad \left[\dfrac{\Delta_i}{h_i}\right]$ ——层间最大位移与层高之比的限制。对高度不大于 50 m 的框架结构取 1/550。

以上有关框架结构的内力、位移计算均属于近似计算，虽已做了简化假定但计算量仍然较大。故在进行内力和位移计算时，可采用结构力学求解器等电算手段。

4.2.6　框架结构的内力组合

4.2.6.1　控制截面及最不利内力组合

与其他结构一样，框架结构的构件设计是根据控制截面的最不利内力进行的，故应首先确定控制截面。框架梁通常取梁端支座处和跨中截面作为控制截面；框架柱的控制截面则取柱的上、下端截面。

梁、柱控制截面上的内力有弯矩 M、剪力 V 和轴力 N。进行最不利内力组合就是要找到使梁、柱各控制截面配筋最安全的一组或几组内力组合值。对于梁，通常只需取支座边缘截面的 M_{max} 和 V_{max}，以及跨中截面的 M_{max}。对于柱，分大、小偏心两种受压情况：大偏心受压时，偏心距越大（M 越大，N 越小）时截面配筋越大；小偏心受压时，纵向压力越大，截面配筋越多。最常用的矩形截面柱各控制截面均要进行以下几种组合：

（1）$+M_{max}$ 及相应的 N、V。

（2）$-M_{max}$ 及相应的 N、V。

（3）N_{max} 及相应的 M、V。

（4）N_{min} 及相应的 M、V。

（5）V_{max} 及相应的 N。

由于大多采用对称配筋，$+M_{max}$ 和 $-M_{max}$ 可合写为 $|M_{max}|$。

4.2.6.2 荷载效应组合

在结构设计时，必须考虑各荷载同时作业时的最不利情况。按承载力极限状态进行构件的承载力设计时，对于基本组合，荷载效应的设计值 S_d 应取由可变荷载效应控制的组合和由永久荷载效应控制的组合中的最大值（详见《荷载规范》）。

因此，在非抗震时，对于框架结构至少应考虑以下几种荷载效应组合：

（1）1.2×永久荷载效应+1.4×活荷载效应。

（2）1.2×永久荷载效应+1.4×风荷载效应。

（3）1.2×永久荷载效应+1.4×0.9×（活荷载效应+风荷载效应）。

（4）1.35×永久荷载效应+1.4×0.7×（活荷载效应）。

（5）1.35×永久荷载效应+1.4×0.6×（风荷载效应）。

（6）1.35×永久荷载效应+1.4×0.7×活荷载效应+1.4×0.6×风荷载效应。

地震作用下，当作用与作用效应按线性关系考虑时，荷载和地震作用效应基本组合的设计值应按下式确定：

$$S_d = \gamma_G S_{GE} + \gamma_{Eh} S_{Ehk} + \gamma_{Ev} S_{Evk} + \psi_w \gamma_w S_{wk} \tag{4.2.20}$$

式中　S_d——荷载和地震作用效应组合的设计值；

S_{GE}——重力荷载代表值的效应；

S_{Ehk}、S_{Evk}——水平地震作用标准值的效应，尚应乘相应的增大系数、调整系数；

γ_G——重力荷载分项系数；

γ_w——风荷载分项系数；

γ_{Eh}、γ_{Ev}——水平、竖向地震作用分项系数；

ψ_w——风荷载的组合值系数，取 0.2。

当进行位移计算时，荷载和地震作用效应基本组合的设计值为

$$S_d = S_{GE} + S_{Ehk} + S_{Evk} + \psi_w S_{wk} \tag{4.2.21}$$

式（4.2.20）和式（4.2.21）中的分项系数与组合值系数，可详查《荷载规范》。

4.2.6.3 活荷载的最不利布置

为获取控制截面的最不利内力值，除进行荷载效应组合外，还要考虑荷载的最不利布置。框架结构活荷载的最不利布置常有以下几种方法。

1. 分跨布置

这种方法是将活荷载逐层、逐跨单独作用于框架梁上，在这种活荷载布置下，框架结构的内力计算次数与承受活载的梁的根数相同，因此计算量很大。

2. 最不利内力荷载布置

对于某些特定截面的最不利内力，可利用影响线的方法来确定产生这种最不利内力的活荷载布置。这种方法需利用弹性变形曲线的定性分析，并由此可知：对于一般规则框架，若要求某跨跨中最大弯矩，则需在此跨布置活荷载，其他跨隔跨布置活荷载，即棋盘形间隔布置；同理，也可确定其他控制截面最不利内力时对应的活荷载布置。这种方法在具体求解时

比较复杂。

3. 分层布置

这种方法是以分层法为依据的，相应地作如下简化：对于梁，仅考虑本层活荷载的最不利布置，布置方法与连续梁的活荷载最不利布置相同；对于柱端弯矩，只考虑与该柱相邻层的活荷载影响；计算柱的最大轴力时，对于柱不相邻的上层活荷载，仅考虑其轴向力的传递而不考虑其弯矩的作用。

4. 满布荷载

上述 3 种方法在计算框架内力时的计算量都很大。根据工程经验，当竖向活荷载产生的内力远小于恒荷载及水平力所产生的内力时，可不考虑活荷载的最不利布置，直接将其满布于所有的框架梁上。这样求得的内力在支座处与最不利荷载布置法求得的内力很接近；但在跨中处的计算结果要比实际值小。因此，荷载满布时，要对活荷载引起的跨中弯矩乘 1.1~1.2 的系数予以放大。

4.2.7 框架结构的构件设计

框架结构构件包括框架梁和框架柱，下面对其设计和构造要点做简要介绍。

4.2.7.1 框架梁设计

框架梁属受弯构件，应按受弯构件正截面受弯承载力计算所需的纵向受力筋数量，按斜截面受剪承载力计算所需的箍筋数量，并采取相应的构造措施。

考虑混凝土结构的塑性内力重分布，与连续梁板结构一样，需对框架梁支座弯矩适当降低，即进行弯矩调幅。对于现浇框架，调幅系数一般在 0.8~0.9 范围内取值；对于装配整体式框架，调幅系数的范围为 0.7~0.8。

对梁端弯矩调幅后，支座弯矩降低，支座负筋也随之减少。这样，一是可节省钢筋用量；二是可方便支座处的钢筋绑扎和混凝土浇筑。但需要强调的是，弯矩调幅仅针对竖向荷载作用下产生的弯矩，水平荷载作用下产生的梁端弯矩不能调幅。因此，必须先将竖向荷载作用下的梁端弯矩调幅后，再与水平荷载产生的梁端弯矩进行组合。

4.2.7.2 框架柱设计

框架柱一般为偏心受压构件，柱中纵筋数量应按偏心受压构件的正截面受压承载力计算；箍筋数量则按偏心受压构件的斜截面受剪承载力计算。考虑到柱所承受的水平风荷载和水平地震作用是随机的，方向可随时变化，通常采用对称配筋。

1. 计算长度 l_0

《混凝土结构设计规范》规定，l_0 可按下列规定确定。

（1）一般多层房屋中梁柱为刚接的框架结构，各层柱的计算长度可按表 4.2.7 取用。

表 4.2.7　框架结构各层柱的计算长度

楼盖类型	柱的类别	l_0	楼盖类型	柱的类别	l_0
现浇楼盖	底层柱	1.0H	装配式楼盖	底层柱	1.25H
	其余各层柱	1.25H		其余各层柱	1.5H

（2）当水平荷载产生的弯矩设计值占总弯矩设计值的 75% 以上时，框架柱的计算高度

取下列两个公式计算结果的较小值，即

$$l_0 = \min \left\{ \begin{array}{c} [1 + 0.15(\psi_u + \psi_l)]H \\ (2 + 0.2\psi_{\min})H \end{array} \right\} \tag{4.2.22}$$

式中　ψ_u、ψ_l——柱的上、下端节点处交汇的各柱线刚度之和与交汇的各梁线刚度之和的
比值。对于底层柱的下端，当为刚接时，$\psi_l = 0$，当为铰接时，$\psi_l = \infty$；

$\psi_{\min}$——ψ_u、ψ_l 中的较小值。

H——柱的高度，其取值对底层柱为从基层顶面到一层楼盖顶面的高度；对其余各层
柱，为上、下两层楼盖顶面之间的距离。

2. 框架柱的 P-Δ 二阶效应

《混凝土结构设计规范》：除排架柱外，其他偏心受压构件考虑轴向力在挠曲杆件中产
生的 P-Δ 效应后控制截面的弯矩设计值

$$M = M_{ns} + \eta_s M_s = C_m \eta_{ns} M_2$$

$$C_m = 0.7 + 0.3 \frac{M_1}{M_2} (\geqslant 0.7)$$

$$\eta_{ns} = 1 + \frac{1}{1\,300 \left(\frac{M_2}{N} + e_a \right)/h_0} \left(\frac{l_c}{h} \right)^2 \zeta_c$$

$$\zeta_2 = \frac{0.5 f_2 A}{N} (\leqslant 1.0)$$

式中　C_m——构件端截面偏心距调节系数；

η_{ns}——弯矩增大系数；

e_a——附加偏心距；

ζ_c——截面曲率修正系数；

M_1、M_2——分别为考虑侧移影响的偏心受压构件两端截面按结构弹性分析确定的同一主
轴的组合弯矩设计值，绝对值较大端为 M_2，绝对值较小端为 M_1。

4.2.7.3　构造要求

1. 框架梁

为满足承载力的要求，防止发生少筋破坏，梁纵向受拉钢筋的最小配筋百分率 $\rho_{\min}(\%)$
不应小于 0.2 和 $45 f_t / f_y$ 二者的较大值；同时为防止超筋梁，当不考虑受压钢筋时，纵向受
拉钢筋的最大配筋率不应超过 $\xi_b \alpha_1 f_c / f_y$。

沿梁全长，框架梁横截面的顶面和底面应至少各配置 2φ12 的纵向钢筋；纵向钢筋不应
与箍筋、拉筋及预埋件等焊接。箍筋应沿梁全长布置，箍筋的直径、间距及配筋率等要求与
一般梁相同。

2. 框架柱

框架柱所受的水平荷载或作用可能来自正、反两个方向，故纵向钢筋宜对称配置。为改
善框架柱的延性，《混凝土结构设计规范》要求柱全部纵筋的配筋率不应小于表 4.2.8 的要
求，当采用 C60 以上强度等级的混凝土时，全部纵向钢筋最小配筋率应按表中规定增加
0.10。同时，柱全部纵筋的配筋率不宜大于 5%，不应大于 6%。纵筋直径不宜小于 12 mm，

净间距净距不应小于 50 mm，且不宜大于 300 mm。偏心受压柱的截面高度不小于 600 mm 时，在柱的侧面应设置直径不小于 10 mm 的纵向构造筋，并相应地设置复合箍筋或拉筋。圆柱中纵筋不宜少于 8 根，不应少于 6 根，且沿周边均匀布置。

表 4.2.8　受压构件纵向受力筋的最小配筋率 ρ_{min}（%）

受压构件		最小配筋率 ρ_{min}（%）
全部纵向钢筋	强度等级 500MPa	0.50
	强度等级 400MPa	0.55
	强度等级 300MPa、335 MPa	0.60
一侧纵向钢筋		0.20

柱中箍筋直径不应小于 $d_{max}/4$，且不应小于 6 mm；间距不应大于 400 mm 及构件截面的短边尺寸，且不应大于 $15d_{min}$；柱周边箍筋应做成封闭式；当柱截面短边尺寸大于 400 mm 且各边纵筋多于 3 根，或柱短边尺寸不大于 400 mm 但各边纵筋多于 4 根时，应设置复合箍筋。当柱为圆形截面或柱承受的轴向压力较大而其截面尺寸受限时，可采用螺旋箍、复合螺旋箍或连续复合螺旋箍，如图 4.2.14 所示。

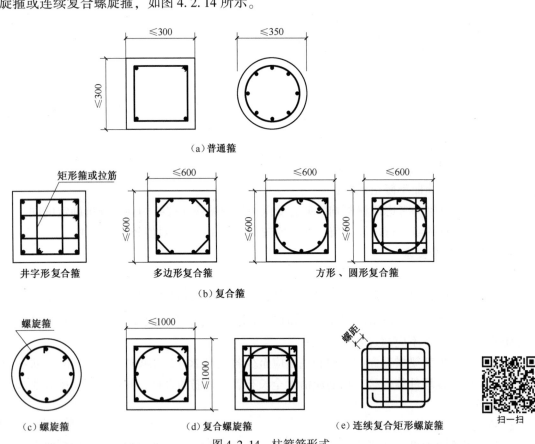

图 4.2.14　柱箍筋形式

柱内纵筋采用搭接时，在搭接长度范围内，箍筋直径不应小于搭接钢筋较大直径的 0.25 倍；在纵向受拉钢筋的搭接范围内，箍筋间距不应大于搭接钢筋较小直径的 5 倍，且不应大于 100 mm；在纵向受压钢筋的搭接范围内，钢筋间距不应大于搭接钢筋较小直径的

10 倍，且不应大于 200 mm。当受压钢筋直径大于 25 mm 时，应在搭接接头端面外 100 mm 的范围内设置两道箍筋。

3. 节点

梁柱节点是框架结构的受力关键部位，位于剪压复合受力状态。节点内箍筋配置应符合柱中箍筋的有关规定，但箍筋间距不宜小于 250 mm。对四边有梁与之相连的节点，可沿节点周边设置矩形箍筋。

4. 钢筋的连接与锚固

（1）梁与柱连接。现浇框架的梁柱节点，一般做成刚性节点。图 4.2.15～图 4.2.17 分别表示了屋、楼面梁与柱的不同连接情况下，纵筋的搭接和锚固。

扫一扫

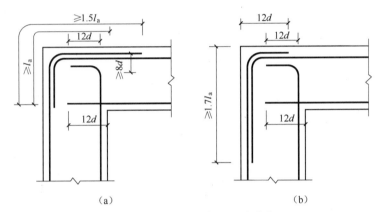

（a） （b）

图 4.2.15 顶层梁与柱现浇节点

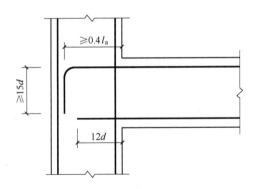

图 4.2.16 楼面梁与边柱现浇节点

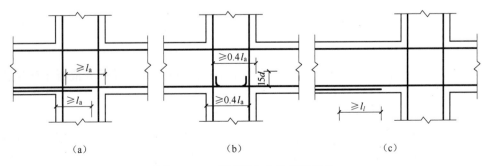

（a） （b） （c）

图 4.2.17 楼面梁与中柱现浇节点

（2）上、下柱的连接。上、下柱的钢筋连接宜采用焊接，也可采用搭接。

当柱每边钢筋不多于4根时，可在一个水平面上设置接头；当柱每边钢筋为5~8根时，可在两个水平面上设置接头；当柱每边钢筋为9~12根时，可在3个水平面上设置接头，如图4.2.18所示。下柱伸入上柱搭接钢筋的根数及直径应满足上柱的钢筋构造要求。当上、下柱截面不等时，柱的纵向受力钢筋接头如图4.2.19所示。

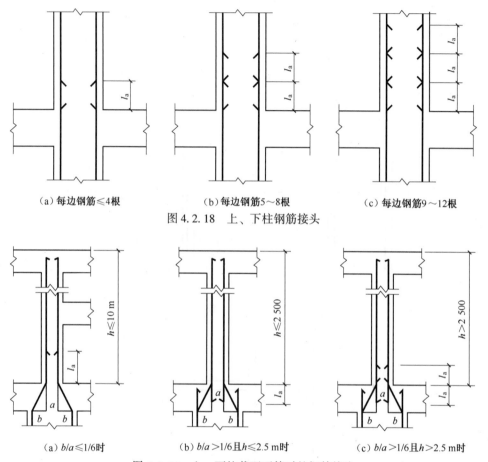

（a）每边钢筋≤4根　　（b）每边钢筋5~8根　　（c）每边钢筋9~12根

图4.2.18　上、下柱钢筋接头

（a）$b/a \leqslant 1/6$时　　（b）$b/a > 1/6$且$h \leqslant 2.5$ m时　　（c）$b/a > 1/6$且$h > 2.5$ m时

图4.2.19　上、下柱截面不等时的钢筋接头

4.2.8　装配整体式框架结构设计

为满足结构整体性、抗渗抗漏性、抗震性等方面要求，工程中的装配式建筑多为装配整体式结构。现对不考虑抗震设防要求的装配整体式框架结构的设计要点进行介绍。

4.2.8.1　一般规定

（1）除《装配式混凝土结构技术规程》（JGJ 1—2014）和《装配式混凝土建筑技术标准》（GB/T 51231—2016）另有规定外，装配式整体式框架结构可按现浇混凝土框架结构进行设计。

（2）预制柱的纵向钢筋连接：当房屋高度不大于12 m或层数不超过3层时，可采用套筒灌浆、浆锚搭接、焊接等连接方式；否则，宜采用套筒灌浆连接。

（3）预制柱水平接缝处不宜出现拉力。

4.2.8.2　构造设计

1. 叠合梁

装配整体式框架结构中，当采用叠合梁时，框架梁的后浇混凝土叠合层厚度不宜小于 150 mm，次梁的后浇混凝土叠合层厚度不宜小于 120 mm；当采用凹口截面预制梁时，凹口深度不宜小于 50 mm，凹口边厚度不宜小于 60 mm（图 4.2.20）。

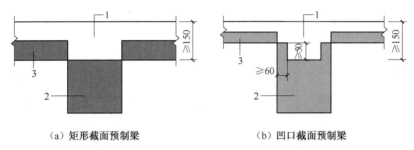

（a）矩形截面预制梁　　　　　　（b）凹口截面预制梁

1—后浇混凝土叠合层；2—预制梁；3—预制板

图 4.2.20　叠合框架梁截面示意

非抗震设计时，叠合梁的箍筋配置应符合：采用组合封闭箍筋形式时，开口箍筋上方应做成 135°弯钩，弯钩端头平直段长度不应小于 5d（d 为箍筋直径）；现场应采用箍筋帽封闭开口箍，箍筋帽末端应做成 135°弯钩，且弯钩端头平直段长度不应小于 5d（图 4.2.21）。

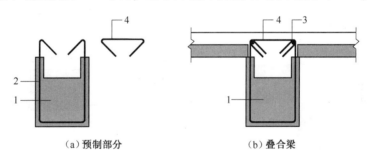

（a）预制部分　　　　　　　（b）叠合梁

1—预制梁；2—开口箍筋；3—上部纵向钢筋；4—箍筋帽

图 4.2.21　采用组合封闭箍筋的叠合梁

叠合梁可采用对接连接，连接处应设置后浇段，后浇段的长度应满足梁下部纵向钢筋连接作业的空间需求；梁下部纵向钢筋在后浇段内宜采用机械连接、套筒灌浆连接或焊接连接；后浇段内的箍筋应加密，间距不应大于 5d（d 为纵向钢筋直径），且不应大于 100 mm（图 4.2.22）。

主梁与次梁采用后浇段连接时，端节点、中间节点需满足构造要求，如图 4.2.23 所示。

2. 预制柱

预制柱的设计应满足《混凝土结构设计规范》的基本要求，且柱纵向受力筋直径不宜小于 20 mm；矩形柱截面宽度或圆柱直径不宜小于 400 mm，且不宜小于同方向梁宽的 1.5 倍；纵向受力筋在柱底采用套筒灌浆连接时，柱箍筋加密区长度不应小于纵向受力筋连接区域长度与 500 mm 之和，套筒上端第一道箍筋距离套筒顶部不应大于 50 mm（图 4.2.24）。

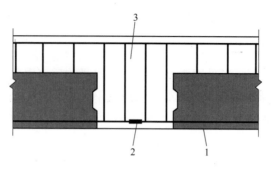

1—预制梁；2—钢筋连接接头；3—后浇段

图 4.2.22　叠合梁连接节点

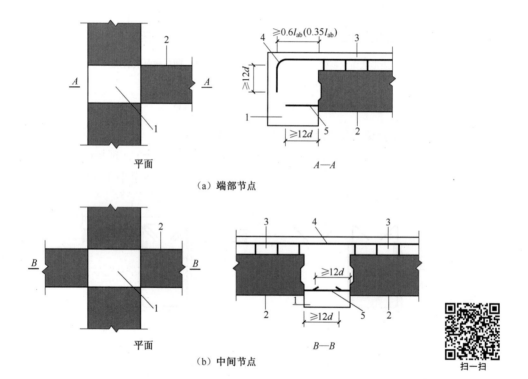

（a）端部节点

（b）中间节点

1—主梁后浇段；2—次梁；3—后浇混凝土叠合层；4—次梁上部纵向钢筋；5—次梁下部纵向钢筋

图 4.2.23　主、次梁连接节点构造

3. 梁、柱节点

装配整体式框架中，预制柱与叠合梁的连接关系着结构体系的整体性和承载力。柱底接缝宜设置在楼面标高处，具体做法如图 4.2.25 所示。

梁、柱纵向钢筋在后浇节点区内可采用直线锚固、弯折锚固或机械锚固方式，锚固长度应符合《混凝土结构设计规范》相关规定；当采用锚固板时，应符合现行行业标准《钢筋锚固板应用技术规程》（JGJ 256—2011）的有关规定。

装配整体式框架结构，梁纵向受力筋应伸入后浇节点区内锚固或连接，中间层中节点、中间层端节点、顶层中节点、顶层端节点具体构造如图 4.2.26～图 4.2.29 所示。

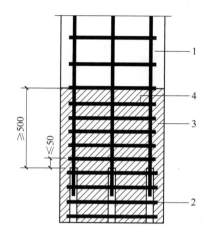

1—预制柱；2—套筒灌浆连接接头；3—箍筋加密区；4—加密区箍筋

图 4.2.24　采用套筒灌浆连接时柱底箍筋加密区构造

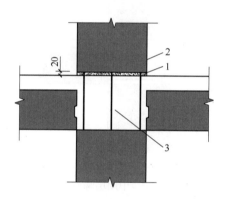

1—后浇节点区混凝土上表面粗糙面；2—接缝灌浆层；3—后浇区

图 4.2.25　柱底接缝构造

4.2.9　框架结构楼梯设计

楼梯作为重要的逃生通道，却在大量的震害统计中表现出先于主体结构的严重破坏，使其丧失"安全岛"的作用，而这种现象在框架结构房屋中表现得尤为突出。究其原因，常规设计是将楼梯间与框架结构主体分开设计，框架主体结构分析中将楼梯间作开洞处理，将其荷载作为重力荷载代表值的一部分考虑其对框架结构的抗震影响。而这种设计方法，忽略了楼梯间与框架结构的整体性，忽略了楼梯梯段斜撑作用及其框架结构整体抗震性能的影响，导致楼梯间与其周边框架结构构件的联系不够紧密，成为地震中的第一道防线优先被破坏。

为保证楼梯的"安全岛"功能，在进行框架结构楼梯设计中，应考虑楼梯对框架的斜撑效应。具体方法有两种：一是"收"，在建模中，将楼梯间与框架结构主体一起建模并进行结构分析，以此将楼梯间所在开间所增加的地震能量"收"进来，通过钢筋配置来抵抗地震作用；二是"放"，通过设置滑动支座，将楼梯与框架主体分开，削弱楼梯斜撑效应，

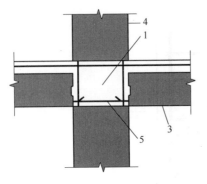
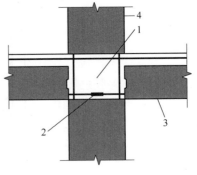

（a）梁下部纵向受力钢筋锚固　　　　　　　　（b）梁下部纵向受力钢筋连接

1—后浇区；2—梁下部纵向受力筋连接；3—预制梁；
4—预制柱；5—梁下部纵向受力筋锚固

图 4.2.26　中间层中间节点构造

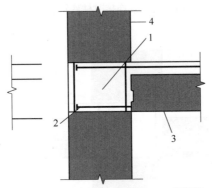

1—后浇区；2—梁纵向受力筋锚固；3—预制梁；4—预制柱

图 4.2.27　中间层端节点构造

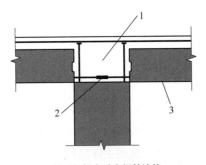
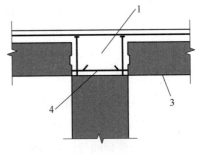

（a）梁下部纵向受力钢筋连接　　　　　　　　（b）梁下部纵向受力钢筋锚固

1—后浇区；2—梁下部纵向受力筋连接；3—预制梁；4—梁下部纵向受力筋锚固

图 4.2.28　顶层中间节点构造

"放"掉地震能量对楼梯的影响。

　　目前，方法一操作复杂，在工程中应用不多；方法二的具体做法已在专业图集《混凝土结构施工图平面整体表示方法制图规则和构造详图》（现浇混凝土板式楼梯）（16G101-3）中有明确说明，即在低端梯梁与梯段间设置滑动支座。

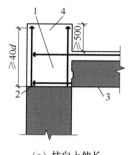
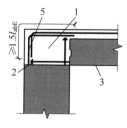

（a）柱向上伸长　　　　　　（b）梁柱外侧钢筋搭接

1—后浇区；2—梁下部纵向受力筋锚固；3—预制梁；4—柱延伸段；5—梁柱外侧钢筋搭接

图 4.2.29　顶层端节点构造

4.3　剪力墙结构

剪力墙结构是由一系列纵向、横向剪力墙及楼盖所组成的空间结构，承受竖向荷载和水平荷载，是高层建筑中常用的结构形式。由于纵、横向剪力墙在其自身平面内的刚度都很大，水平荷载作用下产生的侧移较小，因此这种结构抗震及抗风性能都较强，承载力要求也比较容易满足，适宜于建造层数较多的高层建筑。

剪力墙主要承受两类荷载：一类是楼板传来的竖向荷载，在地震区还应包括竖向地震作用的影响；另一类是水平荷载，包括水平风荷载和水平地震作用。所以，剪力墙的内力分析包括竖向荷载作用下的内力分析和水平荷载作用下的内力分析。在竖向荷载作用下，各片剪力墙所受的内力比较简单，可按照材料力学原理进行计算；在水平荷载作用下剪力墙的内力和位移计算都比较复杂。

4.3.1　剪力墙的分类和受力特点

为满足使用要求，剪力墙常开有门窗洞口。通过理论分析和试验研究表明，剪力墙的受力特性与变形状态主要取决于剪力墙上的开洞情况。洞口的存在与否，洞口的大小、形状及位置的不同都将影响剪力墙的受力性能。按受力特性的不同，剪力墙主要可分为整体剪力墙、整体小开口剪力墙、联肢剪力墙（多肢墙）和壁式框架剪力墙等几种类型。

1. 整体剪力墙

无洞口的剪力墙或剪力墙上开有一定数量的洞口，但洞口的面积不超过墙体面积的15%，且洞口至墙边的净距及洞口之间的净距大于洞孔长边尺寸时，可以忽略洞口对墙体的影响，这种墙体称为整体剪力墙（或称为悬臂剪力墙），如图 4.3.1（a）所示。

2. 整体小开口剪力墙

如图 4.3.1（b）所示，当剪力墙上所开洞口面积稍大且超过墙体面积的15%时，通过洞口的正应力分布已不再呈直线，而是在洞口两侧的部分横截面上，其正应力分布各成一直线。这说明除了整个墙截面产生整体弯矩外，每个墙肢还出现局部弯矩。但由于洞口不是很大，局部弯矩不超过水平荷载的悬臂弯矩的15%。因此，可以认为剪力墙截面变形大体上仍符合平面假定，且大部分楼层上墙肢没有反弯点。这种剪力墙称为小开口剪力墙。

3. 联肢剪力墙

洞口开得比较大，剪力墙截面的整体性已经破坏，横截面上正应力的分布远不是遵循沿一根直线的分布规律，剪力墙的截面变形也不再符合平截面假设。但墙肢的线刚度比同列两孔间所形成的连梁的线刚度大得多，每根连梁中部有反弯点，各墙肢单独弯曲作用较为显著，但仅在个别或少数层内，墙肢出现反弯点。这种剪力墙可视为由连梁把墙肢联结起来的结构体系，故称为联肢剪力墙。其中，仅由一列连梁把两个墙肢联结起来的称为双肢剪力墙［图 4.3.1（c）］；由两列以上的连梁把三个以上的墙肢联结起来的称为多肢剪力墙。

4. 壁式框架剪力墙

洞口开得比联肢剪力墙更宽，墙肢宽度较小，墙肢与连梁刚度接近时，墙肢明显出现局部弯矩，在许多楼层内有反弯点。此时，剪力墙的内力分布接近框架，故称壁式框架剪力墙［图 4.3.1（d）］。壁式框架实质是介于剪力墙和框架之间的一种过渡形式，它的变形已很接近剪切型。壁柱和壁梁都较宽，会在梁柱交接区形成刚域。

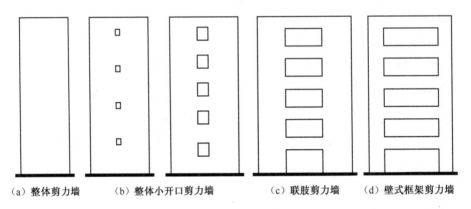

（a）整体剪力墙　　　（b）整体小开口剪力墙　　　（c）联肢剪力墙　　　（d）壁式框架剪力墙

图 4.3.1　剪力墙的类型

剪力墙结构整体性强，抗侧移刚度大，侧向变形小，在承载力方面的要求易得到满足，适用于建造较高的建筑。但由于墙体较密，使建筑平面布置和空间利用受到限制，较难满足大空间建筑功能的要求；此外，剪力墙结构自重较大，加上抗侧刚度较大，结构自振周期较短，对其抗震能力有一定的削弱。

4.3.2　剪力墙的布置

对于高层建筑，剪力墙的布置对其受力和变形形态有重要影响作用，故在布置剪力墙时需遵循以下原则：

（1）剪力墙在平面上应沿建筑物主轴方向布置。

（2）剪力墙片应尽量对直拉通，否则不能视为整体墙片。

（3）剪力墙结构的平面形状力求简单、规则、对称，墙体布置力求均匀，使质量中心与刚度中心尽量接近。但当建筑平面形状任意时，在受力复杂处，剪力墙应适当加密。

（4）剪力墙结构应尽量避免竖向刚度突变，墙体沿竖向宜贯通全高，墙厚度沿竖向宜逐渐减薄，在同一结构单元内宜避免错层及局部夹层。

（5）全剪力墙体系从剪力墙布置均衡来考虑，在民用建筑中，一般横墙短而数量多，纵墙长而数量少。

（6）剪力墙宜设于建筑物两端、楼梯间、电梯间及平面刚度有变化处，同时以能纵横向相互连在一起为有利，这样对增大剪力墙刚度很有好处。

4.3.3　剪力墙内力与位移计算要点

剪力墙结构因类型和开洞大小的不同，计算方法和计算简图也不同。整体墙和整体小开口墙的计算简图基本上是单根竖向悬臂杆，内力可按材料力学公式（对整体墙不修正，对整体小开口墙修正）计算。其他类型剪力墙，其计算简图均无法用单根竖向悬臂杆代表，而应按能反映其形态的结构体系计算。

4.3.3.1　整体剪力墙

对于整体剪力墙，在水平荷载作用下，根据其变形特征（截面变形后仍符合平面假定），可视为一整体的悬臂受弯杆件，用材料力学中悬臂梁的内力和变形的基本公式进行计算。

1. 内力计算

整体墙可按上端自由，下端固定的悬臂构件，计算其任意截面的弯矩和剪力。总水平荷载可按各片剪力墙的等效抗弯刚度分配，然后进行单片剪力墙的计算。

剪力墙的等效抗弯刚度（或叫等效惯性矩）就是将墙的弯曲、剪切和轴向变形之后的顶点位移，按顶点位移相等的原则，折算成一个只考虑弯曲变形的等效竖向悬臂杆的刚度。

2. 位移计算

整体墙的位移，如墙顶的侧向位移，同样可以采用力学计算，但由于剪力墙的截面高度较大，故应考虑剪切变形对位移的影响。当开洞时，还应考虑洞口对位移增大的影响。

4.3.3.2　整体小开口剪力墙

小开口剪力墙在水平荷载作用下的受力性能接近整体剪力墙，其截面在受力后基本保持平面，正应力分布图形也大体保持直线分布，各墙肢中仅有少量的局部弯矩；沿墙肢高度方向，大部分楼层中的墙肢没有反弯点。在整体上，这类剪力墙仍类似于竖向悬臂杆件，这为利用力学计算内力和侧移提供了前提。再考虑局部弯曲应力的影响，进行修正，则可解决小开口剪力墙的内力和侧移计算。具体计算步骤如下：

（1）将整个小开口剪力墙作为一个悬臂杆件，按材料力学公式算出标高 z 处的总弯矩、总剪力和基底剪力。

（2）将总弯矩分为两部分：①产生整体弯曲的总弯矩（占总弯矩的85%）；②产生局部弯曲的总弯矩（占总弯矩的15%）。

4.3.3.3　联肢剪力墙

要得出双肢墙的计算简图，需作如下几点假定：

（1）将每一楼层处的连系梁简化为均匀连续分布的连杆。

（2）忽略连系梁的轴向变形，即假定两墙肢在同一标高处的水平位移相等。

（3）假定两墙肢在同一标高处的转角和曲率相等，即变形曲线相同。

（4）假定各连系梁的反弯点在该连系梁的中点。

（5）认为双肢墙的层高 h、惯性矩 I、截面积 A，连系梁的截面积和惯性矩等参数沿墙高度方向均为常数。

双肢墙由连梁将两墙肢联结在一起，且墙肢的刚度一般比连梁的刚度大很多，相当于柱梁刚度比很大的一种框架，属于高次超静定结构，可采用连梁连续化的分析法进行内力和位移计算。

4.3.3.4　壁式框架剪力墙

由于墙肢和连梁的截面高度较大，节点区也较大，故计算时应将节点视为墙肢和连梁的刚域，按带刚域的框架（壁式框架）进行分析。

4.3.4　装配整体式剪力墙结构设计

4.3.4.1　一般规定

装配整体式剪力墙结构的布置应满足下列要求：

（1）应沿两个方向布置。

（2）剪力墙的截面宜简单、规则；门窗洞口宜上下对齐、成列布置。

4.3.4.2　预制剪力墙构造要求

预制剪力墙宜采用一字形，也可采用 L 形、T 形或 U 形；洞口宜居中布置，洞口两侧的墙肢宽度不应小于 200 mm，洞口上方连梁高度不宜小于 250 mm。

预制剪力墙的连梁不宜开洞；若被开洞，应进行承载力验算，洞口处应配置补强纵向钢筋和箍筋，且补强纵向钢筋直径不应小于 12 mm。

预制剪力墙开洞边长小于 800 mm 时，可不考虑洞口对结构整体的影响，但要在洞口周边配置补强钢筋，具体构造如图 4.3.2 所示。

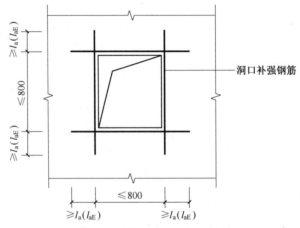

图 4.3.2　预制剪力墙洞口补强钢筋配置

当采用套筒灌浆连接时，自套筒底部到套筒顶部并向上延伸 300 mm 范围内，预制剪力墙的水平分布筋应加密，具体要求如图 4.3.3 和表 4.3.1 所示。

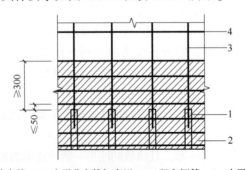

1—灌浆套筒；2—水平分布筋加密区；3—竖向钢筋；4—水平分布筋

图 4.3.3　钢筋套筒灌浆连接部位水平分布筋加密构造

表 4.3.1　加密区水平分布筋的要求　　　　　　　　　　单位：mm

抗震等级	最大间距	最小直径
一、二级	100	8
三、四级	150	8

若预制剪力墙端部无边缘构件，宜在端部配置 2 根直径不小于 12 mm 的竖向构造钢筋；并沿该钢筋竖向配置直径不宜小于 6 mm、间距不宜大于 250 mm 的拉筋。

当预制外墙采用夹心墙板时，外叶墙板厚度不应小于 50 mm，且与内叶墙板有可靠连接；夹心外墙板的夹层厚度不宜大于 120 mm；当作为承重墙时，内叶墙板应按剪力墙设计。

4.3.4.3　连接设计

1. 剪力墙水平连接

楼层内相邻预制剪力墙之间应采用整体式接缝连接。当接缝位于纵横墙交接处的约束边缘构件区域时，约束边缘构件的阴影区域（图 4.3.4）宜全部采用后浇混凝土，并设置封闭箍筋；当接缝位于纵横墙交接处的构造边缘构件区域时，构造边缘构件宜全部采用后浇混凝土（图 4.3.5），当仅在一面墙上设置后浇段时，后浇段长度不宜小于 300 mm（图 4.3.6）。

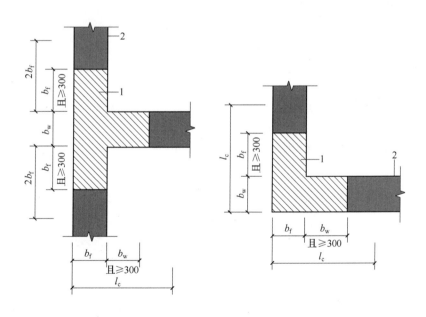

1—后浇段；2—预制剪力墙；l_c—约束边缘构件沿墙肢长度

图 4.3.4　约束边缘构件阴影区域全部后浇构造

2. 剪力墙竖向连接

屋面及立面收进的楼层，应在预制剪力墙顶部设置封闭的后浇钢筋混凝土圈梁，如图 4.3.7 所示。

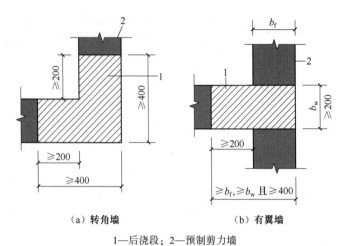

（a）转角墙　　　　　　　（b）有翼墙

1—后浇段；2—预制剪力墙

图 4.3.5　构造边缘构件全部后浇构造

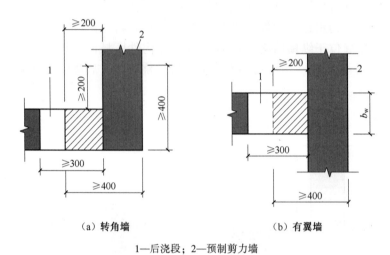

（a）转角墙　　　　　　　（b）有翼墙

1—后浇段；2—预制剪力墙

图 4.3.6　构造边缘构件部分后浇构造（应用区域为构造边缘构件范围）

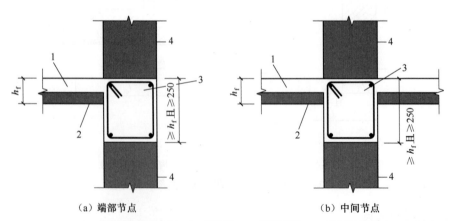

（a）端部节点　　　　　　　（b）中间节点

1—后浇混凝土叠合层；2—预制板；3—后浇圈梁；4—预制剪力墙

图 4.3.7　楼面后浇钢筋混凝土圈梁构造

当楼面位置不设置后浇圈梁时，应设置连续的水平后浇带（图 4.3.8）。水平后浇带宽度应取剪力墙的厚度，高度不应小于楼板厚度；后浇带应与现浇或叠合楼、屋盖浇筑成整体；后浇带内应配置不少于 2 根连续纵筋，其直径不宜小于 12 mm。

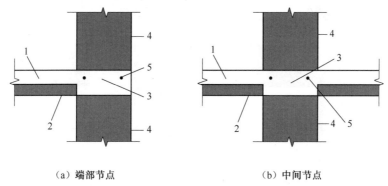

（a）端部节点　　　　　　　　　　（b）中间节点

1—后浇混凝土叠合层；2—预制板；3—水平后浇带；4—预制墙板；5—纵向钢筋

图 4.3.8　楼面水平后浇带构造

预制剪力墙底部接缝宜设置在楼面标高处，接缝高度宜为 20 mm；宜采用灌浆料填实；接缝处后浇混凝土上表面应设置粗糙面。

当上、下层预制剪力墙的竖向钢筋，采用套筒灌浆连接和浆锚搭接连接时，边缘构件竖向钢筋应逐根连接；预制剪力墙的竖向分布筋仅部分连接时（图 4.3.9），被连接的同侧钢筋间距不应大于 600 mm，不连接的竖向分布筋直径不应小于 6 mm，且在剪力墙构件承载力计算和分布筋配筋率计算中不计入不连接的分布筋。

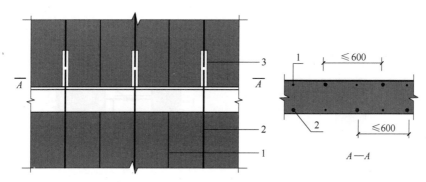

1—不连接的竖向分布筋；2—连接的竖向分布筋；3—连接接头

图 4.3.9　预制剪力墙竖向分布筋连接构造

预制剪力墙洞口上方的预制连梁宜与后浇圈梁或水平后浇带形成叠合连梁（图 4.3.10），叠合连梁的配筋及构造应满足《混凝土结构设计规范》的有关要求。

3. 剪力墙与连梁连接

当预制叠合连梁端部与预制剪力墙在平面内拼接时，接缝构造应符合下列规定：

（1）当墙端边缘构件采用后浇混凝土时，连梁纵筋应在后浇段中可靠锚固 ［图 4.3.11（a）］或连接 ［图 4.3.11（b）］。

（2）当预制剪力墙端部上角预留局部后浇节点时，连梁的纵筋应在局部后浇节点区内可靠锚固 ［图 4.3.11（c）］或连接 ［图 4.3.11（d）］。

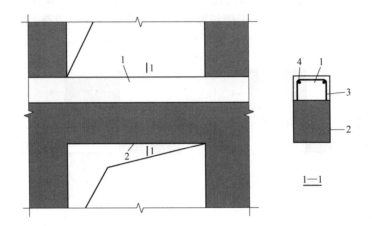

1—后浇圈梁或后浇带；2—预制连梁；3—箍筋；4—纵向钢筋

图 4.3.10　预制剪力墙叠合连梁构造

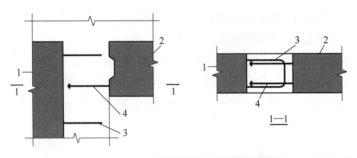

（a）预制连梁钢筋在后浇段内锚固构造

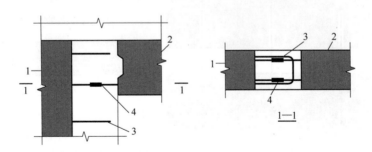

（b）预制连梁钢筋在后浇段内与预制剪力墙预留钢筋连接

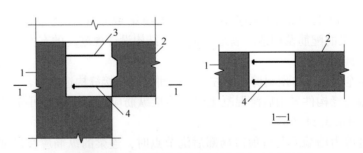

（c）预制连梁钢筋在预制剪力墙局部后浇节点区内锚固构造

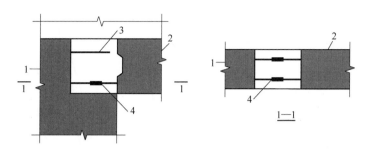

（d）预制连梁钢筋在预制剪力墙局部后浇节点区内与墙板预留钢筋连接构造

1—预制剪力墙；2—预制连梁；3—边缘构件箍筋；4—连梁下部纵向受力筋锚固或连接

图 4.3.11 同一平面内预制连梁与预制剪力墙连接构造

当采用后浇连梁时，宜在预制剪力墙端伸出预留纵向钢筋，并与后浇连梁的纵筋可靠连接（图 4.3.12）。

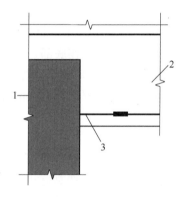

1—预制墙板；2—后浇连梁；3—预制剪力墙伸出纵向受力筋

图 4.3.12 后浇连梁与预制剪力墙连接构造

4.4 框架–剪力墙结构

扫一扫

框架–剪力墙结构也称框剪结构，这种结构是在框架结构中布置一定数量的剪力墙，构成灵活、自由的使用空间，满足不同建筑功能的要求，同样又有足够的剪力墙提供相当大的刚度。在框架中局部增加剪力墙可以在对建筑物的使用功能影响不大的前提下，使结构的抗侧刚度和承载力都有明显提高，所以这种结构体系兼有框架和剪力墙结构的优点，被广泛应用于 10~20 层建筑中。

4.4.1 变形和受力特点

在水平荷载作用下，框架结构的侧向变形曲线以剪切型为主，而剪力墙的变形则以弯曲型为主。由于两者是受力性能不同的两种结构，因而两者之间需要通过楼板的协同工作。楼板平面内刚度很大（计算中假定为无限刚性），因此在同一楼板处必有相同的位移，这就形成了框架–剪力墙结构特有的弯剪型变形曲线，如图 4.4.1 所示。

剪力墙的侧移刚度远大于框架，因此剪力墙分配的剪力也将远大于框架。由于上述变形

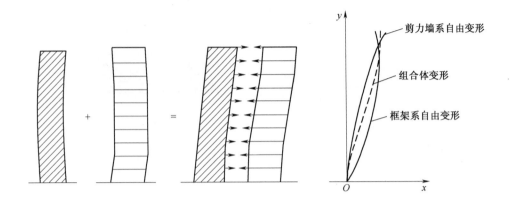

图 4.4.1　框架-剪力墙结构体系的变形特点

的协调作用，框架和剪力墙的荷载与剪力分布沿高度在不断变化。框架结构在水平荷载作用下，框架与剪力墙之间楼层剪力的分配比例和框架各楼层剪力分布情况随着楼层所处高度而变化，与结构刚度特征值 λ 直接相关。框剪结构中的框架底部剪力为零，剪力控制截面在房屋高度的中部甚至在上部，而纯框架最大剪力在底部。因此，当框架结构中布置有剪力墙（如楼梯间墙、电梯井道墙、设备管道井墙等）时，必须按框架结构与剪力墙协同工作计算内力，不应简单按纯框架分析，否则不能保证框架部分上部楼层构件的安全。

4.4.2　结构布置

由于功能要求，剪力墙位置往往受到限制，这样就不可避免地造成刚心、质心不重合，产生偏心扭矩；同时因其侧向刚度偏小，房屋建造高度也受到一定限制。所以，框架-剪力墙结构体系的结构布置除应符合其各自的相关规则外，还应满足下列要求。

（1）框架-剪力墙结构应设计成双向抗侧力体系，主体结构构件之间不宜采用铰接。抗震设计时，两主轴方向均应布置剪力墙。梁与柱或柱与剪力墙的中线宜重合，框架的梁与柱中线之间的偏心距不宜大于柱宽的 1/4。

（2）框架-剪力墙结构中剪力墙的布置一般按照"均匀、对称、分散、周边"的原则布置。

1）剪力墙宜均匀、对称地布置在建筑物的周边、楼和电梯间、平面形状变化及恒荷载较大的部位。

2）平面形状凹凸较大时，宜在凸出部分的端部附近布置剪力墙。

3）剪力墙布置时，如因建筑使用需要，纵向或横向一个方向无法设置剪力墙时，该方向可采用壁式框架或支撑等抗侧力构件，使房屋纵、横两方向在水平力作用下的位移值接近。壁式框架的抗震等级应按剪力墙的抗震等级考虑。

4）剪力墙的布置宜分布均匀，长度较长的剪力墙可设置洞口和连梁形成双肢墙或多肢墙，单肢墙或多肢墙的墙肢长度不宜大于 8 m；每段剪力墙底部承担水平力产生的剪力不宜超过结构底部总剪力的 40%。

5）纵向剪力墙宜布置在结构单元的中间区段内。房屋纵向长度较长时，不宜集中在两端布置纵向剪力墙，否则需在平面中适当部位应设置施工后浇带以减少混凝土硬化过程中的收缩应力影响，同时还应加强屋面保温以减少温度变化产生的影响。

6）楼梯间、竖井等造成连续楼层开洞时，宜在洞口边设置剪力墙，并尽量与相邻的抗侧力结构构件结合。

7）剪力墙间距不宜过大，应满足楼盖平面刚度的要求，否则应考虑楼盖平面变形的影响。

（3）框架-剪力墙结构中的剪力墙，宜设计成周边有梁柱（或暗梁柱）的带边框剪力墙。纵横向相邻剪力墙宜连接在一起形成 L 形、T 形及口形等，以增大剪力墙的刚度和抗扭能力。

（4）在长矩形平面或平面有一边较长的建筑中，横向剪力墙沿长度方向的间距宜满足相关要求；纵向剪力墙不宜集中布置在两端。

（5）剪力墙宜贯通建筑物全高，墙厚沿高度宜逐渐减小。当剪力墙不能全部贯通时，相邻楼层刚度的减弱不宜大于 30%，避免刚度突变，否则需在刚度突变的楼层设置转换层。

 本 章 小 结

（1）对于高层建筑的定义，国际上没有统一的标准。我国《高层建筑混凝土结构技术规程》（JGJ 3—2010）中，将 10 层和 10 层以上或高度超过24 m 的房屋，称为高层建筑。

（2）目前，多层、高层钢筋混凝土房屋的常用结构体系有框架结构体系、剪力墙结构体系、框架-剪力墙结构体系和筒体结构体系 4 种类型。

（3）框架结构体系是指采用梁、柱组成的框架体系作为竖向承重结构，并同时承受水平荷载的结构体系。

（4）剪力墙结构体系是指由钢筋混凝土墙体作为承重结构，由于墙体较多无法实现大空间，适用于小空间要求的住宅、旅馆等建筑。

（5）框架-剪力墙结构体系是指将框架结构和剪力墙结构结合起来的结构体系。这种体系改善了纯框架或纯剪力墙结构中上部和下部层间变形相差较大的缺点。

（6）筒体是由若干剪力墙或混凝土柱围合而成的封闭筒式结构，筒体结构体系则指以筒体为主组成的承受竖向和水平作用的结构体系。

（7）框架结构承重框架的布置方案有横向框架承重、纵向框架承重和纵横向框架混合承重。

（8）框架结构分析包括框架计算简图的确定、荷载计算和采用线性弹性假定对框架进行受力分析。竖向荷载作用下框架内力的近似分析多采用弯矩分配法和分层法；水平荷载作用下框架内力的近似计算多采用反弯点法、D 值法。

（9）建筑结构设计还应注重整体性设计。故在进行框架结构设计时，要合理进行结构布置，恰当地估算结构构件截面尺寸，保证可靠的构造措施。

 思 考 题

1. 多层及高层建筑结构有哪几种主要结构体系？试简述各自的特点。

2. 框架结构有什么特点？适用于什么高度和用途的房屋？

3. 框架结构房屋的承重框架有哪几种布置形式？每种布置形式有什么特点？

4. 如何估算框架梁和框架柱的截面尺寸、确定框架的计算简图？

5. 框架结构在水平、竖向荷载作用下的内力计算方法各自有哪些？

6. 框架结构的内力应如何组合？

7. 为什么要进行框架结构的侧移验算？如何验算？

8. 对框架梁、柱的主要构造要求有哪些？

9. 试分析框架结构在水平荷载作用下，框架柱反弯点高度的影响因素有哪些？

10. D 值法中 D 值的物理意义是什么？

11. 试分析单层单跨框架结构承受水平荷载的作用，当梁柱线刚度比由零变到无穷大时，柱的反弯点高度是如何变化的？

12. 框架结构设计时一般可对梁端弯矩进行调幅，现浇框架梁与装配整体式框架梁的梁端弯矩调幅系数是否一致？哪个大？为什么？

习　题

试分别用反弯点法、D 值法计算如习题 4.1 图所示框架的内力和水平位移，并将计算结果与结构力学求解器计算结果进行比较分析。图中，第一、二跨跨度分别为 3.6 m、4.5 m，第一、二层高度分别为 3.6 m、3.3 m；各杆件旁标示为杆线刚度，$i = 2\ 600$ kN·m。

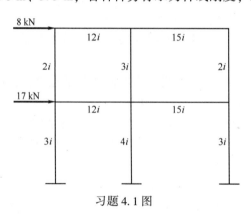

习题 4.1 图

第5章

砌体结构

教学目标：

1. 了解砌体结构的力学性能和抗压强度设计值的确定；

2. 掌握无筋砌体结构构件在均匀受压、局部受压下的承载力计算；

3. 了解无筋砌体的受弯、受拉和受剪承载力计算；

4. 掌握多层砌体结构房屋的静力计算方案及墙、柱设计；

5. 熟悉混合结构房屋的构造措施；

6. 了解各种配筋砌体的受力性能；

7. 了解配筋砌体构件的承载力计算；

8. 熟悉过梁、挑梁的受力性能和设计；

9. 了解砌体结构的构造要求。

5.1 概　　述

砌体结构是指由块体（砖、石或砌块等）和砂浆砌筑而成的墙体或柱体作为建筑物主要受力构件的结构。根据块体的类型不同，砌体结构可细分为砖砌体、石砌体和砌块砌体等。

5.1.1 砌体结构的特点和应用范围

扫一扫

砖和石材是两种古老的建筑材料，历史悠久且耐久耐用，被广泛地应用于砌体结构中，故砌体结构过去被习惯称为砖石结构。迄今为止，国内外优秀的砖石结构建筑不胜枚举，如世界八大奇迹的埃及金字塔及巴比伦空中花园、古希腊雅典卫城的雅典娜神庙、罗马的万神庙、中国的万里长城、西安的大雁塔、河北赵县的安济桥等。这些举世闻名的古建筑为世人展现了古代人民的聪明才智和高超的建筑艺术创造性与技术水平，也为人类文明的进步奠定了重要基础。

砌体结构的特点可归纳如下。

1. 优点

（1）易于就地取材。砖主要用黏土烧制、石材的原料是天然石、砌块可用工业废料——矿渣制作，来源方便，价格低廉。

（2）耐火性和耐久性好。

（3）施工技术简单。砌筑时不需要模板和特殊的施工设备，不需要养护期，施工受季节影响较小。

（4）具有承重和结构围护双重功效，且隔热保温。

（5）当采用砌块或大型板材作墙体时，可以减轻结构自重，加快施工进度，进行工业化生产和施工。

（6）抗爆破及抗倒塌能力强，局部的破坏不会影响整体。

（7）经济性能好。与钢结构、混凝土结构相比，可节约大量钢材、模板。

2. 缺点

（1）材料强度低、用量大。与钢材和混凝土相比，砌体的抗拉和抗剪强度较低，因而构件的截面尺寸较大，材料用量多，自重大。

（2）施工工艺落后。砌体的砌筑基本上是手工方式，劳动量大，工时较长。

（3）抗震性能差。块材为脆性材料，且砌体房屋整体性差，导致其抗震性能较差，在使用上受到一定限制。

（4）占用农田、消耗资源。黏土砖需用黏土制造，在一定程度上占用过多农田，影响农业生产；烧制黏土砖需要消耗大量能源，污染环境，不利于经济的可持续发展。

由于砌体结构具有以上优点，应用范围广泛。同时，由于砌体结构也存在缺点，限制了它在某些工程中的应用。

5.1.2 砌体结构的种类

砌体结构种类多，按照其配筋与否可将砌体结构分为两大类，即无筋砌体和配筋砌体。

5.1.2.1 无筋砌体

仅由块体和砂浆组成的砌体称为无筋砌体，包括砖砌体、石砌体和砌块砌体。这类砌体广泛用于早期的建筑物中，但抗震性能较差。

扫一扫

1. 砖砌体

按照砖类型的不同，砖砌体可分为烧结普通砖砌体、烧结多孔砖砌体、混凝土普通砖砌体、混凝土多孔砖砌体以及硅酸盐砖，如蒸压粉煤灰砖砌体和蒸压灰砂砖砌体等。而按照不同的砌筑形式，砖砌体又可分为实心砌体和空心砌体。工程中大量采用的是实心砌体，如建筑物中的墙体、柱、基础以及挡土墙、涵洞等。

实心砌体通常采用一顺一丁、三顺一丁和梅花丁的砌筑方式（图5.1.1）。常见的砖墙厚有120 mm（半砖）、240 mm（一砖）和370 mm（3/2砖），其中120 mm厚的砖墙属于自承重墙，用于房间、卫生间、厨房等处的隔墙；后两种厚度是工程中常用的内墙或外墙厚度，既可以用于只起分隔维护作用的自承重墙，又可用于承重墙。

空心墙用砖侧砌或平、侧交替砌筑而成，具有用料省、自重轻和隔热、隔声性能好等优点，适用于1~3层民用建筑的承重墙或框架建筑的填充墙。但这种砌体施工复杂、整体性和抗震性都较差，新规范已取消这种结构形式的相关内容。

2. 石砌体

石砌体是由于石材和砂浆砌筑而成的整体。根据材料的不同，又可分为料石砌体、毛石砌体和毛石混凝土砌体（图5.1.2）。其中，料石砌体可作为一般民用建筑的承重墙、柱和基础；毛石砌体因形状不规则，可用于挡土墙、基础等。

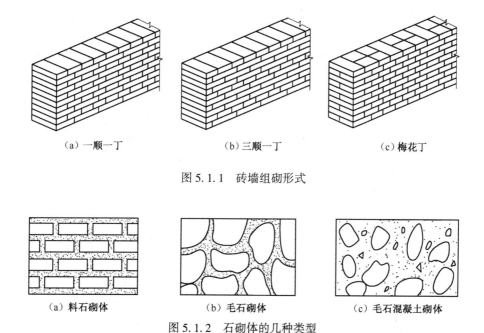

（a）一顺一丁　　　　　（b）三顺一丁　　　　　（c）梅花丁

图 5.1.1　砖墙组砌形式

（a）料石砌体　　　　　（b）毛石砌体　　　　　（c）毛石混凝土砌体

图 5.1.2　石砌体的几种类型

3. 砌块砌体

砌块一般用于多层民用建筑及工业厂房的墙体中，目前国内使用最多的是混凝土小型空心砌块。这种砌块尺寸比一般的砖小，砌筑更复杂，既要保证上下皮砌块搭接长度不小于90 mm，又要保证砌块孔对孔。所以，工程中要尽量用主规格砌块，且砌筑前要设计好各配套砌块的排列方式。

5.1.2.2　配筋砌体

在砌体构件截面受建筑设计限制不能加大，而构件截面承载力不足时，可在砌体内设置一定量的受力钢筋，使之成为配筋砌体。目前常用的配筋砌体有以下几种。

1. 网状配筋砖砌体

网状配筋砖砌体是在砖砌体的水平灰缝内配置网状钢筋的砌体。网状钢筋按其组成方式的不同，可分为方格钢筋网和连弯钢筋网（图 5.3.10）。钢筋网被设置在水平灰缝中，与砂浆和砌块黏结成一整体；并且可有效地限制砌体构件在轴向压力下的横向变形，使构件处于三向受力的状态，从而大大提高砌体的轴心受压承载力。

2. 组合砖砌体

外表面或砌体内部配有钢筋混凝土或钢筋砂浆的砖砌体称为组合砖砌体。目前我国应用较多的组合砖砌体有外包式组合砖砌体和内嵌式组合砖砌体。

外包式组合砖砌体是指在砖砌体构件的外侧配置一定厚度的钢筋混凝土面层或钢筋砂浆面层，以提高砌体的承载力（图 5.3.11）。

砖砌体和钢筋混凝土构造柱组合墙是一种常见的内嵌式组合砖砌体（图 5.3.16）。钢筋混凝土柱不仅可以分担砖墙承受的部分荷载，同时与圈梁形成弱框架，有效地约束了砌体的变形，对增强房屋的变形能力和抗倒塌能力十分有效。这种墙体施工必须先砌墙后浇筑混凝土构造柱，且墙与构造柱的连接面要砌成马牙槎，以保证两者的协同工作性能。

3. 配筋砌块砌体

在砌块砌体的水平灰缝或灌浆孔中配置钢筋，构成配筋砌块砌体（图 5.1.3）。这种砌体自重轻、地震作用小、抗震性能好，受力性能类似于钢筋混凝土结构，但造价较钢筋混凝土结构低。此外，因其块材为砌块，在节土、节能等方面都有积极作用，有广泛的应用前景。

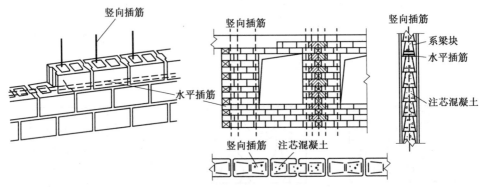

图 5.1.3 配筋砌块砌体柱示意图

5.2 砌体材料及砌体的力学性能

5.2.1 砌体材料及强度等级

5.2.1.1 块材

块材（masonry unit）是砌体的主要组成部分，通常占砌体总体积的 78% 以上。现阶段工程中常用的块材有以下几类。

1. 砖

用于建筑结构中的砖有烧结砖和非烧结硅酸盐砖两大类。

（1）烧结砖。烧结砖包括烧结普通砖、烧结多孔砖和烧结空心砖等，图 5.2.1 所示为工程中常见的几种规格烧结砖。

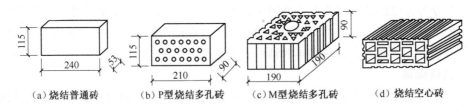

(a) 烧结普通砖　　(b) P型烧结多孔砖　　(c) M型烧结多孔砖　　(d) 烧结空心砖

图 5.2.1 常用的几种烧结砖

烧结普通砖（fired common brick）是指由黏土、页岩、煤矸石或粉煤灰为主要原料经过焙烧而成的实心或孔洞率不大于规定值且外形尺寸符合规定的砖，分为烧结黏土砖、烧结页岩砖、烧结煤矸石砖和烧结粉煤灰等。目前，我国生产的标准实心砖的公称尺寸为 240 mm× 115 mm×53 mm，重度为 16~18 kN/mm^3。

烧结多孔砖（fired perforated brick）是指以黏土、页岩、煤矸石或粉煤灰为主要原料经焙烧而成、孔洞率不小于规定值，且孔的尺寸小而数量多的砖。当孔洞率不小于 25% 时，称为承重烧结多孔砖，主要用于承重部位；当孔洞率为 40%～60% 时，为非承重烧结多孔砖，又称烧结空心砖，主要用于框架填充墙和非承重隔墙，主要尺寸有 240 mm×115 mm×90 mm 和 240 mm×190 mm×90 mm。

（2）非烧结硅酸盐砖。非烧结硅酸盐砖是用硅酸盐材料压制成型后，经压力和蒸汽养护而成的实心砖。常用的非烧结硅酸盐砖有蒸压灰砂砖和蒸压粉煤灰砖等。

蒸压灰砂砖（autoclaved sand-lime brick）指以石英砂和石灰为主要原料，加入着色料和外加剂，经坯料制备、压制成型、蒸压养护而成的实心砖，简称灰砂砖。

蒸压粉煤灰砖（autoclaved flyash-lime brick）指以粉煤灰为主要原料，掺入适量的石灰、石膏等碱化剂和一定量的炉渣或矿渣作骨料，经坯料制备、压制成型、高压蒸汽养护而成的实心砖，简称粉煤灰砖。

非烧结硅酸盐砖尺寸规格同烧结普通砖，能基本满足一般的建筑工程使用要求，但这类块体强度较低、耐久性较差，在多层建筑中不宜采用。此外，这类砖不能用于温度长期过高或有酸性介质侵蚀的部位。此外，在制作这类块材时应保证符合有关标准，以避免造成环境污染。

块体的强度等级是根据受压试件标准试验方法测得的抗压强度，并考虑规定的抗折强度来划分的。块体强度等级用"MU"表示，烧结砖的强度等级分为 MU30、MU25、MU20、MU15 和 MU10 五个等级；蒸压砖的强度等级可分为 MU25、MU20、MU15 三个等级。

2. 砌块

制作砌块的材料很多，混凝土、轻集料混凝土及硅酸盐等均可。根据所用材料和块体孔洞率的不同，砌块的主要类型有实心砌块、微孔砌块和空心砌块。按尺寸大小的不同，砌块又可分为小型（高度在 350 mm 以下）、中型（高度在 360～900 mm）和大型（高度大于 900 mm）三种，如图 5.2.2 所示。目前，我国砌体结构中应用较多的为混凝土小型空心砌块，原料为普通混凝土或轻骨料混凝土，主规格尺寸为 390 mm×190 mm×190 mm，简称小砌块。

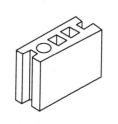 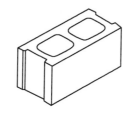 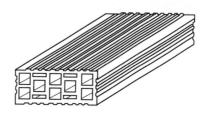

（a）混凝土中型空心砌砖 （b）混凝土小型空心砌砖 （c）烧结空心砌砖

图 5.2.2 砌块材料

混凝土砌块的强度等级是根据单块受压毛截面试验所得的破坏荷载折算到毛截面积上后确定的，分为 MU20、MU15、MU10、MU7.5 和 MU5 五个等级。

3. 石材

石材主要指天然岩石，按其重度大小分为重质天然石（重度大于 18 kN/m³）及轻质天然石（重度小于 18 kN/m³）。工程中常用的重质天然石包括花岗岩、砂岩、石灰石等，具有高强度、高抗冻性和抗气性，可用于承重墙、基础、挡土墙的砌筑。但重质石具有较高的传热性，不宜用于炎热或寒冷地区的建筑外墙中。

石材按其加工后的外形规整程度分为料石和毛石。料石按加工粗细程度又可分为细料石、半细料石、粗料石和毛料石，其截面高度和宽度尺寸一般不宜小于 200 mm，且不小于长度的 1/4，叠砌面凹入深度依次不应大于 10 mm、15 mm、20 mm 和 25 mm，形状比较规整，多用于墙体。毛石形状不规则，中部厚度不小于 200 mm，多用于地下结构和基础。

石材的强度等级分为 MU100、MU80、MU60、MU50、MU40、MU30、MU20 七个等级。

5.2.1.2 砂浆和灌孔混凝土

1. 砂浆

砂浆（mortar）是由胶凝材料（水泥、石灰、石膏、黏土等）和细骨料（砂）加水搅拌而成的混合料，其作用是将砌体内的块体连成一整体，并因抹平块体表面而促使应力的均匀分布。此外，砂浆填满块体间的缝隙，减少了砌体的透气性，从而提高了砌体的保温、隔热、隔声、防潮、抗冻等性能。

按组成材料的不同，砂浆可分为水泥砂浆、非水泥砂浆（石灰砂浆、黏土砂浆、石膏砂浆）及混合砂浆。

水泥砂浆由水泥、砂和水拌和而成，具有强度高、硬化快、耐久性好等优点，但和易性差，水泥用量大，适用于砌筑受力较大或潮湿环境中的砌体。

非水泥砂浆指不含水泥的砂浆，如石膏砂浆、黏土砂浆等。这类砂浆强度低、耐久性差，只适用于强度要求不高的低层建筑或简易的临时建筑。

混合砂浆指添加塑性掺和料的水泥砂浆，如水泥石灰砂浆、水泥石膏砂浆等。混合砂浆和易性、保水性好，便于施工，并具有一定的强度和耐久性，适用于砌筑一般的砌体墙、柱，但不宜用于水下和潮湿环境的砌体中。

砂浆的强度等级是以砂浆标准立方体试块（70.7 mm×70.7 mm×70.7 mm），在标准状况下养护 28 d，进行抗压试验测得的极限抗压强度确定的。砂浆的强度等级符号用"M"表示，《砌体结构设计规范》（GB 50003—2011 以下简称《砌体规范》）规定采用的强度等级为 M15、M10、M7.5、M5、M2.5 五个等级。

砌筑用砂浆不仅要具有足够的强度，还应满足以下几点要求：

（1）砂浆应符合建筑物耐久性的要求。

（2）砂浆应具有较好的可塑性，应方便在砌筑时能将砂浆很容易且较均匀地铺开，以提高砌体强度和砌筑工人的劳动生产率。

（3）砂浆应具有适当的保水性，使其不至于出现明显的泌水、分层、离析现象，以保证砂浆的强度和砂浆与块体之间的黏结力。

此外，为保证砌块砌体的砌筑质量，《砌体规范》提出采用砌块专用砂浆。砌块专用砂浆是用一定比例的水泥、砂、水和掺和料及外加剂，通过机械拌和而成的，具有更好的黏结力与和易性。砌块专用砂浆的强度等级用"Mb"表示，分为 Mb20、Mb15、Mb10、Mb7.5 和 Mb5 五个等级。

2. 灌孔混凝土

在混凝土小型砌块建筑中，为提高房屋的整体性、承载力和抗震性能，常在砌块上、下贯通的竖向空洞中设置钢筋并浇注混凝土，使其成为钢筋混凝土柱。此外，有些砌块砌体中，虽然未设置钢筋，但为了增大构件横截面积，或满足其他功能要求，也需要灌孔。水泥、骨料、水及根据需要掺入的掺和料和外加剂等成分，按照一定比例由机械搅拌后，用于浇注混凝土砌块砌体芯柱或其他需要填实部位的混凝土称为灌孔混凝土。这类混凝土应具有较大的流动性，坍落度应控制在200~250 mm。灌孔混凝土的强度等级用"Cb"表示，分为Cb40、Cb35、Cb30、Cb25、Cb20 五级，灌孔混凝土的强度等级不应低于Cb20。

5.2.1.3　块材和砂浆的选择

块材和砂浆的选择有以下几个要点。

（1）砌体结构在选择材料时，首先要符合承载力要求，此外还需满足耐久性要求。若耐久性不足，建筑物在使用期间会因风化、冻融等引起面部剥蚀，这种剥蚀达到一定程度时会影响建筑物的承载力。

（2）砌体材料的选用应本着因地制宜、就地取材、充分利用工业废料的原则，并考虑建筑物耐久性要求、工作环境、受力特点、施工技术力量等各方面因素。

（3）对 5 层及 5 层以上房屋的墙体、潮湿房间的墙体，以及受震动或层高大于 6 m 的墙、柱，所用材料的最低强度等级应符合下列要求：砖 MU10，砌块 MU7.5，石材 MU30，砂浆 M5。

（4）对地面以下或防潮层以下砌体，所用材料应根据潮湿程度等因素选用，最低强度等级应符合表 5.2.1 的要求。

表 5.2.1　地面以下或防潮层以下的砌体、潮湿房间墙所用材料的最低强度等级

地基土潮湿程度	砖砌体		混凝土砌块	石材	水泥砂浆
	烧结普通砖	蒸压砖，混凝土砖			
稍潮湿的	MU15	MU20	MU7.5	MU30	MU5
很潮湿的	MU20	MU20	MU10	MU30	MU7.5
含水饱和的	MU20	MU25	MU15	MU40	MU10

注：1. 在冻胀地区，地面以下或防潮层以下的砌体不宜采用多孔砖，如采用时，其孔洞应用不低于 M10 的水泥砂浆灌实。当采用混凝土砌块砌体时，其孔洞应采用强度等级不低于 Cb20 的混凝土灌实，此处 Cb 表示混凝土砌块灌孔混凝土的强度等级。

2. 对安全等级为一级或设计使用年限大于 50 年的房屋，表中材料强度应至少提高一级。

5.2.2　砌体材料的力学性能

5.2.2.1　砌体的受压性能

1. 砌体轴心受压的破坏特征

砌体是由两种性质不同的材料（块材和砂浆）黏结而成的，它的受压破坏特征将不同于单一材料组成的构件。砌体在建筑物中主要用作承压构件，因此，了解其受压破坏机理十分有必要。根据国内外对砌体所进行的大量试验研究可知，轴心受压砌体在短期荷载作用下的破坏过程大致经历了三个阶段。现以普通黏土砖砌体试件（标准试件，尺寸为 240 mm×370 mm×720 mm）的受压试验为例，对轴心受压砌体的破坏过程进行介绍。

第 1 阶段：从开始加载到极限荷载的 50%~70% 时，首先在单块砖中产生细小裂缝，以竖向短裂缝为主，也有个别斜向短裂缝［图 5.2.3（a）］。这些细小裂缝是因砖本身形状不规整或砖间砂浆层不均匀、不平，使单块砖受弯、受剪产生的。若不增加荷载，单块砖内的

裂缝就不会继续发展。

第2阶段：随着荷载增加，单块砖内的初始裂缝将向上、向下扩展，形成穿过若干匹砖的连续裂缝。同时产生一些新的裂缝［图5.2.3（b）］。此时，即使不增加荷载，裂缝也会继续发展。这时的荷载为极限荷载的80%～90%，砌体已接近破坏。

第3阶段：继续加载，裂缝急剧扩展，沿竖向发展成上下贯通的纵向裂缝。裂缝将砌体分割成若干半砖小柱体［图5.2.3（c）］。因各个半砖小柱体受力不均匀，小柱体将因失稳向外鼓出，其中某些部分被压碎，最后导致整个构件破坏。即将压坏时砌体所能承受的最大荷载即为极限荷载。

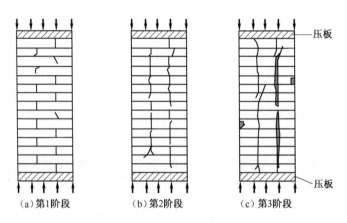

图 5.2.3　砖砌体受压破坏特征

试验表明，砌体的破坏并不是仅仅由于砖本身抗压强度不足导致的，其直接原因是因为竖向裂缝扩展、贯通使砌体分割成小柱体，最终砌体因小柱体失稳而破坏的；此外，试验还表明，砌体的抗压强度明显低于单砖的抗压强度。以上的试验现象，可以通过单砖在砌体内的受力机理来分析。

（1）灰缝厚度不均匀，饱满度不一致，加之砖表面存在一定的不平整度，使单砖在砌体内并非均匀受压，而是处于一种不均匀又复杂的受力状态。在这种状态下，单砖不仅受压，同时还要受到弯矩、剪力的影响（图5.2.4）。单砖的厚度有限、抗弯刚度较小，且属脆性，在上述弯矩、剪力作用下很快就会出现裂缝。

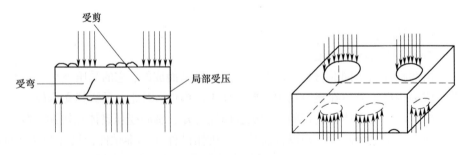

图 5.2.4　砌体内单砖受力状态

（2）砌体构件在受压时，会产生横向变形。砖和砂浆的横向变形系数不同，一般情况下砖的横向变形小于砂浆的横向变形（因砖的弹性模量一般高于砂浆的弹性模量）。但由于两者之间存在着黏结力和摩擦力，故砖能阻止砂浆的横向变形，使砂浆受到横向压力，反过来砂浆则通过两者间的黏结力而增大砖的横向变形，使砖受到横向拉力。砖内横向拉应力也会加快裂缝的出现和发展，使砌体强度降低。

（3）砖与砂浆的变形模量不同，砂浆可视为砖的弹性地基梁，砂浆弹性模量越小，砖的弯矩变形就越大，弯曲应力和剪切应力也越高。这个因素也加速了单砖在砌体内的破坏。

（4）砌体内竖向灰缝往往不饱满、不密实，且砂浆会在硬化过程中收缩，使砌体在竖向灰缝处整体性明显削弱。这将造成砌体于竖向灰缝处的应力集中，从而加速单砖的开裂。

2. 影响砌体抗压强度的主要因素

砌体是一种复合材料，它的抗压强度不仅与块体和砂浆材料的物理、力学性能有关，还受砌筑质量以及试验方法等多种因素的影响。

（1）块材和砂浆的强度。块材和砂浆的强度是确定砌体强度的基本因素。块材的强度越高，其受力性能就越高，自身破坏就越迟，砌体也就越不易破坏，从而强度就越高。砂浆的强度越高，弹性模量越大，在竖向压力作用下横向变形就越小，块材因此受到的横向拉力就越小，也就越不易破坏。因此，砌体材料的强度越高，同等条件下的砌体抗压强度就越高。

（2）块材的外形和尺寸。块材的外形越规整，与灰缝的黏结面积就越大，受弯矩、剪力、拉力的影响就越小，也就越不易破坏；块材的尺寸越大，砌体内的灰缝就越少，灰缝因不饱满、不密实对块材产生的应力集中就越小，单砖也就越不易破坏。所以，在同等条件下，块材外形越规整、尺寸越大，砌体的抗压强度就越高。

（3）砂浆的变形性能。砂浆的变形性能对砌体强度也有决定性影响。当采用相同的砖时，随着砂浆变形率的增大，砖内弯剪应力及横向变形增大，砖内拉应力也随之增大，从而导致砌体抗压强度降低。

（4）砂浆的和易性。和易性好的砂浆具有良好的流动性和保水性。流动性好的砂浆铺砌的灰缝饱满、均匀、密实，可降低和减少单砖内的复杂应力，使砌体强度提高；良好的保水性可使灰缝中的水分不易散失或被块材吸收，灰缝强度增强，砌体的强度也随之提高。

（5）砌筑质量。砌体砌筑时水平灰缝砂浆的饱满度、厚度，砖的含水率以及砌筑方法等关系着砌体质量的优劣。由砌体的受压性能可知，砌筑质量对砌体抗压强度的影响，实质上是反映它对砌体内复杂应力作用的不利影响程度。

扫一扫

试验表明，水平灰缝砂浆越饱满，砌块抗压强度越高。当水平灰缝砂浆饱满度为 73% 时，砌体抗压强度可达到规定的强度指标。因此，砖石工程施工及验收规范中要求，水平灰缝砂浆饱满度要大于 80%。砌筑砖砌体时，砖应提前浇水湿润。研究表明，砌体抗压强度随砖砌筑时的含水率的增大而提高，采用干砖和饱和砖砌筑的砌体与采用一般含水率的砖砌筑的砌体相比较，抗压强度分别降低 15% 和提高 10%。但在施工中，砖浇水过湿，砌筑就会有一定困难，墙面也会因流浆而不能保持清洁。因此，按照正常施工质量的标准，砖的含水率要控制在 10%～15%。

砌体内水平灰缝越厚，砂浆横向变形越大，砖内横向拉应力也越大，砌体内的复杂应力状态也随之加剧，砌体抗压强度也会降低。但如果灰缝太薄，砂浆不易均匀、饱满和密实，也会使砌体强度降低。所以，通常要求砖砌体的水平灰缝厚度为 8～12 mm。此外，砌体的砌筑方法对砌体的强度和整体性的影响也很明显。通常采用的一顺一丁、梅花丁和三顺一丁砌筑的砖砌体整体性好，抗压强度也能得到保证；而包芯砌法则会使砌体的整体性差，抗压强度低，因此一般不建议采用。

3. 砌体抗压强度

（1）各类砌体轴心抗压强度平均值 f_m。近年来我国对各类砌体的强度做了广泛的试验，通过统计和回归分析，《砌体规范》给出了适用于各类砌体的轴心抗压强度平均值计算公式：

$$f_m = k_1 f_1^{\alpha}(1 + 0.07 f_2) k_2 \tag{5.2.1}$$

式中　k_1——砌体种类和砌筑方法等因素对砌体强度的影响系数；

　　　k_2——砂浆强度对砌体强度的影响系数；

　f_1、f_2——分别为块材和砂浆抗压强度平均值，MPa；

　　　α——与砌体种类有关的系数。

k_1、k_2、α 三个系数可由表5.2.2查得。

表 5.2.2　各类砌体轴心抗压强度平均值的计算系数

砌体种类	$f_m = k_1 f_1^{\alpha}(1+0.07 f_2)\ k_2$		
	k_1	α	k_2
烧结普通砖、多孔砖；蒸压灰砂砖、粉煤灰砖	0.78	0.5	当 $f_2 < 1$ MPa 时，$k_2 = 0.6 + 0.4 f_2$
混凝土砌块砌体	0.46	0.9	当 $f_2 = 0$，$k_2 = 0.8$
毛料石砌体	0.79	0.5	当 $f_2 < 1$ MPa 时，$k_2 = 0.6 + 0.4 f_2$
毛石砌体	0.22	0.5	当 $f_2 < 2.5$ MPa 时，$k_2 = 0.4 + 0.24 f_2$

注：1. k_2 在表列条件以外时均等于1。

　　2. 用式（5.2.1）计算混凝土砌块砌体的轴心抗压强度平均值时，当 $f_2 > 10$ MPa 时，应乘系数 $1.1 \sim 0.01 f_2$，MU20 的砌体应乘系数 0.95，且满足 $f_1 \geqslant f_2$，$f_1 \leqslant 20$ MPa。

（2）轴心抗压强度的标准值 f_k。抗压强度标准值是各类砌体抗压强度的基本代表值，各类砌体统一取具有95%保证率的抗压强度值作为抗压强度标准值。砌体抗压强度标准值按下式计算：

$$f_k = f_m(1 - 1.645 \delta_f) \tag{5.2.2}$$

式中　δ_f——砌体强度的变异系数，由试验结果统计确定。

（3）砌体抗压强度设计值 f。各类砌体的抗压强度设计值 f 可由下式求得，也可直接查表5.2.3~表5.2.8。

$$f = \frac{f_k}{\gamma_f} \tag{5.2.3}$$

式中，γ_f ——砌体材料性能分项系数。当施工控制等级为 B 级时，$\gamma_f = 1.6$；若施工控制等级为 C 级时，$\gamma_f = 1.8$。

表 5.2.3　烧结普通砖和烧结多孔砖砌体的抗压强度设计值　　单位：MPa

砖强度等级	砂浆强度等级					砂浆强度
	M15	M10	M7.5	M5	M2.5	0
MU30	3.94	3.27	2.93	2.59	2.26	1.15
MU25	3.60	2.98	2.68	2.37	2.06	1.05
MU20	3.22	2.67	2.39	2.12	1.84	0.94
MU15	2.79	2.31	2.07	1.83	1.60	0.82
MU10	—	1.89	1.69	1.50	1.30	0.67

表 5.2.4　蒸压灰砂砖和蒸压粉煤灰砖砌体的抗压强度设计值　　单位：MPa

砖强度等级	砂浆强度等级				砂浆强度
	M15	M10	M7.5	M5	0
MU25	3.60	2.98	2.68	2.37	1.05
MU20	3.22	2.67	2.39	2.12	0.94
MU15	2.79	2.31	2.07	1.83	0.82

表 5.2.5　单排孔混凝土和轻集料混凝土砌块砌体的抗压强度设计值　　单位：MPa

砖强度等级	砂浆强度等级					砂浆强度
	Mb20	Mb15	Mb10	Mb7.5	Mb5	0
MU20	6.30	5.68	4.95	4.44	3.94	2.33
MU15	—	4.61	4.02	3.61	3.20	1.89
MU10	—	—	2.79	2.50	2.22	1.31
MU7.5	—	—	—	1.93	1.71	1.01
MU5	—	—	—	—	1.19	0.70

注：1. 对独立柱或厚度方向为双排组砌的砌块砌体，应按表中数值乘 0.7。

　　2. 对 T 形截面砌体，应按表中数值乘 0.85。

　　3. 对孔砌筑时，$f_g = f + 0.6\alpha f_c$，$\alpha = \delta\rho$，δ 为孔洞率，ρ 为灌孔率，$\rho \geq 33\%$。

表 5.2.6　双排孔或多排孔轻集料混凝土砌块砌体的抗压强度设计值　　单位：MPa

砖强度等级	砂浆强度等级			砂浆强度
	Mb10	Mb7.5	Mb5	0
MU10	3.08	2.76	2.45	1.44
MU7.5	—	2.13	1.88	1.12

砖强度等级	砂浆强度等级			砂浆强度
	Mb10	**Mb7.5**	**Mb5**	**0**
MU5	—	—	1.31	0.78
MU3.5	—	—	0.95	0.56

注：1. 表中砌块为火山灰、浮石和陶粒轻集料混凝土砌块。

    2. 对厚度方向为双排组砌的砌块砌体，应按表中数值乘0.8。

表 5.2.7　毛料石砌体的抗压强度设计值　　　　单位：MPa

砖强度等级	砂浆强度等级			砂浆强度
	M7.5	**M5**	**M2.5**	**0**
MU100	5.42	4.80	4.18	2.13
MU80	4.85	4.29	3.71	1.91
MU60	4.20	3.71	3.23	1.65
MU50	3.83	3.39	2.95	1.51
MU40	3.43	3.04	2.64	1.35
MU30	2.97	2.63	2.29	1.17
MU20	2.42	2.15	1.87	0.95

注：对下列各类料石砌体，应按表中数值分别乘以下系数：细料石砌体1.4，粗料石砌体1.2，干砌勾缝石砌体0.8。

表 5.2.8　毛石砌体的抗压强度设计值　　　　单位：MPa

砖强度等级	砂浆强度等级			砂浆强度
	M7.5	**M5**	**M2.5**	**0**
MU100	1.27	1.12	0.98	0.34
MU80	1.13	1.00	0.87	0.30
MU60	0.98	0.87	0.76	0.26
MU50	0.90	0.80	0.69	0.23
MU40	0.80	0.71	0.62	0.21
MU30	0.69	0.61	0.53	0.18
MU20	0.56	0.51	0.44	0.15

5.2.2.2　砌体的轴心抗拉、弯曲抗拉及抗剪强度

在实际工程中，砌体有时也会处于轴心受拉、受弯、受剪的状态，故应给出相应的强度设计值，便于设计。

1. 砌体的轴心抗拉强度

砌体在轴心拉力作用下，会发生两种破坏形态：当块体的强度高而砂浆的强度低时，砌体沿齿缝受拉破坏，砌体的抗拉强度设计值可查表5.2.9；当块体强度低而砂浆强度高时，

裂缝可能穿过块体和竖缝的截面，产生直缝受拉破坏，这种情况是不允许发生的。

表 5.2.9　沿砌体灰缝截面破坏时砌体的轴心抗拉、弯曲抗拉、抗剪设计值　　单位：MPa

强度类别	破坏特征及砌体种类		砂浆强度等级			
			≥M10	M7.5	M5	M2.5
轴心抗拉	沿齿缝	烧结普通砖、烧结多孔砖	0.19	0.16	0.13	0.09
		混凝土普通砖、混凝土多孔砖	0.19	0.16	0.13	—
		蒸压灰砂普通砖、蒸压粉煤灰普通砖	0.12	0.10	0.08	
		混凝土和轻集料混凝土砌块	0.09	0.08	0.07	
		毛石	—	0.07	0.06	0.04
弯曲抗拉	沿齿缝	烧结普通砖、烧结多孔砖	0.33	0.29	0.23	0.17
		混凝土普通砖、混凝土多孔砖	0.33	0.29	0.23	
		蒸压灰砂普通砖、蒸压粉煤灰普通砖	0.24	0.20	0.16	
		混凝土和轻集料混凝土砌块	0.11	0.09	0.08	
		毛石	—	0.11	0.09	0.07
弯曲抗拉	沿通缝	烧结普通砖、烧结多孔砖	0.17	0.14	0.11	0.08
		混凝土普通砖、混凝土多孔砖	0.17	0.14	0.11	—
		蒸压灰砂普通砖、蒸压粉煤灰普通砖	0.12	0.10	0.08	
		混凝土和轻集料混凝土砌块	0.08	0.06	0.05	
抗剪	烧结普通砖、烧结多孔砖		0.17	0.14	0.11	0.08
	混凝土普通砖、混凝土多孔砖		0.17	0.14	0.11	
	蒸压灰砂普通砖、蒸压粉煤灰普通砖		0.12	0.10	0.08	
	混凝土和轻集料混凝土砌块		0.09	0.08	0.06	
	毛石		—	0.19	0.16	0.11

注：1. 对于用形状规则的块体砌筑的砌体，当搭接长度与块体高度的比值小于1时，其轴心抗拉强度设计值f_t和弯曲抗拉强度设计值f_{tm}应按表中数值乘搭接长度与块体高度比值后采用。

　　2. 表中数值是依据普通砂浆砌筑的砌体确定，采用经研究性试验且通过技术鉴定的专用砂浆砌筑的蒸压灰砂砖、蒸压粉煤灰砖砌体，其抗剪强度设计值按相应普通砂浆强度等级砌筑的烧结普通砖砌体采用。

　　3. 对混凝土普通砖、混凝土多孔砖、混凝土和轻集料混凝土砌块砌体，表中的砂浆强度等级分别为≥M10、M7.5及M5。

　　4. 单排对孔砌筑时，灌孔砌体抗剪设计值$f_{vg} = 0.2f_g^{0.55}$。

2. 砌体的弯曲抗拉强度

砌体受弯时，可能出现以下3种破坏情况：

（1）当块体较砂浆强度高时，砌体沿齿缝截面破坏，强度值可查表 5.2.9。

（2）当块体较砂浆强度低时，砌体沿竖缝和块体直缝截面破坏，这种情况较少发生。

（3）在竖向荷载作用下，当偏心距较大时，砌体沿最大弯矩截面的水平通缝破坏。其弯曲抗拉强度设计值可由表 5.2.9 查得。

3. 砌体的抗剪强度设计值

砌体的抗剪强度设计值可直接查表 5.2.9。

5.2.2.3　砌体强度设计值的调整系数 γ_a

各类砌体的强度设计值可由前面的列表查得，但在特定的情况下应按下列规定乘调整系数。

（1）对无筋砌体构件，其截面面积小于 0.3 m² 时，γ_a 为其截面面积加 0.7。对配筋砌体构件，当其中砌体截面面积小于 0.2 m² 时，γ_a 为其截面面积加 0.8。

（2）当砌体用强度等级小于 M5 的水泥砂浆砌筑时，对表 5.2.3～表 5.2.8 中砌体抗压强度，γ_a 为 0.9；对表 5.2.9 中数值，γ_a 为 0.8。

（3）当施工质量控制等级为 A 级时，γ_a 为 1.05；当施工质量控制等级 C 级时，γ_a 为 0.89。

（4）当验算施工中房屋的构件时，γ_a 为 1.1。

施工阶段砂浆尚未硬化的新砌砌体强度和稳定性，可按砂浆强度为零进行验算。

5.2.2.4　砌体的变形模量、剪变模量

1. 砌体的变形模量

砌体的应力-应变曲线与混凝土类似，当应力较小时，砌体具有弹性性质，随着应力增加，非线性性质越加明显。

考虑砌体材料的不同对砌体弹性模量的影响，工程中常用的各类砌体弹性模量可由表5.2.10 查得。

表 5.2.10　砌体的弹性模量

砌 体 种 类	砂浆强度等级			
	≥M10	M7.5	M5	M2.5
烧结普通砖、烧结多孔砖砌体	1 600f	1 600f	1 600f	1 390f
混凝土普通砖、混凝土多孔砖砌体	1 600f	1 600f	1600f	—
蒸压灰砂砖、蒸压粉煤灰砖砌体	1 060f	1 060f	1 060f	—
非灌孔混凝土砌块砌体	1 700f	1 600f	1 500f	—
粗料石、毛料石、毛石砌体	—	5 650	4 000	2 250
细料石砌体	—	17 000	12 000	6 750

表中 f 为砌体抗压强度设计值。对于单排孔对孔砌筑的混凝土砌块灌孔砌体的弹性模量可按下式计算：

$$E = 2\,000f_g \qquad\qquad (5.2.4)$$

2. 砌体的剪变模量

目前，对于砌体的剪变模量 G 的试验研究资料还比较少，一般根据材料力学公式得到：

$$G = 0.5E/(1 + \nu) \tag{5.2.5}$$

泊松比 ν 为砌体在轴心受压情况下产生的横向变形与纵向变形的比值。砌体的泊松比分散性较大,一般砖砌体 ν 取 0.15,砌块砌体 ν 取 0.3。

将 ν 代入式 (5.2.5) 可得

$$G = (0.43 \sim 0.38)E$$

因此,一般情况下,砌体的剪变模量可近似地取为 $G = 0.4E$。

5.3 砌体结构构件的承载力计算

墙、柱、基础等砌体构件主要用于承受压力,并有轴心受压、偏心受压和局部受压等不同情况。此外,部分砌体构件还可能有轴心受拉、受弯、受剪等形式。在进行结构设计时,一般先根据建筑使用要求和工程经验初定构件尺寸、材料强度等级及构造等,再以此做强度验算。若材料、截面尺寸等条件均受到限制,而砌体的承载力不满足要求,则需考虑采用配筋砌体。

5.3.1 无筋砌体构件的受压承载力计算

无筋砌体的抗压承载力远远大于它的抗拉、抗弯、抗剪承载力,因此,多用于以承受竖向荷载为主的墙、柱、基础等受压构件,如混合房屋中的承重墙体、单层厂房的承重柱、砖烟囱的筒身等。当竖向荷载作用于构件的截面重心时,称为轴心受压;一般情况下,这些受压构件除承受轴向压力外还承受一定的弯矩,为偏心受压。

轴向力与截面重心之间的间距称为偏心距,可由 M 与 N 的比值求得。令截面重心距受压边缘的距离为 y,则 e/y 的数值直接影响构件的受力状况 (图 5.3.1)。轴心受压构件截面应力分布均匀,在外力作用下截面达到最大应力和应变时构件破坏 [图 5.3.1 (a)];小偏心受压构件截面应力分布不均匀,靠近轴向力的一侧压应力大,另一端小,在外力作用下构件应力较大的一侧最先达到最大应力和应变使构件破坏 [图 5.3.1 (b)];随着偏心距的增大,远离轴向力的一侧出现受拉区 [图 5.3.1 (c)],并随着轴向力的增大,受拉区首先开裂并退出工作,直至受压区压应力和应变达到最大值后使构件破坏 [图 5.3.1 (d)]。

无筋砌体受压构件承载力计算仅限于 $e \leqslant 0.6y$ 的受力情况;当 $e > 0.6y$ 时,则需采用配筋组合砌体或加大截面。此外,对于高厚比较大的细长柱,在轴向压力作用下,构件会因自身的纵向弯曲产生附加偏心距 e_i。规范采用了附加偏心距法对细长柱的偏心影响系数加以修正。

当 $e \leqslant 0.6y$ 时,可按下列公式计算无筋砌体受压构件承载力:

$$N \leqslant \varphi f A \tag{5.3.1}$$

式中 　N——轴向力设计值;

　　　f——砌体抗压强度设计值;

　　　A——受压构件截面面积;

　　　φ——高厚比 β 和轴向力偏心距 e 对受压构件承载力的影响系数。

对矩形截面受压构件:

当 $\beta \leqslant 3$ 时,

$$\varphi = \cfrac{1}{1 + 12\left(\cfrac{e}{h}\right)^2} \tag{5.3.2}$$

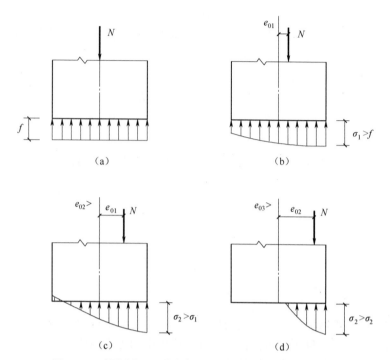

图 5.3.1　不同偏心距的轴向压力作用下砌体的受力状态

当 $\beta > 3$ 时，

$$\varphi = \cfrac{1}{1 + 12\left[\cfrac{e}{h} + \sqrt{\cfrac{1}{12}\left(\cfrac{1}{\varphi_0} - 1\right)}\,\right]} \tag{5.3.3}$$

$$\beta = \gamma_\beta \frac{H_0}{h} \tag{5.3.4}$$

$$\varphi_0 = \frac{1}{1 + \alpha\beta^2} \tag{5.3.5}$$

式中　e ——轴向力的偏心距；

$\quad\;\; h$ ——矩形截轴向力偏心方向的边长；

$\quad\;\; \varphi_0$ ——轴心受压稳定系数；

$\quad\;\; \alpha$ ——与砂浆强度等级有关的系数。当砂浆强度等级 ≥ M5 时，$\alpha = 0.0015$；当砂浆强度等级为 M2.5 时，$\alpha = 0.002$；当砂浆强度等级为零时，$\alpha = 0.009$；

$\quad\;\; \beta$ ——受压构件的高厚比；

$\quad\;\; H_0$ ——构件的计算高度，可按表 5.3.1 查得。表中 s 为相邻横墙间距；H 为构件高度，即楼板或其他水平支点间的距离，对于房屋底层，构件下端的支点一般取基础顶面，当基础埋深较深时，可取室内地坪或室外地坪下 300～500 mm；对于山墙的 H 值，可取层高加山墙端尖高度的 1/2，而山墙壁柱则取壁柱处的山墙高度。

对于受压构件的承载力影响系数，除用上述公式计算外，还可以直接由表 5.3.2～表

5.3.4 查得。计算受压承载力时，应注意以下几点问题：

（1）对矩形截面构件，当轴向力偏心方向的边长 h 大于另一方向边长 b 时，应对短边方向按轴心受压进行承载力验算，φ、β 也应按截面宽度 b 求得。

（2）不同种类的砌体受力性能也不同。故在算得 β 值后，还应乘修正系数 γ_{β}，烧结普通砖和烧结多孔砖砌体为 1.0，混凝土及轻集料混凝土砌块砌体为 1.1；蒸压灰砂砖、蒸压粉煤灰砖、细料石砌体为 1.2，粗细料石和毛石砌体为 1.5，对灌孔混凝土砌块砌体为 1.0。

（3）偏心距 e 按荷载设计值计算，并不宜大于 0.6y。

（4）当受压构件偏心距 e 很大时，所需截面尺寸相应也会很大，不经济，宜采取以下措施：①优先考虑采取适当的构造措施减小偏心距，如在梁或屋架端部下面的砌体上设置具有中心装置的垫块或缺口垫块，或调整构件截面尺寸；②采用配筋砌体。

表 5.3.1　受压构件的计算高度 H_0

房　屋　类　别			柱		带壁柱墙或周边拉结的墙		
			排架方向	垂直排架方向	$s>2H$	$2H \geqslant s>H$	$s \leqslant H$
有吊车的单层房屋	变截面柱上段	弹性方案	$2.5H_u$	$1.25H_u$	$2.5H_u$		
		刚性、刚弹性方案	$2.0H_u$		$2.0H_u$		
	变截面柱下段		$1.0H_l$	$0.8H_l$	$1.0H_l$		
无吊车的单层和多层房屋	单跨	弹性方案	$1.5H$	1.0H	$1.5H_u$		
		刚弹性方案	$1.2H$		$1.2H_u$		
	两跨或多跨	弹性方案	$1.25H$		$1.25H_u$		
		刚弹性方案	$1.1H$		$1.1H_u$		
	刚性方案		$1.0H$	$1.0H$	$0.4s+0.2H$		$0.6s$

注：1. 表中 H_u 为变截面构件上段的高度，H_l 为变截面构件下段的高度。

　　2. 对于上段为自由端的构件，$H_0 = 2H$。

　　3. 独立砖柱，当无柱间支撑时，柱在垂直排架方向的 H_0 应按表中数值乘 1.25 后采用。

　　4. 自承重墙的计算高度应根据周边支承或拉接条件确定。

表 5.3.2　影响系数 φ（砂浆强度等级 ≥ M5）

β	e/h 或 e/h_T												
	0	0.025	0.05	0.075	0.1	0.125	0.15	0.175	0.2	0.225	0.25	0.275	0.3
≤3	1	0.99	0.97	0.94	0.89	0.84	0.79	0.73	0.68	0.62	0.57	0.52	0.48
4	0.98	0.95	0.90	0.85	0.80	0.74	0.69	0.64	0.58	0.53	0.49	0.45	0.41
6	0.95	0.91	0.86	0.81	0.75	0.69	0.64	0.59	0.54	0.49	0.45	0.42	0.38
8	0.91	0.86	0.81	0.76	0.70	0.64	0.59	0.54	0.50	0.46	0.42	0.39	0.36
10	0.87	0.82	0.76	0.71	0.65	0.60	0.55	0.50	0.46	0.42	0.39	0.36	0.33

β	e/h 或 e/h_T												
	0	0.025	0.05	0.075	0.1	0.125	0.15	0.175	0.2	0.225	0.25	0.275	0.3
12	0.82	0.77	0.71	0.66	0.60	0.55	0.51	0.47	0.43	0.39	0.36	0.33	0.31
14	0.77	0.72	0.66	0.61	0.56	0.51	0.47	0.43	0.40	0.36	0.34	0.31	0.29
16	0.72	0.67	0.61	0.56	0.52	0.47	0.44	0.40	0.37	0.34	0.31	0.29	0.27
18	0.67	0.62	0.57	0.52	0.48	0.44	0.40	0.37	0.34	0.31	0.29	0.27	0.25
20	0.62	0.57	0.53	0.48	0.44	0.40	0.37	0.34	0.32	0.29	0.27	0.25	0.23
22	0.58	0.53	0.49	0.45	0.41	0.38	0.35	0.32	0.30	0.27	0.25	0.24	0.22
24	0.54	0.49	0.45	0.41	0.38	0.35	0.32	0.30	0.28	0.26	0.24	0.22	0.21
26	0.50	0.46	0.42	0.38	0.35	0.33	0.30	0.28	0.26	0.24	0.22	0.21	0.19
28	0.46	0.42	0.39	0.36	0.33	0.30	0.28	0.26	0.24	0.22	0.21	0.19	0.18
30	0.42	0.39	0.36	0.33	0.31	0.28	0.26	0.24	0.22	0.21	0.20	0.18	0.17

表 5.3.3 影响系数 φ（砂浆强度等级 M2.5）

β	e/h 或 e/h_T												
	0	0.025	0.05	0.075	0.1	0.125	0.15	0.175	0.2	0.225	0.25	0.275	0.3
≤ 3	1	0.99	0.97	0.94	0.89	0.84	0.79	0.73	0.68	0.62	0.57	0.52	0.48
4	0.97	0.94	0.89	0.84	0.78	0.73	0.67	0.62	0.57	0.52	0.48	0.44	0.40
6	0.93	0.89	0.84	0.78	0.73	0.67	0.62	0.57	0.52	0.48	0.44	0.40	0.37
8	0.89	0.84	0.78	0.72	0.67	0.62	0.57	0.52	0.48	0.44	0.40	0.37	0.34
10	0.83	0.78	0.72	0.67	0.61	0.56	0.52	0.47	0.43	0.40	0.37	0.34	0.31
12	0.78	0.72	0.67	0.61	0.56	0.52	0.47	0.43	0.40	0.37	0.34	0.31	0.29
14	0.72	0.66	0.61	0.56	0.51	0.47	0.43	0.40	0.36	0.34	0.31	0.29	0.27
16	0.66	0.61	0.56	0.51	0.47	0.43	0.40	0.36	0.34	0.31	0.29	0.26	0.25
18	0.61	0.56	0.51	0.47	0.43	0.40	0.36	0.33	0.31	0.29	0.26	0.24	0.23
20	0.56	0.51	0.47	0.43	0.39	0.36	0.33	0.31	0.28	0.26	0.24	0.23	0.21
22	0.51	0.47	0.43	0.39	0.36	0.33	0.31	0.28	0.26	0.24	0.23	0.21	0.20
24	0.46	0.43	0.39	0.36	0.33	0.31	0.28	0.26	0.24	0.23	0.21	0.20	0.18
26	0.42	0.39	0.36	0.33	0.31	0.28	0.26	0.24	0.22	0.21	0.20	0.18	0.17
28	0.39	0.36	0.33	0.30	0.28	0.26	0.24	0.22	0.21	0.20	0.18	0.17	0.16
30	0.36	0.33	0.30	0.28	0.26	0.24	0.22	0.21	0.20	0.18	0.17	0.16	0.15

表 5.3.4 影响系数 φ（砂浆强度等级为 0）

β	e/h 或 e/h_T												
	0	0.025	0.05	0.075	0.1	0.125	0.15	0.175	0.2	0.225	0.25	0.275	0.3
≤ 3	1	0.99	0.97	0.94	0.89	0.84	0.79	0.73	0.68	0.62	0.57	0.52	0.48
4	0.87	0.82	0.77	0.71	0.66	0.60	0.55	0.51	0.46	0.43	0.39	0.36	0.33
6	0.76	0.70	0.65	0.59	0.54	0.50	0.46	0.42	0.39	0.36	0.33	0.30	0.28
8	0.63	0.58	0.54	0.49	0.45	0.41	0.38	0.35	0.32	0.30	0.28	0.25	0.24
10	0.53	0.48	0.44	0.41	0.37	0.34	0.32	0.29	0.27	0.25	0.23	0.22	0.20

β	e/h 或 e/h_T												
	0	0.025	0.05	0.075	0.1	0.125	0.15	0.175	0.2	0.225	0.25	0.275	0.3
12	0.44	0.40	0.37	0.34	0.31	0.29	0.27	0.25	0.23	0.21	0.20	0.19	0.17
14	0.36	0.33	0.31	0.28	0.26	0.24	0.23	0.21	0.20	0.18	0.17	0.16	0.15
16	0.30	0.28	0.26	0.24	0.22	0.21	0.19	0.18	0.17	0.16	0.15	0.14	0.13
18	0.26	0.24	0.22	0.21	0.19	0.18	0.17	0.16	0.15	0.14	0.13	0.12	0.12
20	0.22	0.20	0.19	0.18	0.17	0.16	0.15	0.14	0.13	0.12	0.12	0.11	0.10
22	0.19	0.18	0.16	0.15	0.14	0.14	0.13	0.12	0.12	0.11	0.10	0.10	0.09
24	0.16	0.15	0.14	0.13	0.13	0.12	0.11	0.11	0.10	0.10	0.09	0.09	0.08
26	0.14	0.13	0.13	0.12	0.11	0.11	0.10	0.10	0.09	0.09	0.08	0.08	0.07
28	0.12	0.12	0.11	0.11	0.10	0.10	0.09	0.09	0.08	0.08	0.07	0.07	0.07
30	0.11	0.10	0.10	0.09	0.09	0.09	0.08	0.08	0.07	0.07	0.07	0.07	0.06

【例 5.3.1】　截面为 490 mm×620 mm 的砖柱，采用 MU10 烧结普通砖及 M5 混合砂浆砌筑，柱的计算高度 $H_0 = 4.8$ m，该柱承受的轴向力标准值 $N_k = 212$ kN，轴向力设计值 $N = 265$ kN，弯矩标准值 $M_k = 21.2$ kN·m。要求验算砖柱的承载力。

【解】　查表得砌体的抗压强度 $f = 1.50$ MPa。

$A = 490 \times 620 = 303\ 800$ mm$^2 > 0.3$ m^2，故强度设计值不需修正。

$\beta = H_0/h = 4\ 800/620 \approx 7.74 > 3$，为长细柱。

荷载标准值产生的偏心距

$$e = M_k/N_k = 21.2/212 = 0.1 \text{ m}$$

则

$$e/h = 0.1/0.62 \approx 0.161 < 0.2$$

因采用黏土砖砌体，$\gamma_\beta = 1.0$，用 M5 砂浆砌筑。

根据 $\beta = 7.74$，$e/h = 0.161$ 查表得 $\varphi = 0.59$。

则砖柱承载力为

$$\varphi f A = 0.579 \times 1.50 \times 490 \times 620 \approx 268\ 863 \text{ N} = 268.9 \text{ kN} > 265 \text{ kN，故安全。}$$

另外，还应对短边方向按轴心受压进行验算：

$$\beta = 4\ 800/490 \approx 9.8, \quad e_i = \frac{490}{\sqrt{12}} \times 9.8 \times \sqrt{0.001\ 5} \approx 53.65 \text{ mm}$$

$$\varphi f A = 0.874 \times 1.50 \times 303\ 800 \approx 398\ 282 \text{N} = 398.3 \text{ kN} > 265 \text{ kN，故安全。}$$

【例 5.3.2】　一单层单跨无吊车工业房屋窗间墙，截面尺寸如图 5.3.2 所示。计算高度 $H_0 = 10.5$ m，采用 MU10 普通砖、M2.5 混合砂浆砌筑，承受轴向力标准值 $N_k = 360$ kN，弯矩标准值 $M_k = 43.2$ kN·m，轴向力设计值 $N = 450$ kN。轴向荷载偏向翼缘，试验算该窗间墙的承载力。

【解】　截面面积 $A = 3\ 200 \times 240 + 500 \times 490 = 1\ 013\ 000$ mm^2

$$y_1 = \frac{3\ 200 \times 240 \times 120 + 490 \times 500 \times 490}{1\ 013\ 000} \approx 210 \text{ mm}$$

$$y_2 = 500 + 240 - 210 = 530 \text{ mm}$$

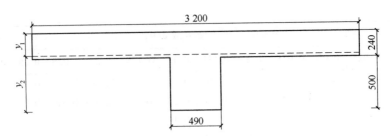

图 5.3.2 工业房屋窗间墙截面尺寸

$$I = \frac{3\,200 \times 240^3}{12} + 3\,200 \times 240 \times (210 - 120)^2 + \frac{490 \times 500^3}{12}$$
$$+ 490 \times 500 \times (530 - 250)^2$$
$$= 34\,220 \times 10^8 \text{ mm}^4$$

则回转半径 $\qquad r = \sqrt{\dfrac{I}{A}} = \sqrt{\dfrac{34\,200 \times 10^6}{101\,300}} \approx 183.8 \text{ mm}$

截面折算厚度 $\qquad h_T = 3.5r = 3.5 \times 183.8 = 643 \text{ mm}$

荷载偏心距 $\qquad e = M_k/N_k = 43.2/360 = 0.12 \text{ m} = 120 \text{ mm}$

$\qquad\qquad\qquad e/h_T = 120/643 \approx 0.187 < 0.2$

$\qquad\qquad\qquad e/y_1 = 120/210 \approx 0.57 < 0.7$

高厚比 $\qquad \beta = H_0/h_T \approx 10\,500/643 = 16.3 > 8$

因采用黏土砖、M2.5 砂浆，则可得 $\gamma_\beta = 1.0$。查表得 $\varphi = 0.35$，$f = 1.38$ MPa。

则 $\qquad \varphi f A = 0.35 \times 1.38 \times 1\,013\,000 \approx 489 \times 10^3 \text{ N} = 489 \text{ kN} > 450 \text{ kN}$

故该窗间墙的承载力满足要求。

5.3.2 无筋砌体构件的局部受压承载力计算

在房屋建筑中，砌体除作竖向承重构件（墙、柱）外，还经常出现有大梁或屋架等构件支承于其上的情况，使构件在局部面积上承受较大的荷载。这种受力状态称作砌体的局部受压。

试验实测和有限元分析可得，局部受压砌体较全截面受压，抗压强度有显著提高。因其未受荷载部分对直接受荷载部分砌体的横向变形起约束作用，如同套箍作用，使受压部分处于三向受力状态，从而提高其承载力。由此可知，局部受压承载力的提高幅度主要与砌体的轴心抗压强度及约束程度有关。其中，约束程度可由影响砌体局部抗压强度的计算面积 A_0 与局部受压面积 A_l 的比值来反映。在一定的范围内，局部受压承载力随 $\dfrac{A_0}{A_l}$ 数值的增大而提高；$\dfrac{A_0}{A_l}$ 越大，其提高幅度就越慢。

当砌体局部面积上作用压力较大时，构件将在局部受压部分出现薄弱部位，造成局部破坏，主要的破坏形态有以下三种：

（1）当局部受压面积较大时，会因竖向裂缝发展而破坏，其特点是先裂后坏。

（2）当局部受压面积较小时，会发生劈裂破坏，表现为一裂即坏。

（3）当局部受压面积较小、纵向压力很大时，会造成局部压碎破坏，其特点为未裂先坏。

砌体工程中，发生局部受压破坏的事故很多，故在设计中应对砌体进行局部受压承载力验算。常见的砌体局部受压有以下三种情况。

5.3.2.1　局部均匀受压

当砌体局部受压面积上压应力分布均匀时，为局部均匀受压，其承载力计算公式如下：

$$N_l \leqslant \gamma f A_l \tag{5.3.6}$$

$$\gamma = 1 + 0.35\sqrt{\frac{A_0}{A_l} - 1} \tag{5.3.7}$$

$$A_l = ab \tag{5.3.8}$$

式中　N_l——局部受压面积上轴向力设计值；

　　　A_l——局部受压面积；

　　　f——砌体抗压强度设计值，局部受压面积小于 0.3 m² 时，不考虑 γ_a 的影响；

　　　γ——砌体局部抗压强度提高系数；

　　　A_0——影响砌体局部抗压强度的计算面积，可按图 5.3.3 确定，具体计算如下：
- 在图 5.3.3（a）的情况下，$A_0 = (a + c + h)h$；
- 在图 5.3.3（b）的情况下，$A_0 = (b + 2h)h$；
- 在图 5.3.3（c）的情况下，$A_0 = (a+h)h+(b+h_1-h)h_1$；
- 在图 5.3.3（d）的情况下，$A_0 = (a + h)h$。

　　　式中　a、b——矩形局部受压面积 A_l 的边长；

　　　　　h、h_1——墙厚或柱的较小边长，墙厚；

　　　　　c——矩形局部受压面积的外边缘至构件边缘的较小距离，当大于 h 时，取 h。

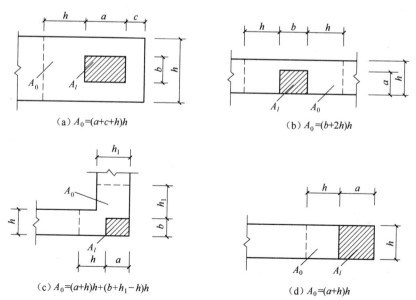

图 5.3.3　砌体局部抗压强度计算面积 A_0

根据砌体局部受压强度提高程度随 A_0/A_l 的增大而逐渐降低的规律，同时为避免 A_0/A_l

较大而出现突然劈裂破坏，对由式（5.3.7）算得的 γ 值要加以限值：在图 5.3.3（a）的情况下，$\gamma \leqslant 2.5$；在图 5.3.3（b）的情况下，$\gamma \leqslant 2.0$；在图 5.3.3（c）的情况下，$\gamma \leqslant 1.5$；在图 5.3.3（d）的情况下，$\gamma \leqslant 1.25$。此外，未灌孔的混凝土砌块砌体，$\gamma = 1.0$，对多孔砖砌体空洞难以灌实时，$\gamma = 1.0$。

5.3.2.2 梁端支承处砌体局部受压

当梁端支承于砌体上时，砌体在支承面积内承受梁传来的局部压力。由于梁端产生转角，砌体在内边缘处压缩变形最大，自此向砌体内部压缩变形逐渐减小，出现局部受压面内砌体压缩变形及压应力的不均匀分布。同时由于梁端有转角，当支承长度较大时，可能出现梁端部分面积与砌体脱开，使实际的局部受压面积小于梁伸入支座内的底面积，梁端有效支承长度 a_0 可能小于其实际支承长度 a，如图 5.3.4 所示。

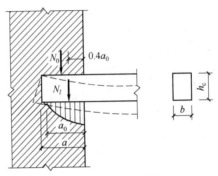

图 5.3.4 梁端支承情况

在实际工程中，梁端支承有两种情况：一种是梁支于墙、柱顶面，这时砌体在支承面上只承受梁端传来的局部压力；另一种是梁支承在墙、柱高度中部某个位置上，这时在支承面上除作用有梁传来的局部压力外，还有上部砌体传来的压应力。

试验表明，当梁端支承面上部有砌体传来的压力作用时，随着梁端局部受压面积的计算底面积 A_0 与局压面积 A_l 之比的增大，砌体将形成"内拱卸荷作用"，即上部砌体传来的压力 N_0 通过拱作用传给梁周围砌体，并对梁端下部砌体起侧向约束作用，从而使砌体局部抗压强度略有增强。因此，梁支承处砌体局部受压承载力计算公式如下：

$$\psi N_0 + N_l \leqslant \eta \gamma A_l f \tag{5.3.9}$$

式中　ψ ——上部荷载折减系数，$\psi = 1.5 - 0.5 A_0 / A_l$，当 $A_0 / A_l \geqslant 3$ 时，$\psi = 0$；

N_0 ——局部受压面积内上部轴向力设计值，$N_0 = \sigma_0 A_l$，σ_0 为上部荷载平均压应力设计值；$\sigma_0 = N_u / A$，N_u 为计算单元内上部荷载设计值，A 为计算截面面积；

N_l ——梁端支承压力设计值；

η ——梁端底面压应力图形的完整系数，一般取 $\eta = 0.7$，对过梁、墙梁可取 $\eta = 1.0$；

A_l ——局部受压面积，$A_l = a_0 b$，b 为梁的截面宽度；

a_0 ——梁端有效支承长度，其值不大于 a，可按以下公式近似计算：

$$a_0 = 10 \sqrt{h_c / f} \tag{5.3.10}$$

当计算所得 a_0 大于梁的实际支承长度 a 时，取实际支承长度 a；式中 h_c 为梁高，以 mm 计。

5.3.2.3　梁端下设有垫块或垫梁时支承处砌体的局部受压

当梁端或屋架端部传来的荷载较大，应用式（5.3.9）计算不能满足要求时，可在梁或屋架端部设置垫块或垫梁，通过垫块或垫梁放大梁端支承面积，使砌体具有足够的承载力。

1. 梁端下设刚性垫块

当梁端下部砌体局部受压承载力不满足要求，或跨度较大的梁支承于砌体墙上时，为减小砌体局部压应力，需在梁端支座处设置混凝土垫块。此时，垫块下砌体局部受压承载力计算公式如下：

$$N_0 + N_l \leqslant \varphi \gamma_1 f A_b \tag{5.3.11}$$

式中　N_0——垫块面积 A_b 内上部荷载设计值产生的轴向力，$N_0 = \sigma_0 A_b$；

　　　　φ——垫块上 N_0 及 N_l 合力的偏心影响系数，不考虑纵向弯曲影响，可由 $\beta \leqslant 3$ 查表 5.3.2~表 5.3.4 得到；

　　　　γ_1——垫块外砌体面积的有利影响系数，$\gamma_1 = 0.8\gamma$，但不小于 1.0，γ 为砌体局部受压强度提高系数，按式（5.3.8）以 A_b 代替 A_l 计算；0.8 为考虑垫块下压应力分布不均匀的安全系数；

　　　　A_b——垫块面积，$A_b = a_b b_b$，a_b 为垫块伸入墙内的长度，计算时 $a_b + t_b$；t_b 为垫块高度，不宜小于 180 mm；b_b 为垫块的宽度，且自梁侧边算起垫块挑出长度不宜大于 t_b。

若在带壁柱墙的壁柱上设置刚性垫块，则局部受压的计算面积 A_0 只取壁柱截面面积，不计翼缘挑出部分，且垫块伸入翼墙内长度不应小于 120 mm（图 5.3.5）。

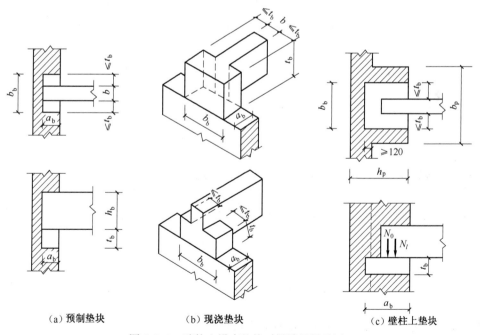

（a）预制垫块　　　（b）现浇垫块　　　　　（c）壁柱上垫块

图 5.3.5　壁柱上设有垫块时梁端局部受压

当梁端设有刚性垫块时，梁端有效支承长度可按下式计算，且垫块上 N_l 作用点的位置距墙内边缘的距离为梁端有效支撑长度 a_0 的 0.4 倍。

$$a_0 = \delta_1 \sqrt{\frac{h_c}{f}} \qquad (5.3.12)$$

式中 δ_1——影响系数，可按表 5.3.5 确定。

表 5.3.5 系数 δ_1

σ_0/f	0	0.2	0.4	0.6	0.8
δ_1	5.4	5.7	6.0	6.9	7.8

当梁采用现浇时，也可使梁端加宽以增大梁端的支承面积。此时梁端的加宽部分与梁端整浇在一起，梁下砌体受力状态与无垫块时梁端下砌体受力状态相同。因此，梁端支承处砌体的局部受压承载力仍按式（5.3.8）计算。此时，局部受压面积 $A_l = a_0 b_b$，有效支承长度 a_0 按式（5.3.9）计算。

2. 梁端下设柔性垫梁

当梁支承在长度较大的垫梁上时，如利用与梁同时现浇并相互连接的钢筋混凝土圈梁作为垫梁，可将梁端传来的力分布到一定宽度的墙体上去。这时，可将垫梁看作支承于墙体上的弹性地基梁。弹性地基梁在集中力的作用下，梁下的压应力分布与垫梁的抗弯刚度 $E_b I_b$ 以及砌体的压缩刚度有关，如图 5.3.6 所示。由弹性理论分析可得梁下压应力峰值

$$\sigma_{ymax} \leqslant 1.5f \qquad (5.3.13)$$

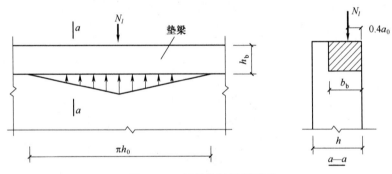

图 5.3.6 柔性垫梁局部受压

当有上部荷载 σ_0 作用时，则式（5.3.13）左边应叠加 σ_0，取 $N_l = \frac{1}{2}\pi h_0 b_b \sigma_{ymax}$，$N_0 = \frac{1}{2}\pi h_0 b_b \sigma_0$。则柔性垫梁下砌体的局部受压承载力

$$N_0 + N_l \leqslant 2.4\delta_2 h_0 b_b f \qquad (5.3.14)$$

$$h_0 = 2\sqrt[3]{\frac{E_c I_c}{EH}} \qquad (5.3.15)$$

式中 N_0——垫梁 $\frac{\pi b_b h_0}{2}$ 范围内上部轴向力设计值；

$\quad\quad h_0$——垫梁折算高度；

$\quad\quad \delta_2$——当荷载沿墙厚方向均有分布时取 1.0，不均匀时取 0.8；

$\quad\quad E_c$、I_c——垫梁的弹性模量、截面惯性矩；

E——砌体的弹性模量；

b_b、h_b——垫梁在墙厚方向的宽度和高度；

h——墙厚。

垫梁上梁端有效支承长度 a_0 可按式（5.3.12）计算。

【例5.3.3】　如图5.3.7所示，窗间墙截面 1 200 mm×370 mm，大梁截面尺寸 $b \times h = 200$ mm×550 mm，支承长度 $a = 240$ mm。已知墙体采用 MU10 砖及 M2.5 混合砂浆砌筑，梁支座反力设计值 $N_l = 37$ kN，传至梁底墙体截面上的上部轴向力设计值 $N_\mathrm{u} = 81$ kN。试验算房屋外纵墙上大梁端部处砌体局部受压承载力。

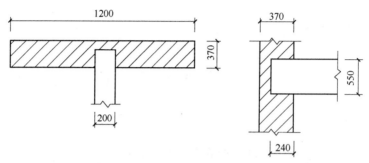

图 5.3.7　窗间墙结构尺寸

【解】　查表得 $f = 1.3$ MPa。

$$a_0 = 10\sqrt{\frac{h_\mathrm{c}}{f}} = 10 \times \sqrt{\frac{550}{1.3}} \approx 205.7 \text{ mm}$$

$$A_l = a_0 b = 205.7 \times 200 = 41\ 140 \text{ mm}^2$$

$$A_0 = h(2h + b) = 370 \times (2 \times 370 + 200) = 347\ 800 \text{ mm}^2$$

所以　　$\dfrac{A_0}{A_l} = 8.4 > 3$，取 $\psi = 0$，$\gamma = 1 + 0.35\sqrt{\dfrac{A_0}{A_l} - 1} \approx 1.95$

$$\sigma_0 = \frac{81\ 000}{1\ 200 \times 370} \approx 0.18 \text{ MPa}, \quad N_0 = \frac{81}{1\ 200 \times 370} \times 41\ 140 \approx 7.5 \text{ kN}$$

故 $\psi N_0 + N_l = 0 + 37 + 37$ kN。

$\eta \gamma f A_l = 0.7 \times 1.95 \times 1.3 \times 41\ 140 \times 10^{-3} \approx 73$ kN > 37 kN，故安全。

【例5.3.4】　已知条件如例题5.3.3，梁支座反力设计值 $N_l = 100$ kN，上部轴向力设计值 $N_\mathrm{u} = 81$ kN，其他条件不变，验算局部受压承载力。

【解】　由例题5.3.3可知，梁端不设垫块时，梁下砌体的局部受压承载力不满足要求。为使砌体局部受压满足要求，需在梁端下设置刚性垫块。依据构造要求，预制垫块尺寸取 $a_\mathrm{b} \times b_\mathrm{b} = 240$ mm × 500 mm，厚度 $t_\mathrm{b} = 180$ mm，两边挑出梁边长度 $c = 150$ mm，$t_\mathrm{b}/c > 1$，如图5.3.8所示。

此时局部面积

$$A_\mathrm{b} = a_\mathrm{b} \times b_\mathrm{b} = 240 \times 500 = 120 \times 10^3 \text{ mm}^2$$

$$N_0 = \frac{81\ 000}{1\ 200 \times 370} \times 240 \times 500 \approx 21.9 \times 10^3 \text{ N} = 21.9 \text{ kN}$$

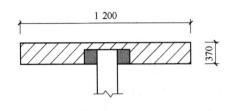
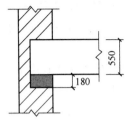

图 5.3.8　窗间墙结构

$$N_0 + N_l = 21.9 + 100 = 121.9 \text{ kN}$$

$$\gamma_1 = 0.8\gamma = 0.8 \times \left(1 + 0.35\sqrt{\frac{A_0}{A_b} - 1}\right) = 0.8 \times (1 + 0.35 \times 1.643) \approx 1.26$$

$$e_1 = \frac{a_b}{2} - 0.4a_0 = 120 - 0.4 \times 202 = 39.2 \text{ mm}, \quad e = \frac{N_l e_1}{N_0 + N_l} \approx \frac{100 \times 39.2}{121.9} \approx 32 \text{ mm}$$

$$e/a_b = \frac{32}{240} = 0.133$$

由 $\beta < 3$、$e/a_b = \frac{32}{240} \approx 0.133$，查表得 $\varphi = 0.824$。

则 $\varphi\gamma_1 f A_b = 0.824 \times 1.26 \times 1.3 \times 120 \times 10^3 \approx 162.0 \times 10^3$ N>121.9 kN，故安全。

5.3.3　轴心受拉、受弯和受剪构件的承载力计算

5.3.3.1　轴心受拉构件

对于砌体圆形水池，由于池内水压力作用，池壁产生环形水平拉力，池壁属于轴心受拉构件，如图 5.3.9（a）所示。无筋砌体轴心受拉构件承载力按下列公式计算：

$$N_t \leqslant f_t A \tag{5.3.16}$$

式中　N_t——轴心拉力设计值；

f_t——砌体轴心抗拉强度设计值，按表 5.2.9 中的较小值采用；

A——砌体受拉截面面积。

5.3.3.2　受弯构件

挡土墙在土压力作用下，墙壁可能沿水平和竖直方向呈受弯作用［图 5.3.9（b）］。弯矩作用下，砌体将产生沿齿缝或沿块材和竖向灰缝破坏。对受弯构件，除进行抗弯计算外，还应进行抗剪计算。

1. 受弯承载力

无筋砌体受弯承载力可按一般材料力学公式计算：

$$M \leqslant f_{tm} W \tag{5.3.17}$$

式中　M——弯矩设计值；

f_{tm}——砌体的弯曲抗拉强度设计值，应按表 5.2.9 中的较小值采用；

W——截面抵抗矩，对矩形截面，$W = \dfrac{bh^2}{6}$。

2. 受剪承载力

如图 5.3.9（c）所示，无筋砌体受弯构件的受剪破坏一般沿阶梯形斜裂缝发生，其承

载力可按下列公式计算:

$$V \leqslant f_v bZ \tag{5.3.18}$$

式中　V——剪力设计值;

　　　f_v——砌体的抗剪强度设计值,按表 5.2.9 采用;

　　　b——截面宽度;

　　　Z——内力臂,$Z = I/S$,当截面为矩形时,$Z = \dfrac{2}{3}h$。其中 I 为截面惯性矩,S 为截面面积矩,h 为截面高度。

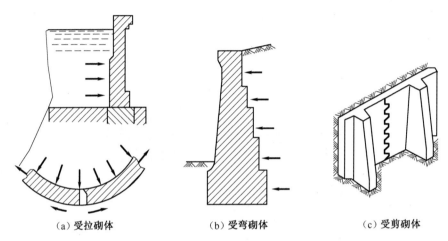

（a）受拉砌体　　　　　　　（b）受弯砌体　　　　　　　（c）受剪砌体

图 5.3.9　受拉、受弯、受剪砌体

5.3.3.3　受剪构件

砌体沿通缝或沿梯形截面破坏时,受剪承载力可按下式计算:

$$V \leqslant (f_v + \alpha\mu\sigma_0)A \tag{5.3.19}$$

式中　V——截面剪力设计值;

　　　A——水平截面面积,当有孔洞时,取净截面面积;

　　　f_v——砌体抗剪强度设计值,对灌孔的混凝土砌块砌体取 f_{vg};

　　　α——修正系数:当 $\gamma_G = 1.2$ 时,砖砌体取 0.60,混凝土砌块砌体取 0.64;当 $\gamma_G = 1.35$ 时,砖砌体取 0.64,混凝土砌块砌体取 0.66;

　　　μ——剪压复合受力影响系数,$\gamma_G = 1.2$ 时,α 与 μ 的乘积可查表 5.3.6;

　　　σ_0——永久荷载设计值产生的水平截面平均压应力;

　　σ_0/f——轴压比,且不大于 0.8;f 为砌体的抗压强度设计值。

表 5.3.6　当 $\gamma_G = 1.2$ 及 $\gamma_G = 1.35$ 时 $\alpha\mu$ 值

γ_G	σ_0/f	0.1	0.2	0.3	0.4	0.5	0.6	0.7	0.8
1.2	砖砌体	0.15	0.15	0.14	0.14	0.13	0.13	0.12	0.12
	砌块砌体	0.16	0.16	0.15	0.15	0.14	0.13	0.13	0.12
1.35	砖砌体	0.14	0.14	0.13	0.13	0.13	0.12	0.12	0.11
	砌块砌体	0.15	0.14	0.14	0.13	0.13	0.13	0.12	0.12

5.3.4 配筋砌体构件的承载力计算

在5.1.2小节已经了解到，当无筋砌体构件承载力不足，且截面尺寸不能加大、材料强度等级不能提高时，可采用配筋砌体。配筋砌体中，钢筋的配置不仅可提高砌体的承载力，还对其脆性性质有很好的改善。现在就对前面介绍的几种常用的配筋砌体承载力的计算进行了解。

5.3.4.1 网状配筋砖砌体

1. 受压性能分析

当砖砌体受压构件的承载力不足而截面尺寸受到限制，可考虑采用网状配筋砖砌体（图5.3.10）。

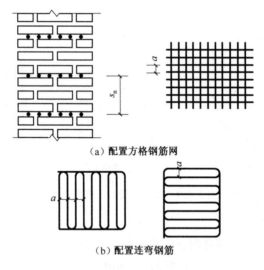

（a）配置方格钢筋网

（b）配置连弯钢筋

图5.3.10 网状配筋砖砌体

在砖砌体中配置横向钢筋网片后，由于钢筋网和砂浆、砂浆和块材之间的摩擦力以及砂浆的黏结力，钢筋网被黏结在水平灰缝内，并与砌体共同工作。在竖向荷载作用下，钢筋网因砌体的横向变形而受拉。但由于钢筋比砌体的弹性模量大，变形相对小，因而可阻止砌体横向变形的发展，使砌体处于三向应力状态，从而间接地提高砌体抗压承载力。此外，钢筋网对砌体横向变形的约束，不仅可以有效地延缓裂缝的出现和发展，还能阻止砌体因被纵向裂缝分隔成砌体小柱而过早失稳破坏。

尽管水平布置钢筋网可对砖砌体的承载力有所提高，但对于偏心受压构件，当荷载偏心距较大时，由于截面上的应力分布不均匀，钢筋网的加强作用会减弱。此外，受压构件如果过于细长，会由纵向弯曲产生附加偏心，同样会使总偏心距增大。因此，下列情况不宜采用网状配筋砖砌体：

（1）偏心距超过截面核心范围，对于矩形截面即$e/h>0.17$（e为荷载偏心距，h为截面高度）。

（2）偏心距虽未超过核心范围，但构件高厚比$\beta>16$。

2. 承载力计算

对于网状配筋砖砌体受压构件的承载力可按下式计算：

$$N \leq \varphi_n A f_n \tag{5.3.20}$$

式中　N——轴向力设计值；

　　　A——截面面积；

　　　f_n——网状配筋砖砌体的抗压强度设计值，

$$f_n = f + 2\left(1 - \frac{2e}{y}\right)\frac{\rho}{100}f_y \tag{5.3.21}$$

　　　e——轴向力的偏心距，按荷载设计值计算；

　　　f_y——受拉钢筋强度设计值，当 f_y 大于 320 MPa 时，仍采用 320 MPa；

　　　ρ——体积配筋率，$\rho = \dfrac{V_s}{V} \times 100$，当采用截面面积为 A_s 的钢筋组成的方格网（图 5.3.10）、网格尺寸为 a、钢筋网竖向间距（沿构件高度）为 s_n 时，$\rho = \dfrac{2A_s}{as_n} \times 100$；

　V_s、V——钢筋和砌体的体积。

　　　φ_n——高厚比、配筋率和轴向压力的偏心距对网状配筋砖砌体受压构件承载力的影响系数，对于矩形截面受压构件可按下式计算：

$$\varphi_n = \frac{1}{1 + 12\left[\dfrac{e}{h} + \sqrt{\dfrac{1}{12}\left(\dfrac{1}{\varphi_{0n}} - 1\right)}\right]^2} \tag{5.3.22}$$

　　　φ_{0n}——网状配筋砖砌体的稳定系数

$$\varphi_{0n} = \frac{1}{1 + (0.0015 + 0.45\rho)\beta^2} \tag{5.3.23}$$

矩形截面网状配筋砌体构件的影响系数 φ_n 除了可按式（5.3.21）计算求得外，还可由表 5.3.7 直接查用。

表 5.3.7　网状配筋砌体影响系数 φ_n

$\rho/\%$	β	e/h				
		0	0.05	0.10	0.15	0.17
0.1	4	0.97	0.89	0.78	0.67	0.63
	6	0.93	0.84	0.73	0.62	0.58
	8	0.89	0.78	0.67	0.54	0.53
	10	0.84	0.72	0.62	0.52	0.48
	12	0.78	0.67	0.56	0.48	0.44
	14	0.72	0.61	0.52	0.44	0.41
	16	0.67	0.56	0.47	0.40	0.37

ρ/%	β	e/h				
		0	0.05	0.10	0.15	0.17
0.3	4	0.96	0.87	0.76	0.65	0.61
	6	0.91	0.80	0.69	0.59	0.55
	8	0.84	0.74	0.62	0.53	0.49
	10	0.78	0.67	0.56	0.47	0.44
	12	0.71	0.60	0.51	0.43	0.40
	14	0.64	0.54	0.46	0.38	0.36
	16	0.58	0.49	0.41	0.35	0.32
0.5	4	0.94	0.85	0.74	0.63	0.59
	6	0.88	0.77	0.66	0.56	0.52
	8	0.81	0.69	0.59	0.50	0.46
	10	0.73	0.62	0.52	0.44	0.41
	12	0.65	0.55	0.46	0.39	0.36
	14	0.58	0.49	0.41	0.35	0.32
	16	0.51	0.43	0.36	0.31	0.29
0.7	4	0.93	0.83	0.72	0.61	0.57
	6	0.86	0.75	0.63	0.53	0.50
	8	0.77	0.66	0.56	0.47	0.43
	10	0.68	0.58	0.49	0.41	0.38
	12	0.60	0.50	0.42	0.36	0.33
	14	0.52	0.44	0.37	0.31	0.30
	16	0.46	0.38	0.33	0.28	0.26
0.9	4	0.92	0.82	0.71	0.60	0.56
	6	0.83	0.72	0.61	0.52	0.48
	8	0.73	0.63	0.53	0.45	0.42
	10	0.64	0.54	0.46	0.38	0.36
	12	0.55	0.47	0.39	0.33	0.31
	14	0.48	0.40	0.34	0.29	0.27
	16	0.41	0.35	0.30	0.25	0.24
1.0	4	0.91	0.81	0.70	0.59	0.55
	6	0.82	0.71	0.60	0.51	0.47
	8	0.72	0.61	0.52	0.43	0.41
	10	0.62	0.53	0.44	0.37	0.35
	12	0.54	0.45	0.38	0.32	0.30
	14	0.46	0.39	0.33	0.28	0.26
	16	0.39	0.34	0.28	0.24	0.23

3. 构造要求

为了使网状配筋砖砌体受压构件能安全可靠地工作，除需进行承载力计算外，还应注意满足以下构造要求：

（1）网状砌体的配筋率（按体积比计算）不应小于 0.1%，并不应大于 1%。因为配筋率太小，砌体强度提高有限；配筋率过大，当砌体强度接近块体强度时，钢筋的强度不能充分发挥。

（2）采用方格钢筋网时，钢筋的直径宜采用 3~4 mm；当采用连弯网时，钢筋的直径不应大于 8 mm。

（3）钢筋网的间距不应大于 120 mm（半砖），也不应小于 30 mm。

（4）钢筋网的竖向间距，不应大于五皮砖，并不应大于 400 mm。

（5）网状配筋砌体所用的砂浆强度等级不应低于 M7.5，以保证有效地发挥材料的强度并避免钢筋的锈蚀和提高钢筋与砂浆的黏结力。钢筋网应设置在砌体的水平灰缝中，灰缝厚度应保证钢筋上下至少各有 2 mm 厚的砂浆层。

【例 5.3.5】　一方形截面砖柱，截面尺寸为 490 mm×490 mm，计算高度 $H_0 = 4.0$ m，承受轴心压力设计值 $N = 450$ kN，采用烧结普通砖 MU10 和混合砂浆 M5，试验算其承载力。因截面尺寸受限制，若承载力不足，可采用网状配筋砌体。

【解】　$A = 0.49 \times 0.49 = 0.2401$ m² ≈ 0.24 m² < 0.3 m²，$\gamma_a = 0.7 + A = 0.7 + 0.24 = 0.94$ m²，$\beta = \dfrac{H_0}{b} = \dfrac{4.0}{0.49} \approx 8$，$\dfrac{e}{h} = 0$，查表得 $\varphi = 0.91$。

查表得 $f = 1.50$ N/mm²，则 $N_u = \varphi \gamma_a f A = 0.91 \times 0.94 \times 1.50 \times 0.24 \times 10^3 \approx 308$ kN。

$N = 450$ kN $> N_u$，故砖砌体柱的承载力不满足要求。

因 $\beta = 8 < 16$，$e/h = 0 < 0.17$，故可改为网状配筋砌体，选用 $\phi 4$ 冷拔低碳钢丝方格网（$A_s = 12.6$ mm²，取 $f_y = 320$ N/mm²），$s_n = 240$ mm，$a = 50$ mm > 30 mm，则得配筋率

$$\rho = \frac{V_s}{V} \times 100 = \frac{2 \times 12.6}{50 \times 240} \times 100 = 0.21$$

$$f_n = f + 2 \times \left(1 - \frac{2e}{y}\right) \frac{\rho}{100} f_y = 0.94 \times 1.50 + 2 \times (1 - 0) \times \frac{0.21}{100} \times 320$$
$$\approx 2.75 \text{ N/mm}^2$$

或根据 $\beta = 8$，$\rho = 0.21$，$e/h = 0$，查表得 $\varphi_n = 0.86$，则有

$$N_u = \varphi_n f_n A = 0.86 \times 2.75 \times 0.24 \times 10^3 = 567.6 \text{ kN} > N = 450 \text{ kN}$$

承载力满足要求。

5.3.4.2　组合砖砌体构件

《砌体规范》规定，当无筋砌体受压构件的截面尺寸受到限制或设计不经济时，或轴向力偏心距 $e > 0.6y$ 以及单层砖柱厂房在设防烈度为 8 度、9 度时，应采用砖砌体和钢筋混凝土面层或钢筋砂浆面层组成的组合砖砌体构件。

对于砖墙与组合砌体一同砌筑的 T 形截面构件，可按矩形截面组合砌体构件计算（图 5.3.11），但构件的高厚比可按 T 形截面考虑，其截面的翼缘宽度应符合有关构造规定。

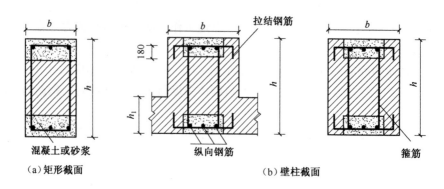

图 5.3.11　组合砖砌体构件截面

1. 轴心受压组合砖砌体承载力计算

图 5.3.11 所示为外包式组合砖砌体构件截面。在轴心压力作用下，组合砖砌体的第一批裂缝大多出现于砌体和钢筋混凝土（或钢筋砂浆）之间的连接处。随着荷载的增加，砖砌体上逐渐产生竖直方向的裂缝。受两侧的钢筋混凝土（或钢筋砂浆）面层的套箍约束作用，砖砌体上的这种裂缝发展较为缓慢，开展的宽度也不及无筋砌体。最后，混凝土（或砂浆）面层被压碎，钢筋被压屈服，组合砖砌体完全破坏。

组合砖砌体轴心受压构件的承载力，可按下式计算：

$$N = \varphi_{com}(fA + f_c A_c + \eta_s f_y' A_s') \tag{5.3.24}$$

式中　φ_{com}——组合砖砌体构件的稳定系数，按表 5.3.8 选用；

　　　　A——砖砌体的截面面积；

　　　　f_c——混凝土或面层水泥砂浆的轴心抗压强度设计值，可取为同强度等级混凝土的轴心抗压强度设计值的 70%，当砂浆为 M15 时，其值为 5.0 MPa；当砂浆为 M10 时，其值为 3.4 MPa；当砂浆为 M7.5 时，其值为 2.5 MPa；

　　　　A_c——混凝土或砂浆面层的截面面积；

　　　　η_s——受压钢筋的强度系数，当为混凝土面层时，可取 1.0；当为砂浆面层时，可取 0.9；

　　　　f_y'——受压钢筋的强度设计值；

　　　　A_s'——受压钢筋的截面面积。

2. 偏心受压组合砖砌体构件承载力计算

组合砖砌体构件偏心受压时，其承载力和变形性能与钢筋混凝土构件相近。由试验资料统计表明，偏心距越大，构件延展性越好；此外，柱的高厚比 β 越大，其延展性也越大。

（1）基本计算公式

$$N \leqslant fA' + f_c A_c' + \eta_s f_y' A_s' - \sigma_s A_s \tag{5.3.25}$$

或

$$Ne_N \leqslant fS_s + f_c S_{c,s} + \eta_s f_y' A_s'(h_0 - a_s') \tag{5.3.26}$$

表 5.3.8　组合砖砌体构件的稳定系数 φ_{com}

高厚比 β	配筋率 ρ/%					
	0	0.2	0.4	0.6	0.8	≥1.0
8	0.91	0.93	0.95	0.97	0.99	1.00
10	0.87	0.90	0.92	0.94	0.96	0.98
12	0.82	0.85	0.88	0.91	0.93	0.95
14	0.77	0.80	0.83	0.86	0.89	0.92
16	0.72	0.75	0.78	0.81	0.84	0.87
18	0.67	0.70	0.73	0.76	0.79	0.81
20	0.62	0.65	0.68	0.71	0.73	0.75
22	0.58	0.61	0.64	0.66	0.68	0.70
24	0.54	0.57	0.59	0.61	0.63	0.65
26	0.50	0.52	0.54	0.56	0.58	0.60
28	0.46	0.48	0.50	0.52	0.54	0.56

此时受压区的高度 x 可按下式确定：

$$fS_N + f_c S_{c,N} + \eta_s f_y' A_s' e_N' - \sigma_s A_s e_N = 0 \tag{5.3.27}$$

式中　σ_s ——钢筋 A_s 的应力；

A_s ——距轴向力 N 较远侧钢筋的截面面积；

A' ——砖砌体受压部分的面积；

A_c' ——混凝土或砂浆面层受压部分的面积；

S_s ——砖砌体受压部分的面积对钢筋 A_s 重心的面积矩；

$S_{c,s}$ ——混凝土或砂浆面层受压部分的面积对钢筋 A_s 重心的面积矩；

S_N ——砖砌体受压部分的面积对轴向力 N 作用点的面积矩；

$S_{c,N}$ ——混凝土或砂浆面层受压部分的面积对轴向力 N 作用点的面积矩；

e_N、e_N' ——钢筋 A_s 和 A_s' 重心至轴向力 N 作用点的距离（图 5.3.12）。

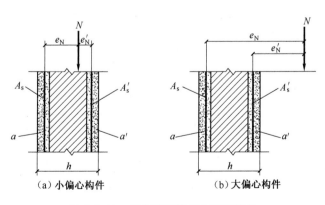

（a）小偏心构件　　　　　（b）大偏心构件

图 5.3.12　组合砖砌体偏心受压构件

e_N、e_N' 按下式确定：

$$e_N' = e + e_i - \left(\frac{h}{2} - a_s'\right) \tag{5.3.28}$$

$$e_N = e + e_i + \left(\frac{h}{2} - a_s\right) \tag{5.3.29}$$

式中　e——轴向力的初始偏心距，按荷载设计值计算，当 $e<0.05h$ 时，应取 $e=0.05h$；

　　e_i——组合砖砌体构件在轴向力作用下的附加偏心距。

$$e_i = \frac{\beta^2 h}{2\ 200}(1 - 0.022\beta) \tag{5.3.30}$$

　　h_0——组合砖砌体构件截面的有效高度，取 $h_0 = h - a_s$；

　a_s、a_s'——钢筋 A_s 和 A_s' 重心至截面较近边的距离。

（2）钢筋应力 σ_s。组合砖砌体钢筋 A_s 的应力 σ_s，以正值为拉应力，负值为压应力。计算时可按下列规定计算。

小偏心受压时，即 $\xi > \xi_b$ 时：

$$\sigma_s = 650 - 800\xi \\ -f_y' \leqslant \sigma_s \leqslant f_y \tag{5.3.31}$$

大偏心受压时，即 $\xi \leqslant \xi_b$ 时：

$$\sigma_s = f_y \tag{5.3.32}$$

式中　ξ——组合砖砌体构件截面受压区的相对高度 $\xi = \dfrac{x}{h_0}$；

　　f_y——钢筋的抗拉强度设计值；

　　ξ_b——组合砖砌体构件受压区相对高度的界限值，采用 HPB300 级钢筋配筋，应取 0.47；采用 HRB335 级钢筋配筋时，应取 0.44；采用 HRB400 级钢筋配筋时，应取 0.36。

3. 构造要求

组合砖砌体由砌体和面层混凝土（或面层砂浆）两种材料组成，故应保证它们之间有良好的整体性和共同工作能力。

（1）面层混凝土强度等级宜采用 C20。面层水泥砂浆的强度等级不宜低于 M10。砌筑砂浆不得低于 M7.5。

（2）受力钢筋的保护层厚度不应小于表 5.3.9 中的规定。受力钢筋距砖砌体表面的距离不应小于 5 mm。当面层为水泥砂浆的组合砖柱，保护层厚度可较表中的值减小 5 mm。

表 5.3.9　混凝土保护层最小厚度　　　　　　　单位：mm

构件类别	室内正常环境	露天或室内潮湿环境
墙	15	25
柱	25	35

（3）砂浆面层的厚度可采用 30~45 mm。当面层厚度需大于 45 mm 时，其面层宜采用混凝土。

（4）受力钢筋宜采用 HPB300 级钢筋。对于混凝土面层，因受力和变形性能较好，亦可采用 HRB335 级钢筋。受压钢筋一侧的配筋率，对于砂浆面层，不宜小于 0.1%；对于混凝土面层，不宜小于 0.2%。受拉钢筋的配筋率不应小于 0.1%。竖向受力钢筋的直径不应小于 8 mm。钢筋的净间距，不应小于 30 mm。

（5）箍筋的直径不宜小于 4 mm 及 $0.2d$（d 为受压钢筋直径），并不宜大于 6 mm。箍筋的间距不应大于 $20d$ 及 500 mm，并不应小于 120 mm。

（6）当组合砖砌体构件一侧的受力钢筋多于 4 根时，应设置附加箍筋或拉结钢筋。对于截面长短边相差较大的构件如墙体等，应采用穿通构件或墙体的拉结钢筋作为箍筋，同时设置水平分布钢筋，以形成封闭的箍筋体系。水平分布钢筋的竖向间距及拉结钢筋的水平间距均不应大于 500 mm（图 5.3.13）。

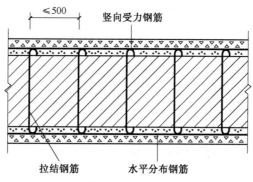

图 5.3.13　混凝土或砂浆面层的组合墙

（7）组合砖砌体构件的顶部与底部，以及牛腿处是直接承受或传递荷载的主要部位，在这些部位必须设置钢筋混凝土垫块，以保证构件安全可靠的工作。竖向受力钢筋伸入垫块的长度必须满足锚固要求。

【**例 5.3.6**】　如图 5.3.14 所示，组合砖砌体柱截面为 370 mm×490 mm，计算高度 $H_0 =$ 3.3 m，承受轴心压力设计值 $N = 500$ kN，面层混凝土强度等级为 C20，砖强度等级为 MU10，混合砂浆强度等级为 M5，混凝土内共配有 4Φ12 的钢筋（$A_s = 452$ mm^2，$f_y = 270$ N/mm^2），试求该柱的受压承载力。

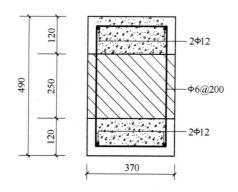

图 5.3.14　组合砖砌体结构

【解】

砌体的截面面积 $A = 0.25 \times 0.37 \approx 0.093 \ \text{m}^2$；

混凝土面层面积 $A_c = 2 \times 0.12 \times 0.37 \approx 0.089 \ \text{m}^2$；

总面积 $A + A_c = 0.093 + 0.089 = 0.182 \ \text{m}^2 < 0.2 \ \text{m}^2$，$\gamma_a = 0.8 + 0.182 = 0.982$；

则砌体强度为 $f = 0.982 \times 1.50 \approx 1.47 \ \text{N/mm}^2$；

混凝土 C20，$f_c = 9.6 \ \text{N/mm}^2$；

HPB300 级钢筋，$f_y = 270 \ \text{N/mm}^2$；

混凝土面层，取 $\eta_s = 1.0$；

柱高厚比 $\beta = \dfrac{3.3}{0.37} \approx 9 < 16$（适合网状配筋砖砌体）；

配筋率 $\rho = \dfrac{A'_s}{bh} \times 100\% = \dfrac{452}{490 \times 370} \times 100\% \approx 0.25\%$；

查表 5.3.8 得 $\varphi_{com} = 0.92$；

柱承载力 $N_u = \varphi_{com}(fA + f_c A_c + \eta_s f'_y A'_s) = 0.92 \times (1.47 \times 0.093 \times 10^6 + 9.6 \times 0.089 \times 10^6 + 1.0 \times 210 \times 425) \times 10^{-3} \approx 992.6 \ \text{kN}$；

则 $N = 500 \ \text{kN} < N_u$，满足承载力要求。

【例 5.3.7】 某车间组合砖柱，如图 5.3.15 所示，截面为 490 mm×740 mm，计算高度 $H_0 = 7\,400 \ \text{mm}$，承受偏心压力 $N = 350 \ \text{kN}$，$M = 100 \ \text{kN·m}$（作用在长边方向）。采用 MU10 砖、M5 混合砂浆砌筑，C20 混凝土。采用 HPB300 级钢筋对称配筋，$A_s = A'_s = 462 \ \text{mm}^2$，试验算该柱是否安全。

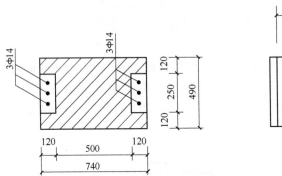

图 5.3.15　某车间组合砖柱结构

【解】

（1）确定 A、A_c、f_c、f、f'_y。

砖砌体截面积 $A = 490 \times 740 - 2 \times (250 \times 120) = 302\,600 \ \text{mm}^2$；

混凝土截面面积 $A_c = 2 \times (250 \times 120) = 60\,000 \ \text{mm}^2$；

混凝土轴心抗压强度设计值 $f_c = 9.6 \ \text{N/mm}^2$；

砌体抗压强度设计值 $f = 1.50 \ \text{N/mm}^2$；

受压钢筋强度设计值 $f'_y = 270 \ \text{N/mm}^2$。

（2）求 e、e_N、e'_N。

偏心距 $e = \dfrac{M}{N} = \dfrac{100 \times 10^3}{350} \approx 286$ mm;

高厚比 $\beta = \dfrac{H_0}{h} = \dfrac{740}{74} = 10$;

附加偏心距 $e_i = \dfrac{\beta^2 h}{2\,200}(1 - 0.022\beta) = \dfrac{10^2 \times 740}{2\,200}(1 - 0.022 \times 10) \approx 26.2$ mm;

钢筋重心至轴向力 N 作用点的距离

$$e_N = e + e_i + \left(\frac{h}{2} - a_s\right) = 286 + 26.2 + \left(\frac{740}{2} - 35\right) \approx 647 \text{ mm}$$

$$e'_N = e + e_i - \left(\frac{h}{2} - a'_s\right) = 286 + 26.2 - \left(\frac{740}{2} - 35\right) = -22.8 \text{ mm}$$

（3）求 x。

假定受压区高度 $x > 120$ mm，且为大偏心受压。

$$S_N = 490 \times (x - 120)\left(\frac{x - 120}{2} + 65\right) + 2 \times 120 \times 120 \times 5$$

$$S_{c,N} = 250 \times 120 \times \left(65 - \frac{120}{2}\right) = 150\,000$$

将以上数值代入公式

$$fS_N + f_c S_{c,\,N} + \eta_s f'_y A'_s e'_N - \sigma_s A_s e_N = 0$$

$$1.5 \times \left[490 \times (x - 120) \times \left(\frac{x - 120}{2} + 65\right) + 2 \times 120 \times 120 \times 5\right] +$$

$$9.6 \times 150\,000 + 1.0 \times 210 \times 462 \times (-22.8) - 210 \times 462 \times 647 = 0$$

解得 $x = 475$ mm。

表明受压钢筋应力可达到 270 N/mm^2，而 $\xi = \dfrac{475}{740 - 35} \approx 0.67 > \xi_b = 0.55$。

属小偏心受压，与原假定不符，应按小偏心受压重算。

$$\sigma_s = 650 - 800\xi = 650 - 800 \times \frac{x}{740 - 35} = 650 - 1.13x$$

解得 $x = 441$ mm。

（4）按公式 $N \leqslant fA' + f_c A'_c + \eta_s f'_y A'_s - \sigma_s A_s$ 验算：

$$\sigma_s = 650 - 800\xi = 650 - 800 \times \frac{441}{740 - 35} \approx 149.6 \text{ N/mm}^2$$

$$fA' + f_c A'_c + \eta_s f'_y A'_s - \sigma_s A_s = 1.5 \times (441 \times 490 - 250 \times 120) + 9.6 \times 250 \times 120 +$$

$$1.0 \times 210 \times 462 - 149.6 \times 462$$

$$\approx 595 \text{ kN} > N = 350 \text{ kN}$$

长边方向满足要求。

（5）沿短边方向按轴心受压验算

$$\beta = \frac{H_0}{h} = \frac{7\,400}{490} \approx 15.1, \quad \frac{e}{h} = 0$$

$$\rho = \frac{A_s + A'_s}{bh} = \frac{462 \times 2}{490 \times 740} \times 100\% \approx 0.25\%$$

查表得 $\varphi_{co} = 0.783$。

$$\varphi_{com}(fA + f_c A_c + \eta_s f'_y A'_s) = 0.782\,5 \times (1.5 \times 0.302\,6 + 9.6 \times 0.06 +$$
$$1.0 \times 210 \times 2 \times 462 \times 10^{-6}) \times 10^3$$
$$\approx 958 \text{ kN} > N = 350 \text{ kN}$$

则柱的承载力满足要求。

5.3.4.3 砖砌体和钢筋混凝土构造柱组合墙

在砌体房屋墙体的规定部位，由于构造要求设置钢筋混凝土构造柱，形成砖砌体和钢筋混凝土构造柱组合墙，如图 5.3.16 所示。在荷载作用下，由于内力重分布的结果，构造柱分担墙体上的荷载。因此在实际结构中，如果砖砌体受压构件的截面尺寸受到限制，可采用砖砌体和钢筋混凝土构造柱组合墙以提高墙体的承载能力。

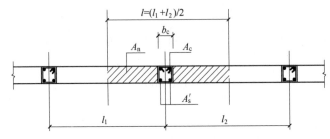

图 5.3.16　砖砌体和构造柱组合墙截面

1. 受压性能

由于钢筋混凝土构造柱和砖墙的刚度不同，在荷载作用下砖砌体和钢筋混凝土构造柱将产生内力重分布，构造柱分担的荷载比例将得到提高，并可减轻墙体承担的荷载。此外，由于构造柱与墙体中的圈梁形成"弱框架"，使砌体受约束，提高墙体的承载能力。

在影响设置构造柱砖墙承载力的诸多因素中，构造柱间距的影响最为显著。理论分析和试验表明，位于中间的构造柱，对柱两侧砌体墙的影响长度约为 1.2 m；位于墙体端部的构造柱，处于偏心受压状态，对一旁砌体墙的影响长度约为 1 m。当构造柱间距为 2 m 左右时，柱的作用能得到充分发挥；当构造柱间距大于 4 m 时，柱对墙体受压承载力的影响很小。

2. 轴心受压承载力计算

设置构造柱砖墙与组合砖砌体构件有类似之处，其承载力可采用组合砖砌体轴心受压构件承载力的计算公式计算，并引入强度系数来反映两者之间的区别。

轴心受压承载力计算公式为

$$N \leqslant \varphi_{com}[fA_n + \eta(f_c A_c + f'_y A'_s)] \tag{5.3.33}$$

$$\eta = \left(\frac{1}{\dfrac{l}{b_c} - 3}\right)^{\frac{1}{4}} \tag{5.3.34}$$

式中　φ_{com}——组合砖砌体构件的稳定系数，按表 5.3.8 选用；

η——强度系数，当 $l/b_c < 4$ 时，取 $l/b_c = 4$；

l ——沿墙长方向构造柱的间距；

b_c ——沿墙长方向构造柱的宽度；

A_n ——砖砌体的净截面面积；

A_c ——构造柱的截面面积。

3. 构造要求

（1）组合砖墙砌体结构房屋，应在纵横墙交接处、墙端部和较大洞口的洞边设置构造柱，其间距不宜大于 4 m。各层洞口宜设置在相应位置，上下对齐。

（2）组合砖墙的施工程序是：先砌墙后浇混凝土构造柱。砖砌体与构造柱的连接处应砌成马牙槎，并应沿墙高每隔 500 mm 设 2ф6 的拉结钢筋，每边伸入墙内不宜小于 600 mm。砌筑构造柱墙体的砂浆强度等级不应低于 M5，构造柱的混凝土强度等级不宜低于 C20。

（3）构造柱的截面尺寸不宜小于 240 mm×240 mm，且厚度不应小于墙厚。边、角柱为偏心受压构件，柱的截面宽度宜适当加大。

（4）构造柱受力纵筋的直径不宜大于 16 mm。对于中柱，受力纵筋不宜少于 4ф12；对于边柱、角柱，受力纵筋不宜少于 4ф14。

（5）构造柱内的箍筋，在楼层上下 500 mm 范围内宜采用 ф6@100；在一般部位宜采用 ф6@200。竖向钢筋在基础梁和楼层圈梁中的锚固，应符合受拉钢筋的锚固要求。

（6）组合砖墙砌体房屋应在基础顶面、楼层处设置现浇钢筋混凝土圈梁。圈梁的截面高度不宜小于 240 mm；纵向钢筋不宜少于 4ф12，端部应伸入构造柱内并符合受拉钢筋的锚固要求；箍筋宜采用 ф6@200。

（7）构造柱竖向钢筋的混凝土保护层厚度应符合表 5.3.9 的规定。

5.3.4.4 配筋砌块砌体

配筋砌块砌体是在普通混凝土小型空心砌块砌体芯柱和水平灰缝中配置一定数量的钢筋而形成一种新型砌体。

扫一扫

配筋砌块砌体由于注芯混凝土和钢筋的共同作用，具有较高的抗压和抗剪强度，能有效抵抗由地震、风及土压力产生的横向荷载，是一种很好的横向抗侧力体系，又被称为配筋砌块砌体剪力墙。这种砌体不但具有普通混凝土小型空心砌块砌体所具有的节土、节能、节约建筑材料、取材方便和施工速度快等优点，而且具有整体性好、延性好和抗震性能好等优点，在多层和高层住宅建筑中有广阔的应用前景。

1. 受压承载力计算的基本假定

配筋混凝土砌块砌体构件的正截面承载力需考虑下列的基本假定。

（1）截面应变保持平截面。

（2）竖向钢筋与其毗邻的砌体、灌孔混凝土的应变相同。

（3）不考虑砌体、灌孔混凝土的抗拉强度。

（4）根据材料选择砌体、灌孔混凝土的极限拉应变，且不应大于 0.003。

（5）根据材料选择钢筋的极限拉应变，且不应大于 0.01。

2. 轴心受压承载力计算

配筋混凝土砌块砌体在轴心压力作用下，经历裂缝出现、裂缝发展和最终破坏的三个受力阶段。与无筋砌体相比，不仅强度有很大程度的提高，破坏时即使砌块有部分被压碎，墙体仍保持良好的整体性。

配有箍筋或水平分布钢筋的配筋混凝土砌块砌体剪力墙、柱，其轴心受压承载力可按下式计算：

$$N \leqslant \varphi_{0g}(f_g A + 0.8 f_y' A_s') \tag{5.3.35}$$

$$\varphi_{0g} = \frac{1}{1 + 0.001\beta^2} \tag{5.3.36}$$

$$f_g = f + 0.6\alpha f_c \tag{5.3.37}$$

$$\alpha = \delta\rho \tag{5.3.38}$$

式中　　N ——轴向力设计值；

　　　φ_{0g} ——轴心受压构件的稳定系数；

　　　f_g ——灌孔砌体的抗压强度设计值；

　　　f_y' ——钢筋的抗压强度设计值；

　　　A ——构件的毛截面面积；

　　　A_s' ——全部竖向钢筋的截面面积；

　　　β ——构件的高厚比；

　　　f ——未灌孔砌体的抗压强度设计值；

　　　f_c ——灌孔混凝土的轴心抗压强度设计值；

　　　α ——砌块砌体中灌孔混凝土面积和砌体毛面积的比值；

　　　δ ——混凝土砌块的孔洞率；

　　　ρ ——混凝土砌块砌体的灌孔率，系截面灌孔混凝土面积和截面孔洞面积的比值，ρ 不应小于 33%。

特别说明，无箍筋或水平分布钢筋时，$f_y' A_s' = 0$，配筋砌块砌体构件的计算高度 H_0 可取层高。

3. 矩形截面配筋砌块砌体偏心受压承载力计算

试验结果表明，配筋混凝土砌块砌体在偏心受压时的受力性能和破坏形态与一般的钢筋混凝土偏心受压构件相类似。

大偏心受压时，截面部分受压、部分受拉。受拉区砌体较早地出现水平裂缝，受拉主筋的应力增长较快，首先达到屈服。随着水平裂缝的开展，受压区高度减少，最后受压主筋屈服，受压区砌块砌体达到极限抗压强度而压碎。小偏心受压时，截面部分受压、部分受拉，亦可能全截面受压。破坏时受压纵筋屈服，受压区砌块砌体达到极限抗压强度而压碎，而另一侧的纵筋无论受拉或受压，均达不到屈服强度，且竖向分布钢筋的应力较小。

对于上述两类偏心受压界限，可按下式计算：

$$\xi_b = 0.8 \frac{\varepsilon_{mc}}{\varepsilon_{mc} + \varepsilon_s} \tag{5.3.39}$$

式中　　ξ_b ——界限相对受压区高度；

　　　ε_{mc} ——砌块砌体的极限压应变，可取 0.03；

　　　ε_s ——钢筋的屈服拉应变，$\varepsilon_s = \dfrac{f_y}{E_s}$。

因此，对于矩形截面的配筋砌块砌体构件：

当 $x \leqslant \xi_b h_0$ 时，为大偏心受压；当 $x > \xi_b h_0$ 时，为小偏心受压。

式中　x ——截面受压区高度；

　　　h_0 ——截面有效高度。配置 HPB300 级钢筋时，$\xi_b = 0.57$；配置 HRB335 级钢筋时，$\xi_b = 0.55$；配置 HRB400 级钢筋时，$\xi_b = 0.52$。

（1）大偏心受压承载力计算。如图 5.3.17 所示为配筋砌块砌体受压破坏时截面上的应力状态，其中图 5.3.17（a）为大偏心受压，图 5.3.17（b）为小偏心受压。

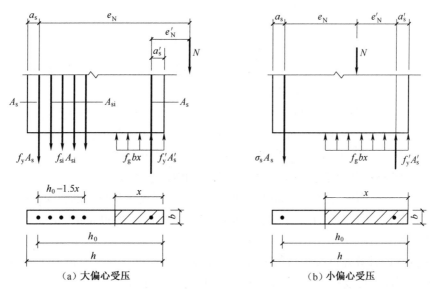

图 5.3.17　配筋混凝土砌块砌体剪力墙偏心受压计算简图

在图 5.3.17（a）中，取截面内力平衡，矩形截面配筋砌块砌体构件大偏心受压时，正截面受压承载力应按下式计算：

$$N \leqslant f_g bx + f_y' A_s' - f_y A_s - \sum f_{si} A_{si} \tag{5.3.40}$$

$$Ne_N \leqslant f_g bx(h_0 - x) + f_y' A_s'(h_0 - a_s') - \sum f_{si} A_{si} \tag{5.3.41}$$

式中　N ——轴向力设计值；

　　　f_g ——灌孔砌体的抗压强度设计值；

　　f_y、f_y' ——竖向受拉、受压主筋的强度设计值；

　　　b ——截面宽度；

　　　f_{si} ——竖向分布钢筋的抗拉强度设计值；

　A_s、A_s' ——竖向受拉、受压主筋截面面积；

　　　A_{si} ——单根竖向分布钢筋的截面面积；

　　　S_{si} ——第 i 根竖向分布钢筋对竖向受力主筋的面积矩；

　　　e_N ——轴向力作用点到竖向受拉主筋合力点之间的距离。可按式（5.3.29）及其相应的规定计算；

　h_0、h ——截面有效高度、截面高度；

　　　a_s' ——受压主筋合力点至截面较近边的距离。

当受压区高度 $x < 2a_s'$ 时，则应改为按下式计算：

$$Ne_N' \leqslant f_g A_s(h_0 - a_s') \tag{5.3.42}$$

式中 e'_N ——轴向力作用点至竖向受压主筋合力点之间的距离；

a'_s ——受拉主筋合力点至截面较近边的距离。

（2）小偏心受压承载力计算。按图 5.3.17 取平衡条件，矩形截面配筋砌块砌体构件小偏心受压时，正截面受压承载力应按下式计算：

$$N \leqslant f_g bx + f'_y A'_s - \sigma_s A_s \qquad (5.3.43)$$

$$Ne_N \leqslant f_g bx(h_0 - 0.5x) + f'_y A'_s(h_0 - a_s) \qquad (5.3.44)$$

$$\sigma_s = \frac{f_y}{\xi_b - 0.8}\left(\frac{x}{h_0} - 0.8\right) \qquad (5.3.45)$$

从式（5.3.42）和式（5.3.43）中不难看出，由于截面受压区大，竖向分布钢筋的应力小，上述公式中未计入该钢筋的作用。

需要注意的是，无论是大偏心受压还是小偏心受压，当受压区竖向受压主筋无箍筋或无水平钢筋约束时，不考虑受压主筋的作用，即应取 $f'_y A'_s = 0$。此外，对于矩形截面小偏心受压的构件，还应对垂直于弯矩作用平面按轴心受压构件进行计算。

4. T 形、倒 L 形截面配筋砌块砌体偏心受压构件承载力计算

T 形、倒 L 形截面偏心受压配筋砌块砌体剪力墙，当翼缘和腹板的相交处采用错缝搭接砌筑，同时设置间距不大于 1 200 mm 的配筋带（截面高度 ≥60 mm，钢筋不少于 2Φ12）时，可考虑翼缘的共同工作。

剪力墙翼缘的计算宽度按现行国家标准《混凝土结构设计规范》的有关规定进行计算。T 形、倒 L 形截面偏心受压剪力墙，当 $x \leqslant h'_f$ 时，仍按宽度为 b 的矩形截面计算；当 $x > h'_f$ 时，则应考虑腹板的作用。T 形、倒 L 形截面偏心受压剪力墙根据偏心距的大小仍按大、小偏压分别进行计算。

（1）大偏心受压承载力计算（$x \leqslant \xi_b h_0$）。T 形截面偏心受压构件破坏时截面应力如图 5.3.18 所示，根据截面内力平衡，T 形截面配筋砌块砌体构件大偏心受压时，正截面受压承载力应按下式计算：

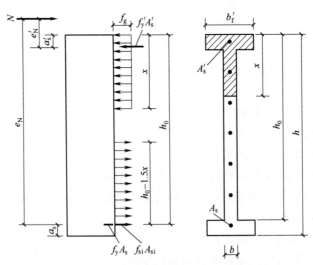

图 5.3.18 T 形截面偏心受压构件破坏时截面应力简图

$$N \leq f_{\mathrm{g}} [bx + (b_{\mathrm{f}}' - b) h_{\mathrm{f}}'] + f_{\mathrm{y}}' A_{\mathrm{s}}' - f_{\mathrm{y}} A_{\mathrm{s}} - \sum f_{\mathrm{si}} A_{\mathrm{si}} \tag{5.3.46}$$

$$Ne_{\mathrm{N}} \leq f_{\mathrm{g}} [bx(h_0 - 0.5x) + (b_{\mathrm{f}}' - b) h_{\mathrm{f}}'(h_0.5h_{\mathrm{f}}')] + f_{\mathrm{y}}' A_{\mathrm{s}}'(h_0 - a_{\mathrm{s}}') - \sum f_{\mathrm{si}} A_{\mathrm{si}} \tag{5.3.47}$$

式中　b_{f}' ——T 形、倒 L 形截面受压区的翼缘计算宽度；

h_{f}' ——T 形、倒 L 形截面受压区的翼缘高度。

（2）小偏心受压承载力计算。T 形截面配筋砌块砌体构件小偏心受压时，正截面受压承载力应按下式计算：

$$N \leq f_{\mathrm{g}} [bx + (b_{\mathrm{f}}' - b) h_{\mathrm{f}}'] + f_{\mathrm{y}}' A_{\mathrm{s}}' - \sigma_{\mathrm{s}} A_{\mathrm{s}} \tag{5.3.48}$$

$$Ne_{\mathrm{N}} \leq f_{\mathrm{g}} [bx(h_0 - 0.5x) + (b_{\mathrm{f}}' - b) h_{\mathrm{f}}'(h_0 - 0.5h_{\mathrm{f}}')] + f_{\mathrm{y}}' A_{\mathrm{s}}'(h_0 - a_{\mathrm{s}}') \tag{5.3.49}$$

5. 受剪承载力计算

配筋砌块砌体剪力墙在剪压作用下，同混凝土构件一样有斜拉、剪压和斜压三种破坏形态，影响其破坏形态及抗剪承载力的主要因素是材料强度、竖向压应力、剪力墙的剪跨比与水平钢筋的配筋率。

矩形截面配筋砌块砌体剪力墙斜截面受剪承载力应按下述方法进行计算。

（1）剪力墙的截面尺寸。为确保墙体不产生斜压破坏，剪力墙要有足够的截面尺寸，即

$$V \leq 0.25 f_{\mathrm{g}} b h_0 \tag{5.3.50}$$

式中　V ——剪力墙的剪力设计值；

f_{g} ——灌孔砌体的抗压强度设计值；

b ——剪力墙的截面宽度；

h_0 ——剪力墙的截面有效高度。

（2）偏心受压时的斜截面受剪承载力。剪力墙在偏心受压时的斜截面受剪承载力应按下式计算：

$$V \leq \frac{1}{\lambda - 0.5} \left(0.6 f_{\mathrm{vg}} b h_0 + 0.12 N \frac{A_{\mathrm{w}}}{A} \right) + 0.9 f_{\mathrm{yb}} \frac{A_{\mathrm{sb}}}{s} h_0 \tag{5.3.51}$$

$$\lambda = \frac{M}{V h_0} \tag{5.3.52}$$

$$f_{\mathrm{vg}} = 0.2 f_{\mathrm{g}}^{0.55} \tag{5.3.53}$$

式中　M、N、V ——计算截面的弯矩、轴向力和剪力设计值，当 $N > 0.25 f_{\mathrm{g}} bh$ 时取 $N = 0.25 f_{\mathrm{g}} bh$；

λ ——计算截面的剪跨比，当 $\lambda < 1.5$ 时，取 1.5，当 $\lambda \geq 2.2$ 时，取 2.2；

f_{vg} ——灌孔砌体抗剪强度设计值；

h_0 ——剪力墙截面的有效高度；

f_{yb} ——水平钢筋的抗拉强度设计值；

A_{sb} ——配置在同一截面内的水平分布钢筋的全部截面面积；

A ——剪力墙截面面积；

A_{w} ——剪力墙腹板截面面积；对矩形截面，$A_{\mathrm{w}} = A$；

s ——水平分布钢筋的竖向间距。

（3）剪力墙在偏心受拉时的斜截面受剪承载力应按下式计算：

$$V \leqslant \frac{1}{\lambda - 0.5}\left(0.6f_{vg}bh_0 - 0.22N\frac{A_v}{A}\right) + 0.9f_{yb}\frac{A_{sb}}{s}h_0 \tag{5.3.54}$$

6. 构造要求

（1）钢筋。钢筋的布置与规格应满足以下要求。

1）配筋砌块砌体剪力墙中的竖向钢筋应在每层墙高范围内连续布置，竖向钢筋可采用单排钢筋；水平分布钢筋或网片宜沿墙长连续布置，宜采用双排钢筋。

2）钢筋的直径不宜大于 25 mm，当设置在灰缝中时，不宜大于灰缝厚度的 1/2，且不应小于 4 mm；其他部位不应小于 10 mm。

3）配置在孔洞或空腔中的钢筋面积不应大于孔洞或空腔面积的 6%。

4）通常情况下，两平行钢筋间的净距不宜小于 25 mm，对于柱和壁柱中的竖向钢筋的净距不宜小于 40 mm（包括接头处钢筋间的净距）。

此外，竖向受力钢筋在灌孔混凝土中、水平受力钢筋在凹槽混凝土中及在砌体灰缝中的锚固长度和搭接长度应符合表 5.3.10 的规定。

表 5.3.10　钢筋的锚固长度与搭接长度

钢筋所在位置		锚固长度 l_a	搭接长度 l_l
竖向钢筋在灌孔混凝土中	受拉	35d，且不小于 300 mm 截断后延伸不小于 20d	1.1l_a，且不小于 300 mm
	受压	截断后延伸不小于 25d	0.7l_a，且不小于 300 mm
水平钢筋在凹槽混凝土中		30d，且弯折段不小于 15d 和 200 mm	35d
水平钢筋在水平灰缝中		50d，且弯折段不小于 20d 和 50 mm	55d，隔皮错缝时为 50d+2h

注：d 为受力钢筋直径；h 为水平灰缝间距。

（2）保护层。灰缝中钢筋外露砂浆保护层不宜小于 15 mm。位于砌体孔槽中的钢筋保护层，在室内正常环境不宜小于 20 mm；在室外或潮湿环境不宜小于 30 mm。

对安全等级为一级或设计年限大于 50 年的配筋混凝土砌块砌体结构构件，钢筋的保护层应比本条规定的厚度至少增加 5 mm 或采用防腐处理的钢筋、抗渗混凝土等措施。

（3）配筋砌块砌体剪力墙、连梁的构造要求。

1）砌体剪力墙材料：砌块不应低于 MU10；砌筑砂浆不应低于 Mb7.5；灌孔混凝土不应低于 Cb20。

2）配筋砌块砌体剪力墙、连梁的截面宽度不应小于 190 mm，配置在截面内的构造钢筋应符合下列规定：

a. 剪力墙沿竖向和水平方向的构造钢筋配筋率不宜小于 0.07%。

b. 应在墙的转角、端部和孔洞的两侧配置竖向连续的钢筋，其直径不应小于 12 mm。

c. 应在洞口的底部和顶部设置不小少 2Φ10 的水平钢筋，伸入墙内的长度不宜小于 40d 和 600 mm。

　　d. 应在楼（屋）盖的所有纵、横墙处设置现浇钢筋混凝土圈梁，圈梁的宽度和高度宜等于墙厚或块高，圈梁主筋不应少于 4φ10，圈梁的混凝土强度等级不宜低于同层混凝土砌体强度等级的 2 倍，或该层灌孔混凝土的强度等级不应低于 C20。

　　e. 剪力墙其他部位的竖向与水平钢筋的间距不应大于墙长、墙高的 1/3，也不应大于 900 mm。

　　3）在剪力墙的端部、转角、丁字或十字交接处，应设置边缘构件，可采用配筋砌块砌体，亦可采用钢筋混凝土柱。

　　a. 当边缘构件为配筋砌块砌体时，边缘构件的长度不小于 3 倍墙厚及 600 mm，且此范围内的孔中应设置不少于 φ12 的通长竖向钢筋。当剪力墙端部的设计压应力大于 $0.6f_a$ 时，应设置间距不大于 200 mm、直径不小于 6 mm 的水平钢筋（钢箍），该水平钢筋宜设置在灌孔混凝土中。

　　b. 当边缘构件为钢筋混凝土柱时，柱的截面宽度宜等于墙厚，柱的截面长度宜为 1~2 倍的墙厚，并不应小于 200 mm。柱的混凝土强度等级不宜低于该墙体块体强度等级的 2 倍，或该墙体灌孔混凝土的强度等级也不应低于 C20。柱的竖向钢筋不宜少于 4φ12，箍筋宜为 φ6@200。墙体的水平钢筋应在柱中锚固，并应满足钢筋的锚固要求。柱的施工顺序宜为先砌砌块墙体，后浇捣混凝土。

　　4）配筋砌块砌体剪力墙中当连梁采用钢筋混凝土时，连梁混凝土的强度等级不宜低于同层墙体块体强度等级的 2 倍，或同层墙体灌孔混凝土的强度等级，也不应低于 C20；其他构造应符合现行国家标准《混凝土结构设计规范》（GB 50010—2010）的有关规定要求。

　　5）配筋砌块砌体剪力墙中当连梁采用配筋砌块砌体时，连梁的截面应符合下列要求：

　　a. 连梁的高度不应小于两皮砌块的高度和 400 mm。

　　b. 连梁应采用 H 形砌块或凹槽砌块组砌，孔洞应全部浇灌混凝土。

　　6）配筋砌块砌体剪力墙中当连梁采用配筋砌块砌体时，连梁的钢筋宜符合下列要求：

　　a. 连梁上、下水平受力钢筋宜对称、通长设置，在灌孔砌体内的锚固长度不应小于 40d 和 600 mm。

　　b. 连梁水平受力钢筋的含钢率不宜小于 0.2%，也不宜大于 0.8%。

　　c. 箍筋的直径不宜小于 6 mm；

　　d. 箍筋的间距不宜大于 1/2 梁高和 600 mm。

　　e. 在距支座等于梁高范围内的箍筋间距不宜大于 1/4 梁高，距支座表面第一根箍筋的间距不宜大于 100 mm。

　　f. 箍筋的面积配筋率不宜小于 0.15%。

　　g. 箍筋宜为封闭式，双肢箍末端弯钩为 135°；单肢箍末端的弯钩为 180°，或弯 90° 加 12 倍箍筋直径的延长段。

　　（4）配筋砌块砌体柱的构造要求。

　　1）柱截面边长不宜小于 400 mm，柱高度与截面短边之比不宜大于 30。

　　2）柱的纵向钢筋的直径不宜小于 12 mm，数量不应少于 4 根，全部纵向受力钢筋的配筋率不宜小于 0.2%。

3）柱中箍筋的设置应根据下列情况确定：

a. 箍筋应设置在灰缝或灌孔混凝土中，并应封闭且在端部做成弯钩（图5.3.19）。

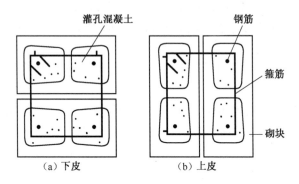

图5.3.19　配筋砌块砌体柱截面示意图

b. 当纵向钢筋的配筋率大于0.25%，且柱承受的轴向力大于受压承载力设计值的25%时，柱应设箍筋；当配筋率小于或等于0.25%时，或柱承受的轴向力小于受压承载力设计值的25%时，柱中可不设置箍筋。

c. 箍筋直径不宜小于6 mm，间距不应大于16倍的纵向钢筋直径、48倍的箍筋直径及柱截面短边尺寸中较小者。

5.4　混合结构房屋墙和柱的设计

混合结构的房屋通常是指屋盖、楼盖等水平承重构件采用钢筋混凝土、木材或钢材，而墙、柱与基础等竖向承重构件采用砌体材料的房屋。它具有节省钢材、施工简便、造价较低等特点，因此在一般工业与民用建筑物中被广泛采用。

5.4.1　房屋的结构布置

混合结构的受力体系主要是由基础、墙体、楼（屋）盖组成的，其中墙体不仅对建筑物起着围护和分隔的作用，还是混合结构建筑物的主要承重构件。在混合结构房屋中，墙体通常可分为承重墙体和非承重墙体。在承受自重的同时，还承受屋盖和楼盖传来荷载的墙体，称为承重墙；主要起围护和分隔作用且只承受自重的墙体，称为非承重墙。

在混合结构的布置中，承重墙体的布置不仅影响到房屋平面的划分和房间的大小，而且对房屋的荷载传递路线、承载的合理性、墙体的稳定以及整体刚度等受力性能有着直接的联系。所以，进行混合结构房屋设计的首要任务就是确定房屋的承重方案。

一般来说，在建筑平面内沿房屋平面短向布置的墙体称为横墙；沿房屋长向布置的墙体称为纵墙。从结构设计的角度出发，按承重墙体布置方案的不同，可将多层混合结构房屋的承重体系划分为纵墙承重方案、横墙承重方案、纵横墙混合承重体系、内框架承重体系和底部框架承重方案（图5.4.1）。

1. 纵墙承重方案

纵墙承重方案是指由纵墙直接承受屋盖、楼盖竖向荷载的结构布置方案。跨度较少的房

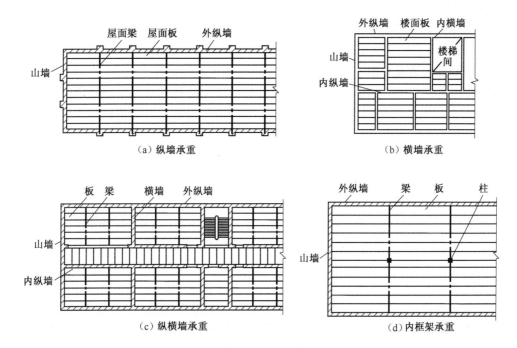

图 5.4.1　混合结构房屋的结构布置

屋，楼板可直接支承在纵墙上；跨度较大的房屋可采用预制屋面梁（或屋架），上铺大型屋面板，屋面梁（或屋架）搁置在纵墙上。这种承重方案下，竖向荷载的主要传递路线是：板→梁→纵墙→基础。

纵墙承重方案房屋有以下特点：

（1）纵墙是主要的承重墙，而横墙是为了满足房屋使用功能及空间刚度和整体性要求设置的。横墙间距可以增大，形成较大室内空间，有利于使用上的灵活布置。

（2）因纵墙承重，纵墙上作用较大荷载，所以在纵墙上设置门窗洞口时，洞口大小、位置要受一定的限制。

（3）与横墙承重方案相比，纵墙承重方案房屋的屋盖、楼盖结构用材料较多，墙体材料较少。

（4）横墙数量少，房屋横向刚度较差。

2. 横墙承重方案

由横墙直接承受屋盖、楼盖竖向荷载的结构布置方案称为横墙承重方案。因横墙数量多，房间布置受到一定限制，适用于房屋开间尺寸较规则、横墙间距小的住宅、宿舍、旅馆、招待所等民用房屋。对于横墙承重方案，荷载的主要传递路线为：板→横墙→基础。

横墙承重方案房屋有以下特点：

（1）横墙是主要承重墙。纵墙主要起围护、隔断、承担墙体自重及与横墙连成整体的作用。故在纵墙上可以灵活开设门窗洞口，有利于外墙面装饰。

（2）由于横墙间距小（一般为 2.7~4.8 m）、数量多（每一开间设一道横墙），又有外纵墙拉接，故房屋的横向刚度较大，整体性好，对抵抗风力、地震作用和调整地基不均匀沉降都比纵墙承重方案有利。

（3）横墙承重方案房屋的屋（楼）盖结构布置比较简单（一般不再设梁），施工方便。但较纵墙承重方案房屋，楼面结构材料用量少，墙体材料用量多。

3. 纵横墙混合承重方案

由纵墙和横墙混合承受屋（楼）盖竖向荷载的结构布置方案称纵横墙承重方案。此种承重方案房屋墙体与屋（楼）盖布置较灵活，空间刚度较好，但墙体材料用量多，施工较麻烦。其荷载传递路径为：板→【梁→纵墙】/【横墙】→基础。

纵横墙混合承重方案的特点介于前述两种承重体系之间。其平面布置较灵活，能更好地满足建筑物使用功能上的要求，适用于点式住宅楼、教学楼等。

4. 内框架承重体系

内框架承重体系内部由钢筋混凝土柱和楼盖梁组成内框架，外墙和内部钢筋混凝土柱都是主要的竖向承重构件。该承重体系一般用于商店、旅馆、多层工业厂房等。其荷载传力途径为：板（次梁）→主梁→柱/外纵墙→基础。

内框架承重体系的特点如下：

（1）房屋的使用空间较大，平面布置比较灵活，可节省材料，结构较为经济。

（2）由于横墙少，房屋的空间刚度较小，建筑物抗震能力较差。

（3）由于钢筋混凝土柱和砌体的压缩性能不同，以及基础可能产生的不均匀沉降，如果设计施工不当，结构易产生不均匀竖向变形，引起较大的附加内力，并产生裂缝。

5. 底部框架承重方案

对底部为商务用房的住宅建筑，在底部也可用钢筋混凝土框架结构同时取代内外承重墙体，关联部位形成结构转换层，称为底部框架承重方案。

底部框架承重方案的特点如下：

（1）墙和柱都是主要承重构件，以柱代替内外墙体，在使用上可以取得较大的空间。

（2）由于底部结构形式的变化，其抗侧刚度发生了明显的变化，成为上部刚度较大、底部刚度较小的上刚下柔结构的房屋。

在实际工程设计中，应根据建筑物的使用要求及地质、材料、施工等具体情况综合考虑，选择比较合理的承重体系。应力求做到安全可靠、技术先进、经济合理。

5.4.2 房屋的静力计算方案

5.4.2.1 房屋的空间工作性能

混合结构房屋是由屋盖、楼盖、纵墙、横墙和基础等构件相互联系组成一空间受力体系。该空间体系的各组成部分一方面抵抗荷载作用下的变形，另一方面它们之间按一定的构造连接成一个有机整体，当某构件受外荷载作用时，和它连接的其他构件也会受某种对应的规律受力、变形。结构内构件之间的这种协同工作特性称为空间工作性能。结构的空间工作性能越好，各构件的协同工作性能就越好，结构抵抗外力的能力也就越强。而空间工作性能的好坏，则用空间刚度来衡量，即结构中各构件参与共同工作的程度。

图 5.4.2 为一幢没有横墙，只有外纵墙的单层单跨混合结构房屋。在水平荷载作用下，

它按平面排架结构工作，设墙顶水平位移为 u_p。

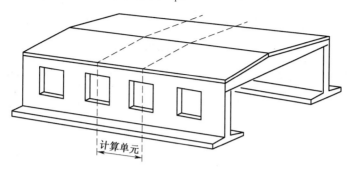

图 5.4.2　混合结构房屋的空间工作性能

加了山墙之后，混合结构房屋的传力体系不再是平面结构。如图 5.4.3 所示，在水平荷载作用下，屋盖将在自身水平平面内弯曲，按两端支撑在横墙上的水平梁弯曲，横墙间距 s 是跨度，房屋宽度是其截面高度。此时，风荷载的传递路线如下：

$$风荷载 \rightarrow 外纵墙 \begin{array}{l} \nearrow 屋盖 \rightarrow 山墙 \rightarrow 山墙基础 \\ \searrow 纵墙基础 \end{array} \rightarrow 地基$$

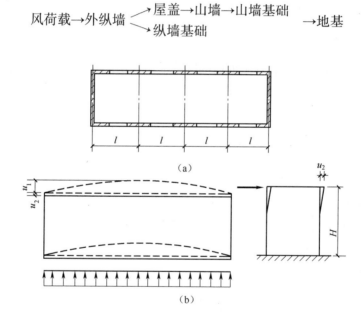

图 5.4.3　水平荷载作用下有横墙的单层单跨混合结构房屋

此时，假设横墙顶的水平位移为 u_1，屋盖跨中最大水平位移为 u_2，则外纵墙墙顶处总位移 u_s 应按公式（5.4.1）计算。由于空间工作，u_s 必然比 u_p 要小很多。

$$u_s = u_1 + u_2 \tag{5.4.1}$$

由式（5.4.1）可看出，u_s 的大小与屋盖水平梁在自身平面内的刚度、山墙间距和山墙在自身平面内的刚度有关。对于单层房屋，令

$$\eta = \frac{u_s}{u_p} \tag{5.4.2}$$

η 为考虑空间工作后水平位移的折减系数，称为空间性能影响系数。η 越小说明空间刚

度越大，空间作用越大，可由表5.4.1查得。

表 5.4.1　房屋各层的空间性能影响系数 η_i

楼、屋盖类别	横墙间距 s/m														
	16	20	24	28	32	36	40	44	48	52	56	60	64	68	72
1	—	—	—	—	0.33	0.39	0.45	0.50	0.55	0.60	0.64	0.68	0.71	0.74	0.77
2	—	0.35	0.45	0.54	0.61	0.68	0.73	0.78	0.82	—	—	—	—	—	—
3	0.37	0.49	0.60	0.68	0.75	0.81	—	—	—	—	—	—	—	—	—

5.4.2.2　房屋静力计算方案

根据房屋空间刚度的大小，可将房屋静力计算方案分为三种。

1. 刚性方案

当房屋的横墙间距较小，屋（楼）盖的水平刚度较大且横墙在平面内刚度很大时，房屋的空间刚度较大。因而，在水平荷载作用下，$u_s \approx 0$，可近似认为房屋没有侧移，计算简图如图5.4.4（a）所示。

2. 弹性方案

当房屋横墙间距很大，屋盖在平面内的刚度很小或山墙在平面内刚度很小（或无横墙）时，房屋的空间刚度就很小。因而，在水平荷载作用下，$u_s \approx u_p$，可近似认为不考虑房屋的空间刚度，计算简图如图5.4.4（b）所示。

弹性方案房屋在水平荷载作用下，墙顶水平位移较大，而且墙内会产生较大的弯矩。因此，如果增加房屋的高度，房屋的刚度将难以保证，如增加纵墙的截面面积势必耗费材料。所以，对于多层砌体结构房屋，不宜采用弹性方案。

3. 刚弹性方案

当房屋横墙间距不太大，屋盖（或楼盖）和横墙在各自平面内具有一定刚度时，房屋具有一定的空间刚度。这时，$0<u_s<u_p$，可近似认为楼盖或屋盖是外纵墙的弹性支座，计算简图如图5.4.4（c）所示。

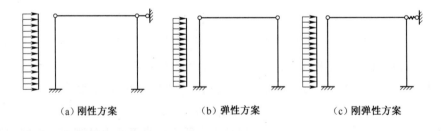

（a）刚性方案　　　　（b）弹性方案　　　　（c）刚弹性方案

图 5.4.4　混合结构房屋三种静力计算方案的计算简图

房屋的静力计算方案不同时，其内力计算方法自然也不同。房屋静力计算方案的划分，主要与房屋的空间刚度有关，而房屋的空间刚度又主要与横墙间距、横墙本身刚度和屋盖（或楼盖）的类别有关。《砌体规范》规定，可根据屋盖或楼盖的类别和横墙间距确定房屋的静力计算方案，见表 5.4.2。

表 5.4.2 房屋的静力计算方案

屋盖或楼盖类别	刚性方案	刚弹性方案	弹性方案
整体式、装配整体式和装配式无檩体系钢筋混凝土楼（屋）盖	$s<32$	$32 \leqslant s \leqslant 72$	$s>72$
装配式有檩体系钢筋混凝土屋盖、轻钢屋盖和有密铺望板的木屋（楼）盖	$s<20$	$20 \leqslant s \leqslant 48$	$s>48$
冷摊瓦木屋和石棉水泥瓦轻钢屋盖	$s<16$	$16 \leqslant s \leqslant 36$	$s>36$

此外，作为刚性和刚弹性方案房屋的横墙，为保证屋盖水平梁的支座位移不致过大，横墙应符合下列要求：

（1）横墙中开有洞口时，洞口的水平截面面积不应超过横墙截面面积的 50%。

（2）横墙的厚度不宜小于 180 mm。

（3）单层房屋的横墙长度不宜小于其高度；多层房屋的横墙长度，不宜小于 $H/2$（H 为横墙总高度）。

当横墙不能同时符合上述要求时，应对横墙的刚度进行验算。如其顶端最大水平位移值 $u_{\max} \leqslant \dfrac{H}{4\,000}$ 时，仍可视为刚性或刚弹性方案横墙。凡符合上述刚度要求的一般横墙或其他结构构件（如框架等），也可视为刚性和刚弹性方案房屋的横墙。

5.4.3 墙、柱高厚比验算

混合结构房屋中的墙、柱一般为受压构件。对于受压构件，除满足承载力要求外，还必须保证其稳定性。验算高厚比的目的就是防止墙、柱在施工和使用阶段因砌筑质量、轴线偏差、意外横向冲撞和振动等原因引起侧向挠曲与倾斜而产生过大变形。高厚比 β 是指墙、柱的计算高度 H_0 与墙厚或柱截面边长 h 的比值。墙、柱的高厚比越大，构件越细长，其稳定性也就越差。《砌体规范》采用允许高厚比 $[\beta]$ 来限制墙、柱的高厚比。这是保证墙、柱具有必要的刚度和稳定性的重要构造措施之一。

5.4.3.1 墙、柱的允许高厚比 $[\beta]$

影响墙、柱的允许高厚比 $[\beta]$ 值的因素很多，很难用理论推导的方法加以确定，主要是根据房屋中墙、柱的稳定性、刚度条件和其他影响因素，由实践经验确定。允许高厚比 $[\beta]$ 与墙、柱的承载力计算无关，而是从构造要求上规定的。《砌体规范》规定的墙、柱允许高厚比 $[\beta]$ 值，可由表 5.4.3 查得。

由表 5.4.3 可见，$[\beta]$ 值的大小与砂浆强度、构件类型和砌体种类等因素有关。此外，它与施工砌筑质量也有关系。随着高强材料的应用和砌筑质量的不断改善，$[\beta]$ 值也将有所增大。

表 5.4.3 墙、柱的允许高厚比 [β]

砌体类型	砂浆强度等级	墙	柱
无筋砌体	M2.5	22	15
	M5.0 或 Mb5.0 或 Ms5.0	24	16
	≥M7.5 或 Mb7.5 或 Ms7.5	26	17
配筋砌块砌体	—	30	21

注：1. 毛石墙、柱允许高厚比应按表中数值分别降低 20%。

2. 组合砖砌体构件的允许高厚比，可按表中数值提高 20%，但不得大于 28。

3. 验算施工阶段砂浆尚未硬化的新砌砌体高厚比时，允许高厚比对墙取 14，对柱取 11。

5.4.3.2 墙、柱的计算高度

受压构件的计算高度 H_0 与房屋类别和构件支承情况有关，在进行墙、柱承载力和高厚比验算时，墙、柱的计算高度 H_0 应按表 5.3.1 采用。其中，表中 H 为构件的实际高度，按下列规定采用：

（1）在房屋底层，为楼板底面到构件下端支点的距离。下端支点的位置一般可取在基础顶面。当基础埋置较深时，且有刚性地坪，则可取在室内地面或室外地面下 500 mm 处。

（2）在房屋其他楼层，为楼板底面或其他水平支点间的距离。

（3）对于山墙，可取层高加山墙尖高度的 1/2；对于带壁柱的山墙可取壁柱处的山墙高度。

（4）对有吊车的房屋，当不考虑吊车作用时，变截面柱上段的计算高度可按表 5.3.1 采用；变截面柱下段的计算高度可按下列规定采用：

1）当 $H_u/H \leqslant 1/3$ 时，取无吊车房屋的 H_0。

2）当 $1/3 < H_0/H < 1/2$ 时，取无吊车房屋的 H_0 乘修正系数 μ：

$$\mu = 1.3 - 0.3 I_u/I_l$$

式中 I_u、I_l——变截面柱上、下段截面的惯性矩。

3）当 $H_u/H \geqslant 1/2$ 时，取无吊车房屋的 H_0。但在确定计算高厚比时，应根据上柱的截面采用验算方向相应的截面尺寸。

5.4.3.3 墙、柱的高厚比验算

墙、柱高厚比验算要求墙、柱的实际高厚比不大于允许高厚比。

1. 矩形截面墙、柱的高厚比验算

矩形截面墙、柱的高厚比应按下式验算：

$$\beta = \frac{H_0}{h} \leqslant \mu_1 \mu_2 [\beta] \tag{5.4.3}$$

式中 H_0——墙、柱的计算高度，按表 5.3.1 采用；

h——墙厚或矩形柱与所考虑的 H_0 相对应的边长；

μ_1——非承重墙允许高厚比的修正系数。当 $h = 240$ mm 时，$\mu_1 = 1.2$；当 $h = 90$ mm，$\mu_1 = 1.5$；当 240 mm $> h > 90$ mm 时，μ_1 可按插入法取值。用厚度小于90mm

的砖或块材砌筑的隔墙，当双面用不低于 M10 的水泥砂浆厚度不低于 90 mm 时，墙体的稳定性可满足使用要求。因此规定，包括抹面层的墙厚不小于 90 mm 时，可按墙厚等于 90 mm 验算高厚比。

μ_2——有门窗洞口墙允许高厚比的修正系数：

$$\mu_2 = 1 - 0.4b_s/s \tag{5.4.4}$$

b_s——在宽度 s 范围内的门窗洞口总宽度，s 为相邻窗间墙或壁柱之间距离。当按公式算得的 μ_2 值小于 0.7 时，应采用 0.7。当洞口高度等于或小于墙高的 1/5 时，可取 μ_2 等于 1.0。

$[\beta]$——墙、柱的允许高厚比。

2. 带壁柱墙的高厚比验算

带壁柱墙的高厚比验算，除了要验算整片墙的高厚比之外，还要对壁柱间的墙体进行验算。

（1）整片墙的高厚比验算。带壁柱的整片墙，其计算截面应考虑为 T 形截面。在按式（5.4.3）进行验算时，式中的墙厚应采用 T 形截面的折算厚度 h_T，即

$$\beta = \frac{H_0}{h_T} \leqslant \mu_1\mu_2[\beta] \tag{5.4.5}$$

式中　h_T——带壁柱墙截面的折算厚度，$h_T = 3.5i$；

i——带壁柱墙截面的回转半径，$i = \dfrac{I}{A}$；

I、A——分别为带壁柱墙截面的惯性矩和面积；

H_0——带壁柱墙的计算高度，按表 5.3.1 采用。注意，此时表中 s 为该带壁柱墙的相邻横墙间的距离。

在确定截面回转半径 i 时，带壁柱墙计算截面的翼缘宽度 b_f 应按下列规定采用：对于多层房屋，当有门窗洞口时可取窗间墙宽度；当无门窗洞口时，每侧翼缘墙的宽度可取壁柱高度的 1/3；对于单层房屋，b_f 可取壁柱宽度加 2/3 墙高，但不大于窗间墙的宽度或相邻壁柱间的距离。

（2）壁柱间墙的高厚比验算。在验算壁柱间墙的高厚比时，可认为壁柱对壁柱间墙起到了横向拉结的作用，即可把壁柱视为壁柱间墙的不动铰支点。因此，壁柱间墙可根据不带壁柱墙的式（5.4.3）按矩形截面墙验算。

计算 H_0 时，表 5.3.1 中的 s 应为相邻壁柱间的距离。而且，不论房屋的静力计算属于何种方案，作此验算的 H_0 一律按表中刚性方案一栏选用。

3. 带构造柱墙的高厚比验算

在墙中设置钢筋混凝土构造柱可提高墙体使用阶段的稳定性和刚度。因此，《砌体规范》规定，验算带构造柱墙使用阶段的高厚比仍采用式（5.4.3）进行，但允许高厚比乘系数 μ_c 加以提高。此时，公式中的 h 取墙厚；确定墙的计算高度时，s 应取相邻横墙间的距离。

墙的允许高厚比的提高系数 μ_c 按下式计算：

$$\mu_c = 1 + \gamma\frac{b_c}{l} \tag{5.4.6}$$

式中　γ——计算系数，对细料石砌体，$\gamma=0$；对混凝土砌块、混凝土多孔砖，粗料石、毛料石砌体，$\gamma=1.0$；其他砌体，$\gamma=1.5$；

　　　　b_c——构造柱沿墙长方向的宽度；

　　　　l——构造柱的间距。

当 $b_c/l>0.25$ 时，取 $b_c/l=0.25$；当 $b_c/l<0.05$ 时，取 $b_c/l=0$。

此外，验算构造柱间墙的高厚比时，H_0 按刚性方案查表确定。

【例题 5.4.1】　某办公楼平面如图 5.4.5 所示，采用预制钢筋混凝土空心板，外墙厚为 370 mm，内纵墙及横墙厚 240 mm，砂架为 M5，底层墙高为 4.6 m（下端支点取基础顶面）；隔墙厚 120 mm，高为 3.6 m，用 M2.5 砂浆；纵墙上窗洞宽 1 800 mm，门洞宽 1 000 mm，试验算各墙的高厚比。

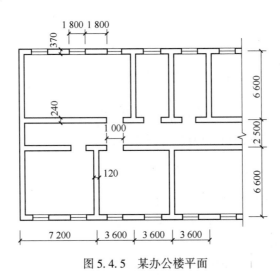

图 5.4.5　某办公楼平面

【解】

（1）确定静力计算方案及求允许高厚比。

最大横墙间距 $s=3.6\times3=10.8$ m，由表 5.4.2 知 $s<32$ m，确定为刚性方案。

查表 5.4.3，因承重纵横墙砂浆为 M5，可知 $[\beta]=24$；非承重墙砂浆为 M2.5，可知 $[\beta]=22$，非承重墙 $h=120$ mm，用插入法得 $\mu_1=1.44$，则 $\mu_1[\beta]=1.44\times22=31.68$。

（2）确定计算高度。

承重墙 $H=4.6$ m，$s=10.8$ m$>2H=2\times4.6=9.2$ m，查表得计算高度 $H_0=1.0H=4.6$ m。非承重墙 $H=3.6$ m，一般是后砌在地面垫层上的，上端用斜放立砖顶住楼面梁砌筑，两侧与纵墙拉结不好，故按两侧无拉结考虑，则计算高度 $H_0=1.0H=3.6$ m。

（3）外纵墙高厚比验算。

由 $s=3.6$ m，$b_s=1.8$ m，则 $\mu_2=1-0.4b_s/s=0.8$。

外纵墙高厚比 $\beta=\dfrac{h_0}{h}\approx\dfrac{4\,600}{370}\approx12.4<\mu_2[\beta]=0.8\times24=19.2$，满足要求。

（4）内纵墙高厚比验算。

已知 $s=10.8$ m，$b_s=1.0$ m，则 $\mu_2=1-0.4b_s/s\approx0.96$。

内纵墙高厚比 $\beta = \dfrac{H_0}{h} = \dfrac{4\,600}{240} \approx 19.2 < \mu_2[\beta] = 0.96 \times 24 \approx 23$，满足要求。

（5）横墙高厚比验算。由于横墙的厚度、砌筑砂浆、墙体高度均与内纵墙相同，且横墙上无洞口，又比内纵墙短，计算高度也小，故不必进行验算。

（6）隔墙高厚比验算。

隔墙高厚比 $\beta = \dfrac{H_0}{h} = \dfrac{3\,600}{120} = 30 < \mu_1[\beta] = 31.68$，满足要求。

5.4.4 砌体房屋墙、柱设计

5.4.4.1 刚性方案房屋承重纵墙计算

实用中混合结构房屋可分为单层和多层两类，本节将讨论多层房屋墙、柱的设计。首先考虑在竖向荷载作用下的纵墙计算方法。

1. 计算简图

混合结构房屋的纵墙一般比较长，设计时通常取一个开间的窗洞中线间距内的竖向墙带作为计算单元（图5.4.6）。该墙带所受的竖向荷载包括墙体自重、屋盖及楼盖传来的永久荷载和可变荷载，这些荷载对墙体的作用位置如图5.4.7所示。其中，N_l 为计算楼层内，楼盖传来的荷载，即楼盖大梁支座处的压力，其合力至墙内皮的距离可取 $0.4a_0$。N_u 为上面各层楼盖、屋盖及墙体传来的荷载，包括永久荷载和可变荷载。可认为 N_u 是作用于上一层墙柱截面的重心处。

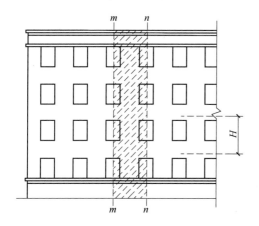

图 5.4.6　外纵墙计算单元

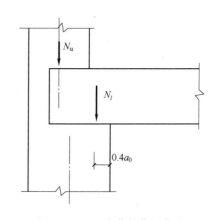

图 5.4.7　竖向荷载作用位置

由前面知识可知，刚性方案房屋中的楼盖或屋盖均可视为纵墙的不动铰支点。所以，在承受竖向或水平荷载时，竖向墙带可简化为一个支承于楼盖及屋盖的竖向连续梁。同时，考虑到楼面梁和屋面梁的梁端伸入墙内，削弱了墙体的有效截面积，在支点处传递弯矩的能力较小。故在墙带承受竖向荷载时，可偏于安全地将大梁支承处视为铰接。底层墙体与基础连接处，墙体虽未被削弱但由于多层房屋上部传来的轴向力远远大于该处的弯矩值，故底端也认为是铰接支承。这样，墙带在承受竖向荷载时，在每层高度范围内就成了两端铰支的竖向构件，如图5.4.8所示。但在水平荷载作用下，墙体仍按竖向连续梁进行内力计算，如图5.4.9所示。

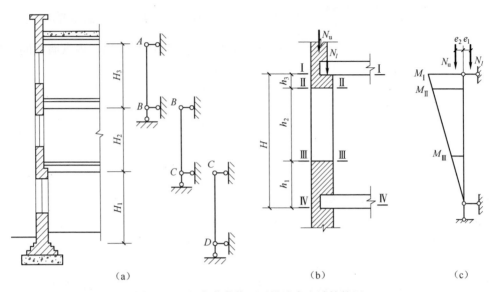

图 5.4.8　竖向荷载作用下纵墙内力计算简图

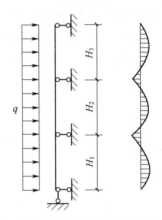

图 5.4.9　水平荷载作用下纵墙内力计算简图

2. 竖向荷载作用下外纵墙的内力计算

如图 5.4.8 所示，在竖向荷载作用下，每层墙体一般有以下几个截面比较危险：本层楼盖底面Ⅰ—Ⅰ、窗口上边缘Ⅱ—Ⅱ、窗口下边缘Ⅲ—Ⅲ和下层楼盖底面Ⅳ—Ⅳ。现在分别对各危险截面进行分析。

Ⅰ—Ⅰ截面处，在竖向荷载作用下弯矩最大，其弯矩设计值为

$$M_{\mathrm{I}} = N_l e_1 - N_{\mathrm{u}} e_2$$

$$e_1 = \frac{h}{2} - 0.4 a_0$$

竖向力设计值为 $N_{\mathrm{I}} = N_l + N_{\mathrm{u}}$

式中　e_1—— N_l 对该层墙体的偏心距；

　　　e_2——上层墙体重心对该层墙体重心的偏心距；若上下层墙体厚度相同，则 $e_2 = 0$；

　　　h——该层墙体厚度；

a_0 ——梁端有效支承长度。

Ⅱ—Ⅱ截面处，计算弯矩可由三角形弯矩图按直线内插法求得

$$M_{Ⅱ} = M_{Ⅰ} \frac{h_1 + h_2}{H}$$

竖向力设计值为　　　　　$N_{Ⅱ} = N_{Ⅰ} + N_{h3}$

式中　N_{h3} ——计算截面至Ⅰ—Ⅰ高度范围内墙体自重设计值。

Ⅲ—Ⅲ截面处，弯矩设计值为

$$M_{Ⅲ} = M_{Ⅰ} \frac{h_1}{H}$$

竖向力设计值为　　　　　$N_{Ⅲ} = N_{Ⅱ} + N_{h2}$

Ⅳ—Ⅳ截面处，简化后该处墙体承受的弯矩为零，其竖向力设计值为

$$N_{Ⅳ} = N_{Ⅲ} + N_{h1}$$

依据上述方法求出最不利截面的竖向力 N 和竖向力偏心距 e 之后就可以按受压构件强度公式进行计算。

3. 水平荷载作用下外纵墙的内力计算

规范规定，多层刚性方案房屋的外墙符合下列要求时，静力计算可不考虑风荷载的影响。

（1）洞口水平截面面积不超过全截面面积的 2/3。

（2）层高和总高不超过表 5.4.4 的规定。

（3）屋面自重不小于 0.8 kN/m²。

表 5.4.4　外墙不考虑风荷载影响时的最大高度

基本风压/（kN·m⁻²）	层高/m	总高/m
0.4	4.0	28
0.5	4.0	24
0.6	4.0	18
0.7	3.5	18

注：对于多层砌块房屋 190 mm 厚的外墙，总高不大于 19.6 m，层高不大于 2.8 m，基本风压不大于 0.7 kN/m² 时，可不考虑风荷载的影响。

若不符合以上条件，外纵墙的计算就必须考虑风荷载的影响。图 5.4.7 中，在水平风荷载作用下，墙带可简化为竖向连续梁。跨中和支座处弯矩可近似取

$$M = \frac{1}{12} w H_i^2 \qquad (5.4.7)$$

式中　w ——计算单元沿纵墙每米高度上作用的均布风荷载设计值；

H_i ——第 i 层楼层高度。

对于刚性方案的单层房屋，同样可以认为屋盖结构是纵墙的不动铰支座。单层房屋纵墙底端处的轴力比多层房屋的小很多，但弯矩比较大，所以纵墙下端可视为嵌固于基础顶面。

5.4.4.2　刚性方案房屋承重横墙计算

刚性方案房屋由于横墙间距不大，在水平风荷载作用下，纵墙传给横墙的水平力对横墙

的承载力影响不大。所以，承重横墙只需计算竖向荷载作用下的承载力。

1. 计算简图

因为楼盖和屋盖的荷载沿横墙一般都是均匀分布的，所以一般可取沿墙长 1 m 宽的墙带作为计算单元。但当横墙上设有门窗洞口时，应取洞口中心线之间的墙体作为计算单元；当有楼面大梁支承于横墙时，应取大梁间距为计算单元。楼盖和屋盖均与横墙直接连系，可视为横墙的侧向支承，且由于楼板对墙体的削弱，可简化地将支承处视为不动铰支点。中间各层的计算高度取层高（本层楼板底至上层楼板底）；顶层如果为坡屋顶则取层高加山墙尖的平均高度；底层墙柱下端支点取至基础顶面或承台顶面，如基础埋深较深且有刚性地坪时，也可取室外地面标高以下 500 mm 处，如图 5.4.10 所示。

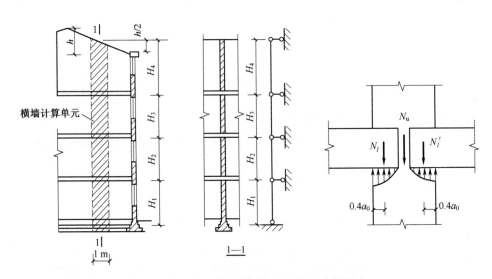

图 5.4.10　竖向荷载作用下承重横墙计算简图

作用于横墙上的荷载包括：计算截面以上各层传来的荷载 N_u（上部各层楼盖、屋盖和墙体自重传来的荷载），作用于横墙截面重心处；本层两边楼盖传来的竖向荷载 N_l、N_l'，均作用于距墙边 $0.4a_0$ 处。当横墙两侧开间不同或仅在一侧有楼面活荷载时，墙体会处于偏心受压状态。但由于偏心荷载产生的弯矩通常较小，轴向压力较大，所以实际计算中，各层墙体仍均按轴心受压构件计算。

2. 最不利截面的承载力计算

因承重横墙可按轴心受压构件计算，所以可取其纵向力最大的截面进行计算。此外，规范规定：沿层高各截面均取相同的纵向力影响系数，所以，可认为每层楼板顶面处截面为最不利截面。

求得每层最不利截面处的轴向力后，即可按受压构件进行承载力计算。对于支承楼面大梁的墙体，还应进行梁端砌体局部受压验算；而支承楼板的墙体，则不需进行局部受压验算。

5.4.4.3　弹性方案房屋墙、柱计算

弹性方案主要用于单层砌体结构房屋，而多层砌体房屋一般不应采用弹性方案。

单层弹性方案房屋可按铰接排架进行内力分析，砌体墙、柱即为排架柱。如果中柱为钢筋混凝土柱，则应将边柱砌体墙按弹性模量比折算成混凝土柱，然后进行排架内力分析，其计算方法与单层工业厂房一样，这里就不再赘述。

5.4.4.4 刚弹性方案房屋墙、柱计算

刚弹性方案房屋的静力计算，可按屋架或大梁与墙或柱为铰接的考虑空间工作的平面排架或框架计算。

由于房屋的空间工作性能，纵墙所承受的水平力一部分由屋、楼盖传给横墙，一部分则由纵墙组成的水平框架或排架承受。所以，考虑空间工作性能的作用力 R_s 比不考虑空间工作性能的作用力 R_p 要小，所以在计算时要引入一个小于1的空间影响系数 η，它是通过对建筑物实测或理论分析确定的，其大小与横墙间距及屋面结构的水平刚度有关，可由表5.4.1查得。

如图5.4.11所示，刚弹性方案房屋的静力计算方法和步骤如下：

（1）在平面框架或排架结构计算简图中，于各层横梁与柱顶连接处加一个水平不动铰支座，计算其在水平荷载作用下无侧移时的内力及各支杆反力 R_i。

（2）考虑房屋的空间性能，将各支杆反力 R_i 乘空间影响系数 η_i，再将 $\eta_i R_i$ 反向施加于相应节点上，计算框架或排架内力。

（3）叠加以上两个步骤计算的结果，即可得出最后内力。

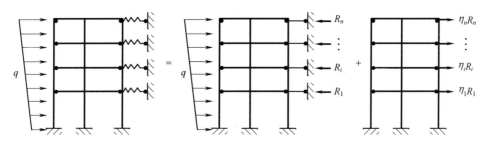

图 5.4.11 竖向荷载作用下承重横墙计算简图

5.5 圈梁、过梁、挑梁和墙梁

5.5.1 圈梁

圈梁是砌体结构中的重要组成构件，通常与构造柱协同工作，其作用包括以下几点：

（1）增强房屋的整体性和空间刚度。

（2）防止地基不均匀沉降而使墙体开裂。

（3）减少振动作用对房屋产生的不利影响。

（4）与构造柱配合有助于提高砌体结构的抗震性能。

为使圈梁有效地达到上述作用，对于圈梁的布置有以下要求：

（1）砖砌体房屋，檐口标高为5~8 m时，应在檐口标高处设置一道圈梁，檐口标高大于8 m时，增加数量。

（2）砌块、料石砌体房屋，檐口标高为4~5 m时，应在檐口标高处设置一道圈梁，檐口标高大于5 m时，增加数量。

（3）现浇混凝土楼（屋）盖房屋，当层数超过5层时，除应在檐口标高处设置一道圈梁外，可隔层设置圈梁，并应与楼（屋）面板一起浇筑。

（4）对有吊车或较大振动设备的单层工业厂房，当无有效隔振措施时，除檐口或窗顶标高处设置一道圈梁外，尚应增加数量。

（5）住宅、办公楼等多层民用砌体房屋，当层数为 3~4 层时，应在底层和檐口标高处各设置一道圈梁；当层数超过 4 层时，还应至少在所有纵、横墙上隔层设置圈梁。多层砌体工业房屋，应每层设置圈梁。

5.5.2 过梁

5.5.2.1 过梁的形式

过梁是门窗洞口上常用的构件，其作用是承受洞口上部墙体自重及楼盖传来的荷载。过梁的形式有钢筋砖过梁、砖砌平拱、砖砌弧拱和钢筋混凝土过梁 4 种，如图 5.5.1 所示。

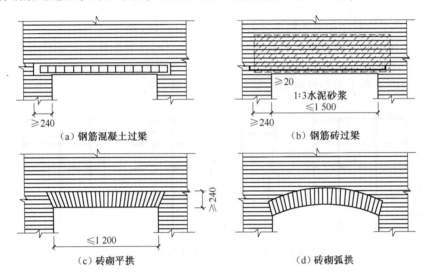

（a）钢筋混凝土过梁　　　　　　　　（b）钢筋砖过梁

（c）砖砌平拱　　　　　　　　（d）砖砌弧拱

图 5.5.1　过梁的常用形式

砖砌过梁与钢筋砖过梁承受荷载后呈上部受压、下部受拉，与受弯构件类似。随着荷载的增大，当跨中竖向截面的拉应力或支座斜截面的主拉应力超过砌体的抗拉强度时，将先后在跨中出现竖向裂缝、靠近支座处出现阶梯形斜裂缝。对于钢筋砖过梁，过梁下部的拉力将由钢筋承受；而砖砌平拱过梁，下部的拉力则将由两端的砌体提供推力来平衡。

5.5.2.2 过梁上的荷载

过梁承受的荷载一般有两部分：一部分为墙体及过梁本身自重；另一部分为过梁上部的梁、板传来的荷载。

《砌体规范》规定过梁上荷载按下述方法确定。

1. 梁、板荷载

对于砖和小型砌块砌体，梁、板下的墙体高度 $h_w < l_n$，应考虑梁、板传来的荷载并全部作用于过梁上，不考虑墙体内的内拱作用。当 $h_w \geq l_n$ 时，可不考虑梁、板荷载，认为其全部由墙体内拱直接传至过梁支座 [图 5.5.2（a）]。

2. 墙体荷载

大量试验表明，过梁上砌体的砌筑高度超过 1/3 净跨（l_n）后，过梁的挠度增长很小。

这是由于过梁上墙体形成内拱而产生卸荷作用，将一部分墙体荷载直接传到过梁支座上，而不再加给过梁。梁、板下墙体高度较小时，梁板上荷载才会传给过梁。

对砖砌体，当过梁上的墙体高度 $h_w < l_n/3$ 时，应按实际墙体的均布自重计算［图 5.5.2（b）］；当 $h_w \geq l_n/3$ 时，应按高度为 $l_n/3$ 墙体的均布自重计算［图 5.5.2（c）］。

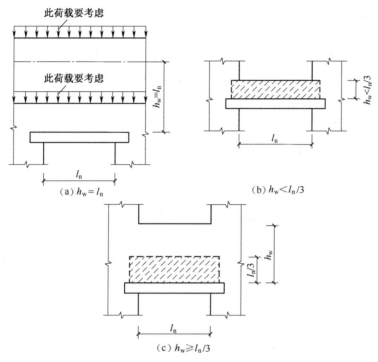

图 5.5.2　过梁上的荷载

对混凝土砌块砌体，当过梁上的墙体高度 $h_w < l_n/2$ 时，应按实际墙体的均布自重计算；当 $h_w \geq l_n/2$ 时，应按高度为 $l_n/2$ 墙体的均布自重采用。

5.5.2.3　过梁的承载力计算

由过梁的破坏形式可知，需对过梁进行受弯、受剪承载力验算，并对砖砌平拱和弧拱按水平推力验算端部墙体的水平受剪承载力。

1. 砖砌平拱过梁

砖砌平拱过梁的正截面受弯承载力可按 5.3 节相关公式计算。过梁的截面计算高度取过梁底面以上砌体高度，但不大于 $l_n/3$。砖砌平拱过梁中由于存在支座水平推力，过梁垂直裂缝的发展得以延缓，受弯承载力得以提高。因此，式（5.3.16）的 f_{tm} 取沿齿缝截面的弯曲抗拉强度设计值。

砖砌平拱过梁的斜截面受剪承载力可按式（5.3.17）计算。

2. 钢筋砖过梁

钢筋砖过梁按有拉杆的三铰拱计算，需满足受弯、受剪承载力要求。钢筋砖过梁的受弯承载力可按下式计算：

$$M \leqslant 0.85 h_0 A_s f_y \tag{5.5.1}$$

式中　M——按简支梁计算的跨中弯矩设计值；

f_y——受拉钢筋的强度设计值；

A_s——受拉钢筋的截面面积；

h_0——过梁截面的有效高度，$h_0=h-a_s$，其中，a_s 为受拉钢筋重心至截面下边缘的距离，一般取 $a_s=15\sim 20$ mm；

　0.85——内力臂折减系数。

钢筋砖过梁支座受剪承载力同砖砌平拱过梁。

3. 钢筋混凝土过梁

钢筋混凝土过梁应按钢筋混凝土受弯构件进行正截面受弯和斜截面受剪承载力计算。此外还应进行梁端下砌体局部受压承载力验算。由于过梁与上部墙体共同工作，梁端的变形很小，故计算局部受压承载力时可不考虑上层荷载的影响。工程设计中常依据洞口尺寸，由专业图集直接选用。

5.5.2.4　过梁的构造要求

过梁的构造要求有以下几点：

（1）砖砌过梁截面计算高度内的砂浆不宜低于 M5。

（2）砖砌平拱过梁用竖砖砌筑部分的高度不应低于 240 mm。

（3）钢筋砖过梁底面砂浆层处的钢筋，直径不应小于 5 mm，间距不宜大于 120 mm；钢筋伸入支座砌体内的长度不宜小于 240 mm，砂浆层的厚度不宜小于 30 mm。

5.5.3　挑梁

5.5.3.1　挑梁的分类

一端嵌入墙内、另一端悬臂挑出的梁称为挑梁。挑梁常用于雨篷、阳台、悬挑楼梯等部位。当埋入墙内的长度较大且梁相对于砌体的刚度较小时，挑梁将发生明显的挠曲变形，这种梁称为弹性挑梁，如阳台挑梁、挑廊挑梁等；当埋入长度较短时，埋入墙内的梁相对于砌体刚度较大，过梁挠曲变形很小，主要表现为刚体转动变形，这种挑梁为刚性挑梁，如悬臂雨篷等。

按弹性地基梁理论分析后可得，当 $l_1 \geq 2.2h_b$ 时，为弹性挑梁；$l_1 < 2.2h_b$ 时，为刚性挑梁。其中，l_1 为挑梁埋入砌体的长度，h_b 为挑梁的截面高度。

5.5.3.2　挑梁的承载力计算

1. 挑梁计算的内容

（1）当挑梁埋入端砌体强度较高而埋入端长度较小时，在挑梁尾部砌体中将产生向后上方向的阶梯形斜裂缝。随着斜裂缝的开展，墙体被分割为两部分。当斜裂缝范围内的砌体及砌体部分荷载产生的抗倾覆力矩小于外荷载产生的倾覆力矩时，挑梁将发生倾覆破坏，故要进行抗倾覆验算。

（2）当挑梁埋入端砌体强度较低而埋入端长度较大时，挑梁下墙边砌体在局部压应力作用下产生局部受压裂缝，当压应力超过砌体局部抗压强度时，挑梁下的砌体将发生局部受压破坏。故需要进行挑梁下砌体局部受压承载力验算。

（3）当挑梁本身的正截面和斜截面承载力不足时，挑梁本身会破坏。因此，还需对挑梁本身进行承载力验算。挑梁的破坏形态如图 5.5.3 所示。

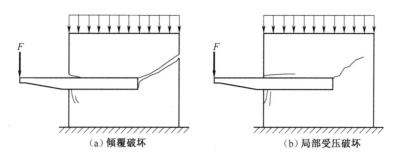

图 5.5.3　挑梁的破坏形态

2. 挑梁的抗倾覆验算

（1）倾覆点位置的确定。挑梁发生倾覆破坏时，倾覆点的位置并不在墙体的最外边缘处。倾覆点距墙外边缘的距离 x_0 可根据挑梁倾覆破坏时的倾覆荷载和抗倾覆荷载值进行反算得出。大量试验研究表明，弹性挑梁的 x_0 值随着挑梁高度 h_b 的增大而增大；刚性挑梁的 x_0 值随着挑梁埋入砌体内长度 l_1 的增大而增大。x_0 值可按下列规定计算：

当 $l_1 \geqslant 2.2h_b$ 时

$$x_0 = 0.3h_b \leqslant 0.13l_1 \tag{5.5.2}$$

当 $l_1 < 2.2h_b$ 时

$$x_0 = 0.13l_1 \tag{5.5.3}$$

（2）抗倾覆验算。砌体中钢筋混凝土挑梁的抗倾覆可按下式进行验算：

$$M_r \geqslant M_{OV} \tag{5.5.4}$$

$$M_r = 0.8G_r(l_2 - x_0) \tag{5.5.5}$$

式中　M_{OV}——挑梁的荷载设计值对计算倾覆点产生的倾覆力矩；

　　　M_r——挑梁的抗倾覆力矩设计值；

　　　G_r——挑梁的抗倾覆荷载，为挑梁尾端上部 45° 扩散的阴影范围（其水平长度为 l_3）内本层的砌体与楼面恒荷载标准值之和（图 5.5.4）；

　　　l_2——G_r 作用点至墙外边缘的距离。

（3）挑梁下砌体的局部受压承载力验算（图 5.5.5）。挑梁下砌体的局部受压承载力可按下式进行验算：

$$N_l \leqslant \eta\gamma f A_l \tag{5.5.6}$$

式中　N_l——挑梁下的支承压力，可取 $N_l = 2R$，R 为挑梁的倾覆荷载设计值；

　　　η——梁端底面压应力图形的完整系数，可取 $\eta = 0.7$；

　　　γ——砌体局部受压强度提高系数，对挑梁支承在一字墙［图 5.5.5（a）］可取 1.25；对挑梁支承在丁字墙［图 5.5.5（b）］可取 1.5；

　　　A_l——挑梁下砌体局部受压面积，可取 $A_l = 1.2bh_b$，b、h_b 分别为挑梁的截面宽度和截面高度。

（4）挑梁承载力验算。挑梁承载力的计算与一般钢筋混凝土梁相同，主要进行挑梁的受弯承载力和受剪承载力计算。不同的是挑梁承受的最大弯矩 M_{max} 出现在接近 x_0 处，而最大剪力 V_{max} 在墙外边缘。可按下式计算：

$$M_{max} = M_{OV} \tag{5.5.7}$$

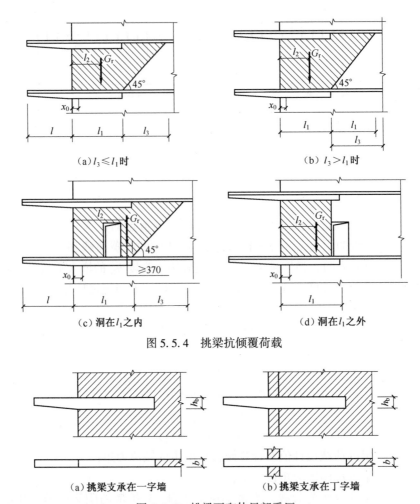

（a）$l_3 \leqslant l_1$ 时　　　　　　　　　（b）$l_3 > l_1$ 时

（c）洞在 l_1 之内　　　　　　　　　（d）洞在 l_1 之外

图 5.5.4　挑梁抗倾覆荷载

（a）挑梁支承在一字墙　　　　　　（b）挑梁支承在丁字墙

图 5.5.5　挑梁下砌体局部受压

$$V_{\max} = V_0 \tag{5.5.8}$$

式中　V_0——挑梁的荷载设计值在挑梁墙外边缘外截面产生的剪力。

5.5.3.3　挑梁的构造要求

挑梁设计除应符合国家标准《混凝土结构设计规范》的有关规定外，还应满足下列要求：

（1）纵向受力钢筋至少应有 1/2 的钢筋面积伸入梁尾端，且不小于2Φ12。其余钢筋伸入支座的长度不应小于 $2l_1/3$。

（2）挑梁埋入砌体长度 l_1 与挑出长度 l 之比宜大于 1.2；当挑梁上无砌体时，l_1 与 l 之比宜大于 2。

（3）施工阶段悬挑构件的抗倾覆承载力应由施工单位按实际施工荷载进行验算，必要时可加设临时支撑。

5.5.4　墙梁

墙体不仅作为荷载作用在托梁上，而且作为结构的一部分与托梁共同工作，这种由钢筋混凝土托梁和梁上计算高度范围内的砌体墙组成的组合构件，称为墙梁，由钢筋混凝土托梁和梁上计算高度范围内砌体墙组成。

墙梁按是否承受荷载可分为承重墙梁和非承重墙梁；按支承条件可分为简支墙梁、框支墙梁、连续墙梁（图 5.5.6）；按墙上开洞情况可分为有洞口墙梁和无洞口墙梁。

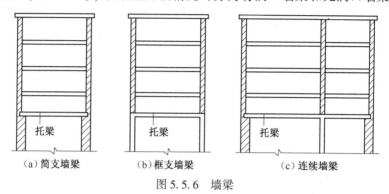

图 5.5.6 墙梁

5.5.4.1 墙梁尺寸和洞口

采用烧结普通砖、混凝土普通砖、混凝土多孔砖和混凝土砌块砌筑的砌体墙梁，其尺寸和洞口应满足如下规定。

（1）墙梁尺寸，应符合表 5.5.1 的规定。

表 5.5.1 墙梁一般规定

墙梁类别	墙体总高度/m	跨度/m	墙体高跨比 h_w/l_{0i}	托梁高跨比 h_b/l_{0i}	洞宽比 b_h/l_{0i}	洞高 h_h
承重墙梁	≤18	≤9	≥0.4	≥1/10	≤0.3	≤$5h_w/6$，且 h_w-h_b≥0.4 m
自承重墙梁	≤18	≤12	≥1/3	≥1/15	≤0.8	—

（2）墙梁计算高度范围内每跨允许设置一个洞口，其中窗洞洞口高度取洞顶至托梁顶面距离。对自承重墙梁，洞口至边支座中心的距离不应小于 $0.1l_{0i}$，门窗洞口顶部至墙顶距离不应小于 0.5 m。

（3）洞口边缘至边支座距离不应小于墙梁计算跨度的 0.15 倍，距中支座不应小于墙梁计算跨度的 0.07 倍。

（4）托梁高跨比，对无洞口墙梁不宜大于 1/7，对靠近支座有洞口的墙梁不宜大于 1/6。配筋砌块砌体墙梁的托梁高跨比可适当放宽，但不宜小于 1/14。

5.5.4.2 墙梁受力特点

墙和梁共同工作形成的墙梁也可视为组合深梁。如图 5.5.7 所示，组合深梁上部荷载主要通过墙体的拱作用向两端支座传递，托梁承受拉力，两者组成带拉杆的拱结构。

受砌体高跨比、材料强度、托梁配筋率、加载方式等多方面因素影响，墙梁可能发生如下几种破坏形态（图 5.5.8）。

（1）弯曲破坏：当托梁的配筋率较低、砌体强度较高、墙梁高跨比偏小时，发生形似与钢筋混凝土梁的少筋破坏。

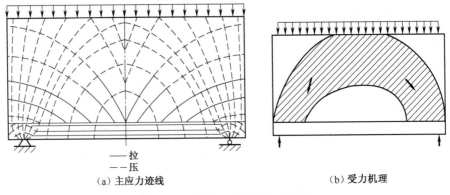

(a) 主应力迹线   —— 拉　--- 压   (b) 受力机理

图 5.5.7　无洞口墙梁的内力传递

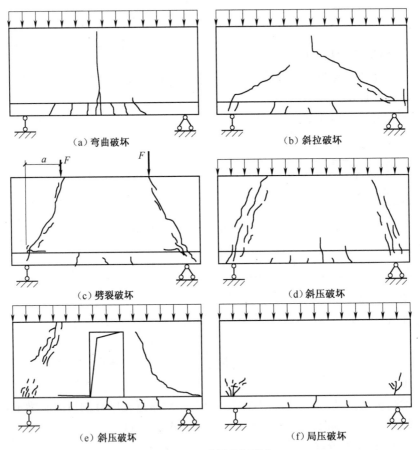

(a) 弯曲破坏   (b) 斜拉破坏

(c) 劈裂破坏   (d) 斜压破坏

(e) 斜压破坏   (f) 局压破坏

图 5.5.8　墙梁破坏形态

（2）剪切破坏：当托梁的配筋率较高、砌体强度较弱、墙梁高跨比不是太大时，支座上方的砌体出现斜裂缝并延伸至托梁，发生剪切破坏。其中，当墙梁高跨比较小（$h_w/l_{0i} < 0.5$），且砌体砂浆强度较低、特别是有剪跨比较大的集中荷载作用时，会产生斜拉破坏；当墙梁高跨比较大（$h_w/l_{0i} \geqslant 0.5$），或有剪跨比较小的集中荷载作用时，且砌体砂浆强度较高，会产生斜压破坏，此类构件的开裂荷载和抗剪承载力较大；当集

中荷载较大、砌体强度较低时，在荷载作用点与支座垫板的连线上会突然出现一条或多条几乎贯穿墙体全高的裂缝，墙梁发生劈裂破坏，设计中应当防止出现。

（3）局压破坏：当墙体高跨比较大（$h_w/l_{0i} > 0.75$）、托梁配筋率较高、砌体强度较低时，支座端部砌体竖向应力高度集中，托梁端部上部砌体出现局部压碎。

5.5.4.3 墙梁计算简图

《砌体规范》规定，参与墙梁承重作用的墙体计算高度 h_w 只取托梁顶面一层高，但不大于墙梁的计算跨度 l_{0i}。墙梁计算简图可按图 5.5.9 确定，各参数按下列规定取用：

（1）墙梁计算跨度，对简支墙梁和连续墙梁取 1.1 倍净跨和支座中心距离两者的较小值；对框支墙梁，取框架柱中心线间距离。

（2）墙梁计算高度取托梁顶面上一层墙体（包括顶梁）高度，但不超过墙梁计算跨度。

（3）墙梁跨中截面计算高度 $H_0 = h_w + 0.5h_b$。

（4）翼墙计算宽带 b_f 取窗间墙宽度或横墙间距的 2/3，且每边不大于 $3.5h$（h 为墙体厚度）和 $l_0/6$。

（5）框架柱计算高度 $H_c = H_{cn} + 0.5h_b$（H_{cn} 为框架柱净高，取基础顶面至托梁底面距离）。

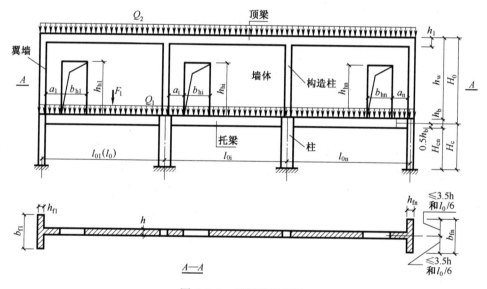

图 5.5.9　墙梁计算简图

5.5.4.4　墙梁计算荷载

墙梁是在托梁上砌筑墙体而逐渐形成的，故在设计中，应分别按使用阶段和施工阶段进行荷载计算。

1. 使用阶段

（1）承重墙梁的托梁顶面荷载取托梁自重和本层楼盖的恒荷载、活荷载。

（2）承重墙梁的墙梁顶面荷载取托梁以上各层墙体自重和墙梁顶面以上各层楼/屋盖的恒荷载、活荷载；集中荷载可沿作用跨度近似简化为均布荷载。

（3）自承重墙梁的墙梁顶面荷载，取托梁自重和托梁以上墙体自重。

2. 施工阶段

施工阶段只考虑托梁以上荷载，包括托梁自重及本层楼盖的恒荷载、本层楼盖的施工荷载、墙体自重（高度范围为 $l_{0max}/3$，l_{0max} 为各计算跨度的最大值），开洞时应按洞顶以下实际分布的墙体自重复核。

5.5.4.5 墙梁构造要求

墙梁构造要求如下：

（1）托梁和框支柱的混凝土强度等级不应低于 C30。

（2）承重墙梁的块体强度等级不应低于 MU10，计算高度范围内墙体的砂浆强度等级不应低于 M10（Mb10）。

（3）框支墙梁上部砌体房屋，以及设有承重的简支墙梁或连续墙梁的房屋应满足刚性方案房屋的要求。

（4）墙梁计算高度范围内的墙体厚度，对砖砌体不应小于 240 mm，对混凝土砌块砌体不应小于 190 mm。

（5）墙梁洞口上方应设置混凝土过梁，其支承长度不应小于 240 mm；洞口范围内不应施加集中荷载。

（6）承重墙梁支座处应设置落地翼墙，翼墙厚度，对砖砌体不应小于 240 mm、对混凝土砌块砌体不应小于 190 mm，翼墙宽度不应小于墙梁墙体厚度的 3 倍，并与墙梁墙体同时砌筑；若不能设置翼墙，应设置落地且上下贯通的构造柱。

（7）当墙梁墙体在靠近支座 1/3 跨度范围内开洞时，支座处应设置落地且上下贯通的构造柱，并应与圈梁连接。

（8）墙梁计算高度范围内墙体，每天可砌筑高度不应超过 1.5 m，否则，应加设临时支撑。

（9）托梁两侧各两个开间的楼盖应采用现浇混凝土楼盖，楼板厚度不应小于 120 mm；楼板上应少开洞，洞口尺寸大于 800 mm 时应设洞口边梁。

（10）托梁每跨底部的纵向受力筋应通长设置，不应在跨中弯起或截断。

（11）托梁跨中截面的纵向受力筋总配筋率不应小于 0.6%。

（12）托梁上部通长布置的纵筋面积与跨中下部纵筋面积之比不应小于 0.4；连续墙梁或多跨框支墙梁的托梁支座上部附加纵筋从支座边缘算起每边延伸长度不应小于 $l_0/4$。

（13）承重墙梁的托梁在砌体墙、柱上的支承长度不应小于 350 mm，纵向受力筋伸入支座长度应符合受拉筋的锚固要求。

（14）托梁截面高度大于 450 mm 时，应沿梁截面高度设置通长水平腰筋，腰筋直径不应小于 12 mm，间距不应大于 200 mm。

（15）对洞口偏置的墙梁，其托梁箍筋加密区范围应延到洞口外，距洞边距离 ≥ 托梁截面高度，箍筋直径不应小于 8 mm，间距不应大于 100 mm。

5.6 墙、柱一般构造要求和防止墙体开裂的措施

5.6.1 墙、柱一般构造要求

为了保证房屋的空间刚度和整体性，墙、柱除应满足高厚比验算的要求外，还应满足下

列构造要求：

（1）5 层及 5 层以上房屋的墙以及受震动或层高大于 6 m 的墙和柱，所用材料的最低强度等级应符合下列要求：砖—MU10，砌块—MU7.5，石材—MU30，砂浆—M5。

对安全等级为一级或设计使用年限大于 50 年的房屋，墙、柱所用材料的最低强度等级应至少提高一级。

（2）地面以下或防潮层以下的砌体、潮湿房间的墙所用材料的最低强度等级应符合规范的要求。

（3）承重独立砖柱的截面尺寸不宜小于 240 mm×370 mm。毛石墙厚度不宜小于 350 mm，毛料石柱截面较小边长不宜小于 400 mm。当有振动荷载时，墙、柱不宜采用毛石砌体。

（4）跨度大于 6 m 的屋架和跨度大于 4.8 m（对砖砌体）、4.2 m（对砌块和料石砌体）以及 3.9 m（对毛石砌体）的梁，其支承面下的砌体应设置混凝土或钢筋混凝土垫块；当墙中设有圈梁时，垫块与圈梁宜浇成整体。

（5）对厚度 $h \leqslant 240$ mm 的墙，当大梁跨度大于或等于 6 m（对砖墙）、4.8 m（对砌块和料石墙）时，其支承处宜加设壁柱，或采取其他加强措施。

（6）预制钢筋混凝土板的支承长度，在墙上不宜小于 100 mm；在钢筋混凝土圈梁上不宜小于 80 mm。当利用板端伸出钢筋拉结和混凝土灌缝时，其支承长度可为 40 mm，但板端缝宽不小于 80 mm，灌缝混凝土不宜低于 C20。支承在墙和柱上的吊车梁与屋架，以及跨度大于或等于 9 m（对砖砌体）和 7.2 m（对砌块和料石砌体）的预制梁的端部，应采用锚固件与墙、柱上的垫块锚固。

（7）填充墙、隔墙应分别采用拉结条或其他措施与周边构件可靠连接。

（8）山墙处的壁柱宜砌至山墙顶部，屋面构件应与山墙可靠拉结。

（9）砌块砌体应分皮错缝搭砌、上下皮搭砌长度不得小于 90 mm。当搭砌长度不满足该要求时，应在水平灰缝内设置不小于 2φ4 的钢筋网片（横向钢筋的间距不宜大于 200 mm），网片每端均应超过该垂直灰缝，其长度不得小于 300 mm。

（10）砌块墙与后砌隔墙交接处，应沿墙高每 400 mm 在水平灰缝内设置数量不小于 2φ4、横筋间距不大于 200 mm 的焊接钢筋网片。

（11）混凝土砌块房屋，宜将纵横墙交接处，距墙中心线每边不小于 300 mm 范围内的孔洞，采用不低于 Cb20 灌孔混凝土灌实，灌实高度应为全部墙身的高度。同样对墙体的下列部位，如未设圈梁或混凝土垫块时，也应采用不低于 Cb20 灌孔混凝土将孔洞灌实：

1）搁栅、檩条和钢筋混凝土楼板的支承面下，高度不小于 200 mm 的砌体。

2）屋架、梁的支承面下，高度不小于 600 mm，长度不小于 600 mm 的砌体。

3）挑梁支承面下，距墙中心线每边不小于 300 mm，高度不小于 600 mm 的砌体。

5.6.2　防止和减轻墙体开裂的主要措施

引起砌体结构墙体开裂的因素很多，根本原因有两个：一个是由于收缩和温度变形引起的，一个是由于地基不均匀沉降引起的。所以，防止墙体开裂主要得从这两个方面开展。

1. 防止由于收缩和温度变形引起墙体开裂的主要措施

结构构件由于温度变化引起热胀冷缩的变形称为温度变形。对于砌体结构，由于所用材料（如混凝土和砖）性质的不同，或房屋长度过长等原因，将会产生以下几种典型的裂缝形态。

（1）平屋顶底部附近或顶层圈梁底部附近的外墙出现水平裂缝和包角裂缝，其主要原因是由于钢筋混凝土顶板与砖墙的温度变形不一致所致。

（2）顶层墙体出现八字形斜裂缝。这种裂缝主要是由于材质的不同、温差的不同及房屋过长等原因引起的，多出现在门窗洞口的角部。

（3）错层部位出现局部垂直裂缝。

（4）山墙、楼梯间墙的中部出现的竖向裂缝。

针对以上裂缝出现的位置及其原因，可设置伸缩缝，使房屋分隔成几个独立单元，避免因收缩和温度变形产生过大拉应力。对于伸缩缝的间距，规范也有明文规定，可见表5.6.1。

表 5.6.1　砌体房屋伸缩缝的最大间距

屋盖或楼盖类别		间距/m
整体式或装配整体式钢筋混凝土结构	有保温层或隔热层的屋盖、楼盖	50
	无保温层或隔热层的屋盖	40
装配式无檩体系钢筋混凝土结构	有保温层或隔热层的屋盖、楼盖	60
	无保温层或隔热层的屋盖	50
装配式有檩体系钢筋混凝土结构	有保温层或隔热层的屋盖	75
	无保温层或隔热层的屋盖	60
瓦材屋盖、木屋盖或楼盖、轻钢屋盖		100

注：1. 对烧结普通砖、多孔砖、配筋砌块砌体房屋取表中数值；对石砌体、蒸压灰砂砖、蒸压粉煤灰砖和混凝土砌块房屋取表中数值乘0.8的系数。

　2. 层高大于5 m的混合砌体结构单层房屋，其伸缩缝间距可按表中数值乘1.3。

　3. 温差较大且变化频繁地区和严寒地区不采暖的房屋及构筑物墙体的伸缩缝的最大间距，应按表中数值予以适当减小。

　4. 墙体的伸缩缝应与其他结构的变形缝相重合。

　5. 当有实践经验和可靠根据时，可不按本表的规定。

除设置伸缩缝外，还应根据具体情况采取下列相应的措施：

（1）屋面应设置有效的保温层或隔热层。

（2）采用装配式有檩体系钢筋混凝土屋盖或瓦材屋盖。

（3）屋面保温层或屋面刚性面层及砂浆找平层设置分隔缝，其间距不大于6 m，并与女儿墙隔开，缝宽不小于30 mm。

（4）顶层屋面板下设置现浇混凝土圈梁，并沿内外墙拉通，房屋两端圈梁下的墙体内适当配置水平钢筋。

（5）顶层挑梁与圈梁拉通。当不能拉通时，在挑梁末端下墙体内设置3道焊接钢筋网片或2φ6钢筋，其从挑梁末端伸入两边墙体不小于1 000 mm。

（6）在顶层门窗洞口过梁上的水平灰缝内设置2~3道焊接钢筋网片或2φ6钢筋，并应伸入过梁两端墙内不小于600 mm。

（7）女儿墙应设构造柱，其间距不大于 4 m，构造柱应伸入女儿墙顶，并与现浇混凝土压顶梁整浇在一起。

（8）房屋顶层端部墙体内应适当增设构造柱。

（9）顶层及女儿墙砂浆强度等级不得低于 M7.5。

2. 防止由于不均匀沉降引起墙体开裂的主要措施

地基承受房屋传来的荷载后产生压缩变形，使房屋沉降。当地基为均匀分布软土，而房屋长高比较大，或地基土层分布不均匀、土质差别很大，或房屋体型复杂或高差较大时，都有可能产生过大的不均匀沉降，从而使墙体内产生附加应力。当产生的附加应力超过砌体的相应强度时，墙体就会出现裂缝。

在设计时，首先应力求避免可能引起房屋过大不均匀沉降的因素。相应的措施包括以下几点：

（1）房屋体型应力求简单，尽量避免里面高低起伏和平面凹凸曲折；房屋的长高比也不宜过大。

（2）在纵向每隔一定距离（不宜大于房屋宽度的 1.5 倍）设置横墙以连接内外纵墙。

（3）不宜在砖墙上开过大的孔，否则应以钢筋混凝土边框加强。

（4）合理设置圈梁等。

（5）合理安排施工顺序也可减少不均匀沉降，如先建较重的单元，后建较轻的单元；基础埋置较深的先施工，易受相邻建筑物影响的后施工；等等。当无法避免这些不利因素时，可设置沉降缝来消除由于过大的不均匀沉降对房屋造成的危害。沉降缝将房屋从上部结构到基础全部断开。

3. 其他措施

（1）墙体转角处和纵横墙交接处宜沿竖向每隔 400～500 mm 设置拉结筋，其数量为每 120 mm 墙厚不少于 1ϕ6 或焊接钢筋网片，埋入长度从墙的转角或交接处算起，每边不小于 600 mm。

（2）对非烧结砖，宜在各层门、窗过梁上方的水平灰缝内及窗台下第一和第二道水平灰缝内设置焊接钢筋网或 2ϕ6 钢筋，且伸入两边窗间墙内不应小于 600 mm。

（3）为防止或减轻混凝土砌块房屋屋顶层两端和底层第一、第二开间门窗洞处的裂缝，可采取下列措施：

1）在门窗洞口两侧不少于一个空洞中设置不小于 1ϕ12 钢筋，钢筋应在楼层圈梁或基础锚固，并采用不低于 Cb20 灌孔混凝土灌实。

2）在门窗洞口两侧的墙体水平灰缝内，设置长度不小于 900 mm、竖向间距为 400 mm 的 2ϕ4 焊接钢筋网片。

3）在顶层和底层设置钢筋混凝土窗台梁，其高度宜为块高的模数，纵筋不少于 4ϕ10，箍筋为 ϕ6@200，Cb20 的混凝土。

（4）当房屋刚度较大时，可在窗台下或窗台角处墙体内设置竖向控制缝。

（5）灰砂砖、粉煤灰砖砌体宜采用黏结性好的砂浆砌筑，混凝土砌块砌体应采用砌块专用砂浆砌筑。

（6）对防裂要求较高的墙体，可根据情况采用专门措施。

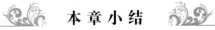

本 章 小 结

（1）由块体和砂浆砌筑而成的承重结构，统称为砌体结构，主要用于承受压力。按材料一般可分为砖砌体、石砌体和砌块砌体。

（2）砌体从加载到受压破坏的三个特征阶段大体可分为单块砖先开裂、裂缝贯穿若干皮砖、形成独立受压小柱。在砌体中，砖的抗压强度并未充分发挥。

（3）砌体最基本的力学指标是轴心抗压强度。影响砌体抗压强度的主要因素有块材与砂浆的强度，块材尺寸和几何形状，砂浆的流动性、保水性和弹性模量及砌筑质量。

（4）砌体受压承载力计算公式中的 φ 是考虑高厚比 β 和偏心距 e 的综合影响系数。偏心距要按内力的设计值计算。

（5）局部受压砌体结构中常见的受力状态有局部均匀受压和局部不均匀受压，由于"套箍强化"和"应力扩散"的作用，使局部受压范围内砌体的抗压强度提高，γ' 为局部抗压强度的提高系数。当梁下砌体局部受压不满足强度要求时，可设置刚性垫块，以扩大局部受压面积和改善垫块下砌体的局部受压情况。

（6）砌体房屋的静力计算方案有三种，即刚性方案、刚弹性方案和弹性方案。静力计算方案的划分主要是依据楼、屋盖的刚度和横墙的间距。

（7）多层刚性方案房屋的墙柱实际上是受压构件。在竖向荷载作用下，各层墙体可视为上部且为偏心受压，下部为轴心受压的构件。

（8）圈梁和过梁是混合结构房屋中经常遇到的构件，圈梁应按规范要求设置。过梁上的荷载与过梁上的砌体高度有关，超过一定高度后，由于拱的卸荷作用，上部荷载可直接传到洞口两侧的墙体上。

（9）由于砌体结构的脆性性质，墙体极易出现裂缝，因此必须采取适当的构造措施防止和减小裂缝的扩展，保证砌体结构的耐久性和适用性。

思 考 题

1. 砌体结构的主要优缺点有哪些？

2. 砌体的组成材料有哪些？块材包括哪些？砂浆的保水性和流动性是指什么？

3. 砖砌体的破坏包括哪几个阶段？影响砌体抗压强度的因素有哪些？

4. 砌体轴心受拉强度、弯曲受拉强度和受剪强度主要与哪些因素有关？

5. 砌体强度设计值的调整应考虑哪些因素？

6. 砌体结构房屋的结构布置方案有哪些形式？其各自有何特点？

7. 砌体房屋静力计算方案分为哪几类？各自应如何确定？

8. 单层刚性方案、弹性方案房屋的承重纵墙的计算简图如何确定？

9. 多层刚弹性方案房屋的墙体的内力分析、计算是如何进行的？

10. 砌体结构构件高度 H 应如何确定？带壁柱墙截面的翼缘宽度如何确定？

11. 砌体局部受压破坏有哪些形式？

12. 梁端支承处砌体局部受压破坏有哪些特点？

13. 墙、柱高厚比的验算应注意哪些事项？允许高厚比值与哪些因素有关？

14. 非抗震设计时，墙、柱的一般构造要求有哪些？

15. 过梁的破坏形式有哪些？有哪些构造要求？

16. 挑梁的破坏形式有哪些？构造要求有哪些？

17. 圈梁的作用是什么？要满足哪些构造要求？

18. 钢筋混凝土构造柱的作用是什么？构造要求有哪些？

19. 温度变化时，砌体房屋裂缝变化规律是什么？防止墙体开裂的措施有哪些？

20. 防止地基发生过大不均匀沉降时在墙体上产生裂缝，可采取的措施有哪些？

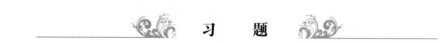

习　题

某房屋外纵墙的窗间墙截面尺寸为 120 mm×240 mm，如习题 5.1 图所示。采用蒸压灰砂砖 MU10、混合砂浆 M5 砌筑，墙上支承的钢筋混凝土大梁截面尺寸为 250 mm×600 mm，梁端荷载设计值产生的支承压力为 80 kN，上部荷载设计值产生的轴向力为 50 kN。试验算梁端局部受压承载力是否满足要求。

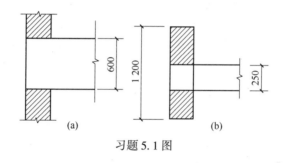

习题 5.1 图

民用建筑楼面均布活荷载

项次	类　　别		标准值 /(kN·m⁻²)	组合值系数 ψ_c	频遇值系数 ψ_f	准永久值系数 ψ_q
1	(1) 住宅、宿舍、旅馆、医院病房、托儿所、幼儿园、办公室		2.0	0.7	0.5	0.4
	(2) 教室、实验室、阅览室、会议室、医院门诊室				0.6	0.5
2	教堂、食堂、餐厅、一般资料档案室		2.5	0.7	0.6	0.5
3	(1) 礼堂、剧场、应用、有固定座位的看台		3.0	0.7	0.5	0.3
	(2) 公共洗衣房				0.6	0.5
4	(1) 商店、展览厅、车站、港口、机场大厅及其旅客等候室		3.5	0.7	0.6	0.5
	(2) 无固定座位的看台				0.5	0.3
5	(1) 健身房、演出舞台		4.0	0.7	0.6	0.5
	(2) 舞厅					0.3
6	(1) 书库、档案室、储藏室		5.0	0.9	0.9	0.8
	(2) 密集柜书库		12.0			
7	通风机房、电梯机房		7.0	0.9	0.9	0.8
8	汽车通道及停车库: (1) 单向板楼盖(板跨不小于 2 m)和双向板楼盖(板跨不小于 3 m)	客车	4.0	0.7	0.7	0.6
		消防车	35.0	0.7	0.5	0.0
	(2) 双向板楼盖(板跨不小于 6 m)和无梁楼盖(柱网不小于 6 m×6 m)	客车	2.5	0.7	0.7	0.6
		消防车	20.0	0.7	0.5	0.0
9	厨房: (1) 餐厅		4.0	0.7	0.7	0.7
	(2) 其他		2.0		0.6	0.5
10	浴室、卫生间、盥洗室		2.5	0.7	0.6	0.5

续表

项次	类　　别	标准值 /(kN·m⁻²)	组合值系数 ψ_c	频遇值系数 ψ_f	准永久值系数 ψ_q
11	走廊、门厅： 　（1）住宅、旅馆、医院病房、托儿所、幼儿园、住宅 　（2）办公楼、餐厅、医院门诊室 　（3）教学楼及其他可能出现人员密集的情况	2.0 2.5 3.5	0.7	0.5 0.6 0.5	0.4 0.5 0.3
12	楼梯： 　（1）多层住宅 　（2）其他	2.0 3.5	0.7	0.5	0.4 0.3
13	阳台： 　（1）可能出现人员密集的情况 　（2）其他	3.5 2.5	0.7	0.6	0.5

注：1. 本表所给各项活荷载适用于一般使用条件，当使用荷载较大、情况特殊或有专门要求时，应按实际情况采用。

2. 第6项书库活荷载，当书架高度大于2 m时，书库活荷载尚应按每米书架高度不小于2.5 kN/m²时确定。

3. 第8项中的客车活荷载仅适用于停放载人少于9人的客车；消防车活荷载适用于满载总量为300 kN的大型车辆；当不符合本表的要求时，应将车轮的局部荷载按结构效应的等效原则，换算为等效均布荷载。

4. 第8项消防车活荷载，当双向板楼盖板跨介于3 m×3 m～6 m×6 m之间时，应按跨度线性插值确定。

5. 第12项楼梯活荷载，对预制楼梯踏步平板，应按1.5 kN集中荷载验算。

6. 本表各项荷载不包括隔墙自重和二次装修荷载；对固定隔墙的自重应按永久荷载考虑，当隔墙位置可灵活自由布置时，非固定隔墙的自量应取不小于1/3的每延米长墙重（kN/m）作为楼面活荷载的附加值（kN/m²）计入，且附加值不应小于1.0 kN/m²。

风荷载标准值

垂直于建筑物表面上的风荷载标准值，对主要受力结构应按下列规定确定：

$$w_k = \beta_z \mu_z \mu_s w_0$$

式中　w_k——风荷载标准值，kN/m^2；

β_z——高的 z 处的风振系数；

μ_z——风压高度变化系数；

μ_s——风荷载体型系数；

w_0——基本风压，kN/m^2，详见《建筑结构荷载规范》。

附表 2.1　风压高度变化系数 μ_z

离地面或海平面高度 /m	地面粗糙度类别			
	A	B	C	D
5	1.17	1.00	0.74	0.62
10	1.38	1.00	0.74	0.62
15	1.52	1.14	0.74	0.62
20	1.63	1.25	0.84	0.62
30	1.80	1.42	1.00	0.62
40	1.92	1.56	1.13	0.73
50	2.30	1.67	1.25	0.84
60	2.12	1.77	1.35	0.93
70	2.20	1.86	1.45	1.02
80	2.27	1.95	1.54	1.11
90	2.34	2.02	1.62	1.19
100	2.40	2.09	1.70	1.27
150	2.64	2.38	2.03	1.61
200	2.83	2.61	2.30	1.92
250	2.99	2.80	2.54	2.19
300	3.12	2.97	2.75	2.45
350	3.12	3.12	2.94	2.68
400	3.12	3.12	3.12	2.91
≥450	3.12	3.12	3.12	3.12

附表 2.2 风荷载体型系数 μ_s

类 别	体型及体型系数 μ_s		
封闭式落地双坡屋面			
封闭式双坡屋面			
封闭式单坡屋面			

等截面等跨连续梁在常用荷载
作用下的内力系数表

（1）均布荷载及三角形荷载作用下：
$$M = 表中系数 \times ql_0^2, \quad V = 表中系数 \times ql_0$$
（2）集中荷载作用下：
$$M = 表中系数 \times Fl_0, \quad V = 表中系数 \times F$$

附表 3.1　2 跨梁

荷　载　图	跨中最大弯矩		支座弯矩	剪　　力			
	M_1	M_2	M_B	V_A	$V_{B左}$	$V_{B右}$	V_C
	0.070	0.070	−0.125	0.375	−0.625	0.625	−0.375
	0.096	−0.025	−0.063	0.437	−0.563	0.063	0.063
	0.156	0.156	−0.188	0.312	−0.688	0.688	−0.312
	0.203	−0.047	−0.094	0.406	−0.594	0.094	0.094
	0.222	0.222	−0.333	0.667	−1.333	1.333	−0.667
	0.278	−0.056	−0.167	0.833	−1.167	0.167	0.167

附表3.2 3跨梁

荷载图	跨中最大弯矩		支座弯矩		剪力					
	M_1	M_2	M_B	M_C	V_A	$V_{B左}$	$V_{B右}$	$V_{C左}$	$V_{C右}$	V_D
	0.080	0.025	-0.100	-0.100	0.400	-0.600	0.500	-0.500	-0.600	-0.400
	0.101	-0.050	-0.050	-0.050	0.450	-0.550	0	0	0.550	-0.450
	-0.025	0.075	-0.050	-0.050	-0.050	-0.050	0.050	0.050	0.050	0.050
	0.073	0.054	-0.117	-0.033	0.383	-0.617	0.583	-0.417	0.033	0.033
	0.094	——	-0.067	-0.017	0.433	-0.567	0.083	0.083	-0.017	-0.017
	0.175	0.100	-0.015	-0.150	0.350	-0.650	0.500	-0.500	0.650	0.350
	0.213	-0.075	-0.075	-0.075	0.425	-0.575	0	0	0.575	-0.425

荷载图	跨中最大弯矩		支座弯矩		剪力					
	M_1	M_2	M_B	M_C	V_A	$V_{B左}$	$V_{B右}$	$V_{C左}$	$V_{C右}$	V_D
	-0.038	0.175	-0.075	-0.075	-0.075	-0.075	0.500	-0.500	0.075	0.075
	0.162	0.137	-0.175	0.050	0.325	-0.675	0.625	-0.375	0.050	0.050
	0.200	—	-0.100	0.025	0.400	-0.600	0.125	0.125	-0.025	-0.025
	0.244	0.067	-0.267	-0.267	0.733	-1.267	1.000	-1.000	1.267	-0.733
	0.289	-0.133	-0.133	-0.133	0.866	-1.134	0	0	1.134	-0.866
	-0.044	0.200	-0.133	-0.133	-0.133	-0.133	1.000	-1.000	0.133	0.133
	0.229	0.170	-0.311	0.089	0.689	-1.311	1.222	-0.778	0.089	0.089
	0.274	—	-0.178	0.044	0.822	-1.178	0.222	0.222	-0.044	-0.044

附表 3.3　4 跨梁

荷载图	跨内最大弯矩				支座弯矩			剪　力				
	M_1	M_2	M_3	M_4	M_B	M_C	M_D	V_A	$V_{B左}$ / $V_{B右}$	$V_{C左}$ / $V_{C右}$	$V_{D左}$ / $V_{D右}$	V_E
	0.077	0.036	0.036	0.077	-0.107	-0.071	-0.107	-0.393	-0.607 / 0.536	-0.464 / 0.464	-0.536 / 0.607	-0.393
	0.100	—	0.081	—	-0.054	-0.036	-0.054	0.446	-0.554 / 0.018	0.018 / 0.482	-0.518 / 0.054	0.054
	0.072	0.061	0.056	0.098	-0.121	-0.018	-0.058	0.380	-0.620 / 0.603	-0.397 / 0.040	-0.040 / 0.558	-0.442
	—	0.056	—	—	-0.036	0.107	-0.036	-0.036	-0.036 / 0.429	-0.571 / 0.571	-0.429 / 0.036	0.036
	0.094	—	—	—	-0.067	0.018	-0.004	0.433	-0.567 / 0.085	0.085 / -0.022	-0.022 / 0.004	0.004
	—	0.074	—	—	-0.049	-0.054	0.013	-0.049	-0.049 / 0.496	-0.504 / 0.067	0.067 / -0.013	-0.013

续表

荷载图	跨内最大弯矩				支座弯矩			剪　力				
	M_1	M_2	M_3	M_4	M_B	M_C	M_D	V_A	$V_{B左}$ / $V_{B右}$	$V_{C左}$ / $V_{C右}$	$V_{D左}$ / $V_{D右}$	V_E
	0.169	0.116	0.116	0.169	−0.161	−0.107	−0.161	0.339	−0.661 / 0.554	−0.446 / 0.446	−0.554 / 0.661	−0.339
	0.210	—	0.180	—	−0.089	−0.054	−0.080	0.420	−0.580 / 0.027	0.027 / 0.473	−0.527 / 0.080	0.080
	0.159	0.146	—	0.206	−0.181	−0.027	−0.087	0.319	−0.681 / 0.654	−0.346 / −0.060	−0.060 / 0.587	−0.413
	—	0.142	0.142	—	−0.054	−0.161	−0.054	0.054	−0.054 / 0.393	−0.607 / −0.607	−0.393 / 0.054	0.054
	0.200	—	—	—	−0.100	0.027	−0.007	0.400	−0.600 / 0.127	0.127 / −0.033	−0.033 / 0.007	0.007
	—	0.173	—	—	−0.074	−0.080	0.020	−0.074	−0.074 / 0.493	−0.507 / 0.100	0.100 / −0.020	−0.020

续表

荷载图	跨内最大弯矩				支座弯矩			剪力				
	M_1	M_2	M_3	M_4	M_B	M_C	M_D	V_A	$V_{B左}$ / $V_{B右}$	$V_{C左}$ / $V_{C右}$	$V_{D左}$ / $V_{D右}$	V_E
	0.238	0.111	0.111	0.238	−0.286	−0.191	−0.286	0.714	−1.286 / 1.095	−0.905 / 0.905	−1.095 / 1.286	−0.714
	0.286	—	0.222	—	−0.143	−0.095	−0.143	0.857	−1.143 / 0.048	0.048 / 0.952	−1.048 / 0.143	0.143
	0.226	0.194	0.175	0.282	−0.321	−0.048	−0.155	0.679	−1.321 / 1.274	−0.726 / −0.107	−0.107 / 1.155	−0.845
	—	0.175	0.175	—	−0.095	−0.286	−0.095	−0.095	−0.095 / 0.810	−1.190 / 1.190	−0.810 / 0.095	0.095
	0.274	—	—	—	−0.178	0.048	−0.012	0.822	−1.178 / 0.226	0.226 / −0.060	−0.060 / 0.012	0.012
	—	0.198	—	—	−0.131	−0.143	0.036	−0.131	−0.131 / 0.988	−1.012 / 0.178	0.178 / −0.036	−0.036

附表 3.4 5 跨梁

荷载图	跨内最大弯矩			支座弯矩				剪 力					
	M_1	M_2	M_3	M_B	M_C	M_D	M_E	V_A	$V_{B左}$ / $V_{B右}$	$V_{C左}$ / $V_{C右}$	$V_{D左}$ / $V_{D右}$	$V_{E左}$ / $V_{E右}$	V_F
	0.078	0.033	0.046	−0.105	−0.079	−0.079	−0.105	0.394	−0.606 / 0.526	−0.474 / 0.500	−0.500 / 0.474	−0.526 / 0.606	−0.394
	0.100	0.079		−0.053	−0.040	−0.040	−0.053	0.447	−0.553 / 0.013	0.013 / 0.500	−0.500 / −0.013	−0.013 / 0.553	−0.447
	0.073	②0.059 / 0.078		−0.053	−0.040	−0.040	−0.053	−0.053	−0.053 / 0.513	−0.487 / 0	0 / 0.487	−0.513 / 0.053	0.053
	①— / 0.098			−0.119	−0.022	−0.044	−0.051	0.380	−0.620 / 0.598	−0.402 / −0.023	−0.023 / 0.493	−0.507 / 0.052	0.052
		0.055	0.064	−0.035	−0.111	−0.020	−0.057	−0.035	−0.035 / 0.424	−0.576 / 0.591	−0.409 / −0.037	−0.037 / 0.557	−0.443
	0.094			−0.067	0.018	−0.005	0.001	0.443	−0.567 / 0.085	0.085 / −0.023	−0.023 / 0.006	0.006 / −0.001	−0.001

续表

荷载图	跨内最大弯矩			支座弯矩				剪力					
	M_1	M_2	M_3	M_B	M_C	M_D	M_E	V_A	$V_{B左}$ / $V_{B右}$	$V_{C左}$ / $V_{C右}$	$V_{D左}$ / $V_{D右}$	$V_{E左}$ / $V_{E右}$	V_F
(荷载图：q)	—	0.074	—	-0.049	-0.054	0.014	-0.004	-0.049	-0.049 / 0.495	-0.505 / 0.068	0.068 / -0.018	-0.018 / 0.004	0.004
(荷载图：q)	—	—	0.072	0.013	-0.053	-0.053	0.013	0.013	0.013 / -0.066	-0.066 / 0.500	-0.500 / 0.066	0.066 / -0.013	-0.013
(荷载图：F)	0.171	0.112	0.132	-0.158	-0.118	-0.118	-0.158	0.342	-0.658 / 0.540	-0.460 / 0.500	-0.500 / 0.460	-0.540 / 0.658	-0.342
(荷载图：F)	0.211	—	0.191	-0.079	-0.059	-0.059	-0.079	0.421	-0.579 / 0.020	0.020 / 0.500	-0.500 / -0.020	-0.020 / 0.579	-0.421
(荷载图：F)	—	0.181	—	-0.079	-0.059	-0.059	-0.079	-0.079	-0.079 / 0.520	-0.480 / 0	0 / 0.480	-0.520 / 0.079	0.079
(荷载图：F)	0.160	② / 0.178	—	-0.179	-0.032	-0.066	-0.077	0.321	-0.679 / 0.647	-0.353 / -0.034	-0.034 / 0.489	-0.511 / 0.077	0.077

续表

荷载图	跨内最大弯矩			支座弯矩				剪力									
	M_1	M_2	M_3	M_B	M_C	M_D	M_E	V_A	$V_{B左}$	$V_{B右}$	$V_{C左}$	$V_{C右}$	$V_{D左}$	$V_{D右}$	$V_{E左}$	$V_{E右}$	V_F
	$\dfrac{①}{0.207}$	0.140	0.151	−0.052	−0.167	−0.031	−0.086	−0.052	−0.052	0.385	−0.615	0.637	−0.363	−0.056	−0.056	0.586	−0.414
	0.200	—	—	−0.100	0.027	−0.007	0.002	0.400	−0.600	0.127	0.127	−0.031	−0.031	0.009	0.009	−0.002	−0.002
	—	0.173	—	−0.073	−0.081	0.022	−0.005	−0.073	−0.073	0.493	−0.507	0.102	0.102	0.027	−0.027	0.005	0.005
	—	—	0.171	0.020	−0.079	−0.079	0.020	0.020	0.020	−0.099	−0.099	0.500	−0.500	0.099	0.099	−0.020	−0.020
	0.240	0.100	0.122	−0.281	−0.211	−0.211	−0.281	0.719	−1.281	1.070	−0.930	1.000	−1.000	0.930	−1.070	1.281	−0.719
	0.287	—	0.228	−0.140	−0.105	−0.105	−0.140	0.860	−1.140	0.035	0.035	1.000	−1.000	−0.035	−0.035	1.140	−0.860

续表

荷载图	跨内最大弯矩			支座弯矩				剪力					
	M_1	M_2	M_3	M_B	M_C	M_D	M_E	V_A	$V_{B左}$ / $V_{B右}$	$V_{C左}$ / $V_{C右}$	$V_{D左}$ / $V_{D右}$	$V_{E左}$ / $V_{E右}$	V_F
	—	0.216	—	-0.140	-0.105	-0.105	-0.140	-0.140	-0.140 / 1.035	-0.965 / 0	0 / 0.965	-1.035 / 0.140	0.140
	0.227	② — / 0.209	—	-0.319	-0.057	-0.118	-0.137	0.681	-1.319 / 1.262	-0.738 / -0.061	-0.061 / 0.981	-1.019 / 0.137	0.137
	① — / 0.282	0.172	0.198	-0.093	-0.297	-0.054	-0.153	-0.093	-0.093 / 0.796	-1.204 / 1.243	-0.757 / -0.099	-0.099 / 1.153	-0.847
	0.274	0.198	—	-0.179	0.048	-0.013	0.003	0.821	-1.179 / 0.227	0.227 / -0.061	-0.061 / 0.016	0.016 / -0.003	-0.003
	—	—	—	-0.131	-0.144	0.038	-0.010	-0.131	-0.131 / 0.987	-1.013 / 0.182	0.182 / -0.048	-0.048 / 0.010	0.010
	—	—	0.193	0.035	-0.140	-0.140	0.035	0.035	0.035 / -0.175	-0.175 / 1.000	-1.000 / 0.175	0.175 / -0.035	-0.035

注：①分子及分母分别为 M_1 及 M_5 的弯矩系数。
②分子及分母分别为 M_2 及 M_4 的弯矩系数。

双向板在均布荷载作用下的内力及变形系数表

符号说明：

板的抗弯刚度

$$B_c = \frac{Eh^3}{12(1 - \mu^2)}$$

式中　　E ——弹性模量；

h ——板厚；

μ ——泊松比；

f、f_{max} ——分别为板中心点的挠度和最大挠度；

m_x、$m_{x,max}$ ——为平行于 l_{0x} 方向板中心点单位板宽内的弯矩和板跨内最大弯矩；

m_y、$m_{y,max}$ ——为平行于 l_{0y} 方向板中心点单位板宽内的弯矩和板跨内最大弯矩；

m_x' ——固定边中点沿 l_{0x} 方向的弯矩；

m_y' ——固定边中点沿 l_{0y} 方向的弯矩。

正负号的规定：

弯矩——使板的受荷面受压者为正；

挠度——变形方向与荷载方向相同者为正。

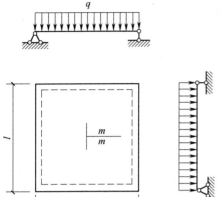

挠度 = 表中系数 $\times \dfrac{q l_0^4}{B_c}$;

$\mu = 0$,弯矩 = 表中系数 $\times q l_0^2$;

式中,l_0 取 l_{0x} 和 l_{0y} 中的较小值。

附表 4.1　四边简支

l_{0x}/l_{0y}	f	m_x	m_y	l_{0x}/l_{0y}	f	m_x	m_y
0.50	0.010 13	0.096 5	0.017 4	0.80	0.006 03	0.056 1	0.033 4
0.55	0.009 40	0.089 2	0.021 0	0.85	0.005 47	0.050 6	0.034 8
0.60	0.008 67	0.082 0	0.024 2	0.90	0.004 96	0.045 6	0.035 3
0.65	0.007 96	0.075 0	0.027 1	0.95	0.004 49	0.041 0	0.036 4
0.70	0.007 27	0.068 3	0.029 6	1.00	0.004 06	0.036 8	0.036 8
0.75	0.006 63	0.062 0	0.031 7				

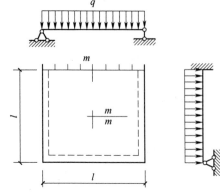

$$挠度 = 表中系数 \times \frac{ql_0^4}{B_c};$$

$$\mu = 0，弯矩 = 表中系数 \times ql_0^2;$$

式中，l_0 取 l_{0x} 和 l_{0y} 中的较小值。

附表 4.2　三边简支，一边固定

l_{0x}/l_{0y}	l_{0y}/l_{0x}	f	f_{max}	m_x	$m_{x,max}$	m_y	$m_{y,max}$	m_x'
0.50		0.004 88	0.005 04	0.058 8	0.064 6	0.006 0	0.006 3	−0.121 2
0.55		0.004 71	0.004 92	0.056 3	0.061 8	0.008 1	0.008 7	−0.118 7
0.60		0.004 53	0.004 72	0.053 9	0.058 9	0.010 4	0.011 1	−0.115 8
0.65		0.004 32	0.004 48	0.051 3	0.055 9	0.012 6	0.013 3	−0.112 4
0.70		0.004 10	0.004 22	0.048 5	0.052 9	0.014 8	0.015 4	−0.108 7
0.75		0.003 88	0.003 99	0.045 7	0.049 6	0.016 8	0.017 4	−0.104 8
0.80		0.003 65	0.003 76	0.042 8	0.046 3	0.018 7	0.019 3	−0.100 7
0.85		0.003 43	0.003 52	0.040 0	0.043 1	0.020 4	0.021 1	−0.096 5
0.90		0.003 21	0.003 29	0.037 2	0.040 0	0.021 9	0.022 6	−0.092 2
0.95		0.002 99	0.003 06	0.034 5	0.036 9	0.023 2	0.023 9	−0.088 0
1.00	1.00	0.002 79	0.002 85	0.031 9	0.034 0	0.024 3	0.024 9	−0.083 9
	0.95	0.003 16	0.003 24	0.032 4	0.034 5	0.028 0	0.028 7	−0.088 2
	0.90	0.003 60	0.003 68	0.032 8	0.034 7	0.032 2	0.033 0	−0.092 6
	0.85	0.004 09	0.004 17	0.032 9	0.034 7	0.037 0	0.037 8	−0.097 0
	0.80	0.004 64	0.004 73	0.032 6	0.034 3	0.042 4	0.043 3	−0.101 4
	0.75	0.005 26	0.005 36	0.031 9	0.033 5	0.048 5	0.049 4	−0.105 6
	0.70	0.005 95	0.006 05	0.030 8	0.032 3	0.055 3	0.056 2	−0.109 6
	0.65	0.006 70	0.006 80	0.029 1	0.030 6	0.062 7	0.063 7	−0.113 3
	0.60	0.007 52	0.007 62	0.026 8	0.028 9	0.070 7	0.071 7	−0.116 6
	0.55	0.008 38	0.008 48	0.023 9	0.027 1	0.079 2	0.080 1	−0.119 3
	0.50	0.009 27	0.009 35	0.020 5	0.024 9	0.088 0	0.888 0	−0.121 5

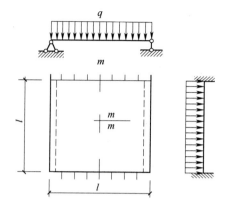

挠度 = 表中系数 $\times \dfrac{ql_0^4}{B_c}$；

$\mu = 0$，弯矩 = 表中系数 $\times ql_0^2$；

式中，l_0 取 l_{0x} 和 l_{0y} 中的较小值。

附表4.3　两对边简支，两对边固定

l_{0x}/l_{0y}	l_{0y}/l_{0x}	f	m_x	m_y	m_x'
0.50		0.002 61	0.041 6	0.001 7	−0.084 3
0.55		0.002 59	0.041 0	0.002 8	−0.084 0
0.60		0.002 55	0.040 2	0.004 2	−0.084 3
0.65		0.002 50	0.039 2	0.005 7	−0.082 6
0.70		0.002 43	0.037 9	0.007 2	−0.081 4
0.75		0.002 36	0.036 6	0.008 8	−0.079 9
0.80		0.002 28	0.035 1	0.010 3	−0.078 2
0.85		0.002 20	0.033 5	0.011 8	−0.076 3
0.90		0.002 11	0.031 9	0.013 3	−0.074 3
0.95		0.002 01	0.030 2	0.014 6	−0.072 1
1.00	1.00	0.001 92	0.028 5	0.015 8	−0.069 8
	0.95	0.002 23	0.029 6	0.018 9	−0.074 6
	0.90	0.002 60	0.030 6	0.022 4	−0.079 7
	0.85	0.003 03	0.031 4	0.026 6	−0.085 0
	0.80	0.003 54	0.031 9	0.031 6	−0.090 4
	0.75	0.004 13	0.032 1	0.037 4	−0.095 9
	0.70	0.004 82	0.031 8	0.044 1	−0.101 3
	0.65	0.005 60	0.030 8	0.051 8	−0.106 6
	0.60	0.006 47	0.029 2	0.060 4	−0.111 4
	0.55	0.007 43	0.026 7	0.069 8	−0.115 6
	0.50	0.008 44	0.023 4	0.079 8	−0.119 1

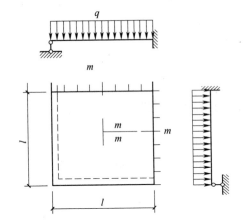

挠度 = 表中系数 $\times \dfrac{ql_0^4}{B_c}$；

$\mu = 0$，弯矩 = 表中系数 $\times ql_0^2$；

式中，l_0 取 l_{0x} 和 l_{0y} 中的较小值。

附表 4.4　两邻边简支，两邻边固定

l_{0x}/l_{0y}	f	f_{max}	m_x	$m_{x,max}$	m_y	$m_{y,max}$	m_x'	m_y'
0.50	0.004 68	0.004 71	0.055 9	0.056 2	0.007 9	0.013 5	−0.117 9	−0.078 6
0.55	0.004 45	0.004 54	0.052 9	0.053 0	0.010 4	0.015 3	−0.114 0	−0.078 5
0.60	0.004 19	0.004 29	0.049 6	0.049 8	0.012 9	0.016 9	−0.109 5	−0.078 2
0.65	0.003 91	0.003 99	0.046 1	0.046 5	0.015 1	0.018 3	−0.104 5	−0.077 7
0.70	0.003 63	0.003 68	0.042 6	0.043 2	0.017 2	0.019 5	−0.099 2	−0.077 0
0.75	0.003 35	0.003 40	0.039 0	0.039 6	0.018 9	0.020 6	−0.093 8	−0.076 0
0.80	0.003 08	0.003 13	0.035 6	0.036 1	0.020 4	0.021 8	−0.088 3	−0.074 8
0.85	0.002 81	0.002 86	0.032 2	0.032 8	0.021 5	0.022 9	−0.082 9	−0.073 3
0.90	0.002 56	0.002 61	0.029 1	0.029 7	0.022 4	0.023 8	−0.077 6	−0.071 6
0.95	0.002 32	0.002 37	0.026 1	0.026 7	0.023 0	0.024 4	−0.072 6	−0.069 8
1.00	0.002 10	0.002 15	0.023 4	0.024 0	0.023 4	0.024 9	−0.066 7	−0.067 7

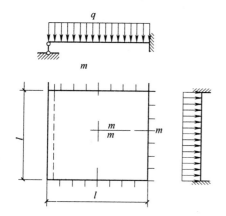

挠度 = 表中系数 $\times \dfrac{q l_0^4}{B_c}$；

$\mu = 0$，弯矩 = 表中系数 $\times q l_0^2$；

式中，l_0 取 l_{0x} 和 l_{0y} 中的较小值。

附表 4.5　一边简支，三边固定

l_{0x}/l_{0y}	l_{0y}/l_{0x}	f	f_{max}	m_x	$m_{x,max}$	m_y	$m_{y,max}$	m_x'	m_y'
0.50		0.002 57	0.002 58	0.040 8	0.040 9	0.002 8	0.008 9	−0.083 6	−0.056 9
0.55		0.002 52	0.002 55	0.039 8	0.039 9	0.004 2	0.009 3	−0.082 7	−0.057 0
0.60		0.002 45	0.002 49	0.038 4	0.038 6	0.005 9	0.010 5	−0.081 4	−0.057 1
0.65		0.002 37	0.002 40	0.036 8	0.037 1	0.007 6	0.011 6	−0.079 6	−0.057 2
0.70		0.002 27	0.002 29	0.035 5	0.035 4	0.009 3	0.012 7	−0.077 4	−0.057 2
0.75		0.002 16	0.002 19	0.033 1	0.033 5	0.010 9	0.013 7	−0.075 0	−0.057 2
0.80		0.002 05	0.002 08	0.031 0	0.031 4	0.012 4	0.014 7	−0.072 2	−0.057 0
0.85		0.001 93	0.001 96	0.028 9	0.029 3	0.013 8	0.015 5	−0.069 3	−0.056 7
0.90		0.001 81	0.001 84	0.026 8	0.027 3	0.015 9	0.016 3	−0.066 3	−0.056 3
0.95		0.001 69	0.001 72	0.024 7	0.025 2	0.016 0	0.017 2	−0.063 1	−0.055 8
1.00	1.00	0.001 57	0.001 60	0.022 7	0.023 1	0.016 8	0.018 0	−0.060 0	−0.055 0
	0.95	0.001 78	0.001 82	0.022 9	0.023 4	0.019 4	0.020 7	−0.062 9	−0.059 9
	0.90	0.002 01	0.002 06	0.022 8	0.023 4	0.022 3	0.023 8	−0.065 6	−0.065 3
	0.85	0.002 27	0.002 33	0.022 5	0.023 1	0.025 5	0.027 3	−0.068 3	−0.070 0
	0.80	0.002 56	0.002 62	0.021 9	0.022 4	0.029 0	0.031 1	−0.070 7	−0.077 2
	0.75	0.002 86	0.002 94	0.020 8	0.021 4	0.032 9	0.035 4	−0.072 9	−0.083 7
	0.70	0.003 19	0.003 27	0.019 4	0.020 0	0.037 0	0.040 0	−0.074 8	−0.090 3
	0.65	0.003 52	0.003 65	0.017 5	0.018 2	0.041 2	0.044 6	−0.076 2	−0.097 0
	0.60	0.003 86	0.004 03	0.015 3	0.016 0	0.045 4	0.049 3	−0.077 3	−0.103 3
	0.55	0.004 19	0.004 37	0.012 7	0.013 3	0.049 6	0.054 1	−0.078 0	−0.109 3
	0.50	0.004 49	0.004 63	0.009 9	0.010 3	0.053 4	0.058 8	−0.078 4	−0.114 6

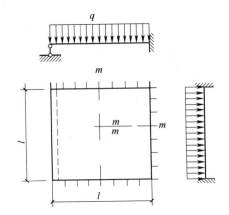

挠度 = 表中系数 × $\dfrac{ql_0^4}{B_c}$；

$\mu = 0$，弯矩 = 表中系数 × ql_0^2；

式中，l_0 取 l_{0x} 和 l_{0y} 中的较小值。

附表 4.6　四边固定

l_{0x}/l_{0y}	f	m_x	m_y	m_x'	m_y'
0.50	0.002 53	0.040 0	0.003 8	−0.082 9	−0.057 0
0.55	0.002 46	0.038 5	0.005 6	−0.081 4	−0.057 1
0.60	0.002 36	0.036 7	0.007 6	−0.079 3	−0.057 1
0.65	0.002 24	0.034 5	0.009 5	−0.076 6	−0.057 1
0.70	0.002 11	0.032 1	0.011 3	−0.073 5	−0.056 9
0.75	0.001 97	0.029 6	0.013 0	−0.070 1	−0.056 5
0.80	0.001 82	0.027 1	0.014 4	−0.066 4	−0.055 9
0.85	0.001 68	0.024 6	0.015 6	−0.062 6	−0.055 1
0.90	0.001 53	0.022 1	0.016 5	−0.058 8	−0.054 1
0.95	0.001 40	0.019 8	0.017 2	−0.055 0	−0.052 8
1.00	0.001 27	0.017 6	0.017 6	−0.051 3	−0.051 3

附录5

混凝土结构设计项目

　　某6层轻工业加工厂房,建于武汉市郊区,每层层高4.2 m,室内外高差0.6 m,采用现浇混凝土框架结构,柱网布置如附图5.1所示。该结构的重要性系数为1.0,使用环境类别为2a类,内、外墙均为200 mm厚,采用加气混凝土砌块砌筑(设计中忽略门窗洞口)。当地基本风压、雪压,楼面、屋面活荷载及荷载分项系数详查《建筑结构荷载规范》。

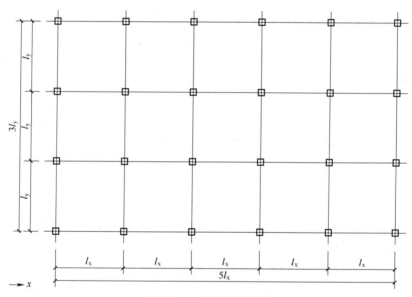

附图5.1　楼盖柱网布置

附表5.1　柱网尺寸　　　　　　　　单位: m

l_x		6.6	6.9
l_y	6.0	1	6
	6.3	2	7
	6.6	3	8
	6.9	4	9
	7.2	5	10

注: 每五人为一组,第一组对应的 l_x =6.0 m, l_y =6.6 m,以此类推。

附录 5.1　肋梁楼盖设计

1. 设计资料

（1）楼面构造层做法（自上而下）。

20 mm 厚水泥砂浆面层，$\gamma = 20 \text{ kN/m}^3$；

现浇混凝土楼板（厚度由设计者自定），$\gamma = 25 \text{ kN/m}^3$；

15 mm 厚混合砂浆天棚抹灰，$\gamma = 17 \text{ kN/m}^3$。

（2）材料选用：混凝土强度等级为 C30，受力钢筋采用 HRB400，构造钢筋采用 HPB300。

2. 设计内容

（1）自己拟定单向板或双向板楼盖方案，进行梁板结构平面布置。

（2）若是单向板楼盖方案，对楼板、次梁设计采用塑性理论分析方法进行构件截面尺寸的确定、计算简图的确定、荷载计算、内力计算、配筋计算；对主梁采用弹性理论分析方法进行构件截面尺寸的确定、计算简图的确定、荷载计算、内力计算、配筋计算（考虑活荷载的最不利布置，绘出内力包络图）。若为双向板楼盖方案，按塑性理论对楼板进行构件截面尺寸的确定、计算简图的确定、荷载计算、内力计算、配筋计算；按弹性理论对支承梁进行构件截面尺寸确定、计算简图的确定、荷载计算、内力计算、配筋计算。

（3）按照以上步骤编写计算书。

（4）绘制结构施工图，包括①结构平面布置图；②板配筋图；③梁配筋图（按需要绘制断面图）。

3. 设计成果及要求

（1）计算书一份。按照封面、目录、正文、参考文献、组员分工的顺序装订；正文部分要从"1"开始编页码；文档编辑要认真、格式规范、排版整齐；其中的每一个图、表、公式都要编号，且与图名、表名对应。

（2）图纸。选择适当比例绘制结构施工图，要求内容完整、表达规范、字体工整、图面整洁。

（3）组长注意分工明确，确保每个组员都参与其中、承担部分任务，并在计算书的最后一页附上各组员的分工情况。

附录 5.2　板式楼梯设计

1. 设计资料

在某开间设置一部双跑楼梯，形式为板式楼梯。按照房屋建筑学知识设计梯段和平台的尺寸、踏步高和踏步宽及数量。

楼梯板、平台板、平台梁的构造做法自拟，混凝土强度等级为 C30，受力钢筋采用 HRB400，构造钢筋采用 HPB300。楼梯间均布活荷载为 4.0 kN/mm^2。

2. 设计内容

（1）结构平面布置。确定踏步板、斜梁、平台梁、平台板布置，并确定构件尺寸。

（2）踏步板设计。

（3）平台板设计。

（4）平台梁设计。

（5）施工图绘制。绘制楼梯结构平面布置图，梯段板、平台板、平台梁配筋图。

备注：设计中，楼梯与框架主体是分开的，但要考虑楼梯的斜撑作用及相应的措施。

3. 设计成果及要求

（1）计算书一份。按照封面、目录、正文、参考文献、组员分工的顺序装订；正文部分要从"1"开始编页码；文档编辑要认真、格式规范、排版整齐；其中的每一个图、表、公式都要编号，且与图名、表名对应。

（2）图纸。选择适当比例绘制结构施工图，要求内容完整、表达规范、字体工整、图面整洁。

（3）组长注意分工明确，确保每个组员都参与其中、承担部分任务，并在计算书的最后一页附上各组员的分工情况。

附录5.3　多层混凝土框架结构设计

1. 设计资料

（1）建筑设计使用年限为50年，不考虑抗震设防。

（2）楼面构造层做法同附录5.1；屋面构造层做法（自上而下）：防水保温层（现浇楼板上铺膨胀珍珠岩保温层，厚100 mm，1∶2水泥砂浆找平层，厚20 mm，二毡三油防水层，撒绿豆砂保护）–100 mm厚混凝土板–15 mm厚纸筋石灰抹底。屋面恒荷载为4.0 kN/mm^2，屋面活荷载3.0 kN/mm^2。

（3）材料选用：混凝土强度等级为C35，受力钢筋采用HRB400，构造钢筋采用HPB300。

2. 设计内容

（1）确定计算简图。在附图5.1中自行选择一榀框架，进行构件尺寸初估、荷载统计、梁柱线刚度的计算，得出结构计算简图。

（2）内力计算和组合。为简化计算、提高设计效率，在掌握内力计算方法的前提下，利用结构力学求解器完成此框架的内力计算，利用Excel表格进行内力组合。

（3）进行框架梁、柱的截面设计。

（4）编写结构计算书。

（5）根据结构设计结果绘制结构施工图（选做：用PKPM等结构设计软件复核）。

3. 设计成果及要求

（1）计算书一份。按照封面、目录、正文、参考文献、组员分工的顺序装订；正文部分要从"1"开始编页码；文档编辑要认真、格式规范、排版整齐；其中的每一个图、表、公式都要编号，且与图名、表名对应。

（2）图纸。结合计算结果与构造要求，选择适当比例绘制一榀框架结构施工图，要求内容完整、表达规范、字体工整、图面整洁。

（3）组长注意明确分工，确保每个组员都参与其中、承担部分任务，并在计算书最后一页附上各组员的分工情况。

参 考 文 献

[1] 李爱群，程文瀼，颜德姮，等．混凝土结构（中册）混凝土结构与砌体结构设计 [M]．6 版．北京：中国建筑工业出版社，2012.

[2] 沈蒲生，梁兴文．混凝土结构设计 [M]．4 版．北京：高等教育出版社，2012.

[3] 唐岱新，许淑芳，盛洪飞，等．砌体结构 [M]．2 版．北京：高等教育出版社，2009.

[4] 郝献华，李章政．混凝土结构设计 [M]．武汉：武汉大学出版社，2013.

[5] 杨子江，张淑华．建筑结构 [M]．武汉：武汉理工大学出版社，2012.

[6] 林同炎，S.D. 斯多台斯伯利．结构概念和体系 [M]．2 版．高立人，方鄂华，钱稼茹，译．北京：中国建筑工业出版社，1999.

[7] 滕智明，张惠英．混凝土结构及砌体结构 [M]．北京：中央广播电视大学出版社，1995.

[8] 张维斌，李国胜．混凝土结构设计指导与实例精选 [M]．北京：中国建筑工业出版社，2006.

[9] 杨志勇．土木工程专业毕业设计手册 [M]．武汉：武汉理工大学出版社，2003.

[10] 建筑结构可靠度设计统一标准：GB 50017—2001 [S]．北京：中国建筑工业出版社，2001.

[11] 建筑结构荷载规范：GB 50009—2012 [S]．北京：中国建筑工业出版社，2012.

[12] 混凝土结构设计规范：GB 50010—2010（2015 版）[S]．北京：中国建筑工业出版社，2011.

[13] 砌体结构设计规范：GB 50003—2011 [S]．北京：中国建筑工业出版社，2011.

[14] 建筑抗震设计规范：GB 50011—2010（2016 版）[S]．北京：中国建筑工业出版社，2011.

[15] 建筑地基基础设计规范：GB 50007—2011 [S]．北京：中国建筑工业出版社，2011.

[16] 混凝土结构施工图平面整体表示方法制图规则和构造详图：16G101-1~4 [S]．北京：中国计划出版社，2016.

[17] 装配式混凝土结构设计规程：JGJ 1—2014 [S]．北京：中国建筑工业出版社，2014.

[18] 王文睿．混凝土与砌体结构 [M]．北京：中国建筑工业出版社，2011.

[19] 黄音．建筑结构 [M]．北京：中国建筑工业出版社，2010.

[20] 张波．装配式混凝土结构工程（建筑产业现代化系列教材）[M]．北京：北京理工大学出版社，2016.

[21] 中建科技有限公司，中建装配式建筑设计研究院有限公司．装配式混凝土建筑设计 [M]．北京：中国建筑工业出版社，2017.